普通高等教育电子信息类专业“十二五”规划系列教材

模拟电子技术

主　编　李　霞　陈田明　邬春明
副主编　鸥艺文　张令通　邓　婷
参　编　刘琴涛　宋朝霞　马江涛

华中科技大学出版社
中国·武汉

内 容 提 要

本书结合作者多年的教学实践编写而成，在教材内容的安排上比较新颖。全书从概念入手，以集成运放的应用开始，再转入半导体器件的简略介绍，并以分立元件的放大电路为主线，由功率放大电路到负反馈放大电路，最后以集成运放的内部组成电路（以差分放大电路及电流源电路为主）及直流电源结束。各章均有适量例题和习题。

本书可作为普通高等学校电子信息类、通信类及其相近专业的本科教材，也可供相关专业的工程技术人员参考。

图书在版编目(CIP)数据

模拟电子技术/李霞，陈田明，邬春明主编. —武汉：华中科技大学出版社，2013.7
ISBN 978-7-5609-9156-6

Ⅰ.①模… Ⅱ.①李… ②陈… ③邬… Ⅲ.①模拟电路-电子技术-高等学校-教材 Ⅳ.①TN710

中国版本图书馆 CIP 数据核字(2013)第 132180 号

模拟电子技术 李霞 陈田明 邬春明 主编

策划编辑：江 津 范 莹
责任编辑：江 津
封面设计：李 嫚
责任校对：朱 霞
责任监印：周治超
出版发行：华中科技大学出版社（中国·武汉）
武昌喻家山 邮编：430074 电话：(027)81321913
录 排：文兴禾木图文工作室
印 刷：武汉科源印刷设计有限公司
开 本：787mm×1092mm 1/16
印 张：13.25
字 数：316 千字
版 次：2016 年 6 月第 1 版第 2 次印刷
定 价：26.80 元

前　言

本书是作者结合多年的教学实践，为适应我国普通高等教育的新形势而编写的。本书的编写原则是以模拟电子技术的基本概念、基本原理为基础，适当压缩分立元件放大电路的内容，重点介绍放大电路的基本分析方法，加强以集成运算放大器为主的各种模拟集成电路的分析与应用。

在教材内容的安排上，借鉴国外教材的做法，从概念入手，首先引入电子系统、模拟电子系统、放大器及其性能指标等基本概念，使学生对这本书的主要学习内容有初步认识；在此基础上，以集成运放的应用开始，一方面与先修课程“电路分析”中的相关内容衔接较为紧密，另一方面也避免了传统的教材编排以介绍半导体材料和器件开始较难理解，导致学习缺乏兴趣的问题；随后再转入半导体器件的简略介绍，并以分立元件的放大电路为主线，由功率放大电路到负反馈放大电路，最后以集成运放的内部组成电路（以差分放大电路及电流源电路为主）及直流电源结束。将集成运放的应用提前介绍，也使得在讲授负反馈放大电路时能将学生较难掌握的分立元件负反馈放大电路的内容进行压缩，而以集成运放电路的深度负反馈分析为主，做到前后呼应，从不同的侧面加深理解。在编写过程中，作者力求做到概念清楚，重点突出，易于入门，方便自学。

全书共分 9 章，总授课时间约为 60 学时。目录中注有“*”的章节可作为选学内容，可根据学时数及各校实际情况取舍。每一章都选编了适量例题和习题，方便学生自学，以巩固所学知识和检验应用能力。

本书由李霞、陈田明、邬春明担任主编。李霞、陈田明负责全书的统稿，完成全书的结构设计、修改和定稿等工作。鸥艺文、张令通、马江涛担任副主编，刘琴涛、宋朝霞、邓婷担任参编，参与了部分内容的编写。

本书可作为普通高等学校电子信息类、通信类及其他相近专业的本科生教材，也可作为相关工程技术人员的参考书。

本书获深圳大学精品课程建设经费资助，在编写过程中得到华中科技大学出版社的大力支持、帮助和指导，在此一并表示衷心的感谢。

由于作者水平有限，书中难免存在不妥和错误之处，恳请广大读者批评指正。

编　者
2013 年 8 月

前言

目　录

第1章 导 言

本章提要:本书以放大器的分析为主线,重点讲述基本放大器的电路组成、分析方法和性能指标,以及各种改进型放大电路和在实际中获得广泛应用的集成运算放大电路,其目的是让读者更好地理解模拟电路的基本概念和原理。因此,本章将首先对电子系统及其组成、电路设计和系统设计、电子电路的计算机辅助分析与设计软件、模拟电子系统和放大器的一些基本概念进行简单介绍。

1.1 电子系统

由电子器件组成并完成一定功能的电路称为电子系统。组成电子系统的目的常常是为了对信号进行传输、处理或用来产生某些信号。电子系统在19世纪末、20世纪初开始发展起来,并在20世纪得到了迅速发展,是近代科学技术发展的一个重要标志。目前,电子系统已经广泛地应用于国防、科学、工业、医学、通信及文化生活等各个领域。

电子系统的发展与电子器件的发展密不可分。随着电子器件的不断更新,电子系统的发展史经历了从电子管到晶体三极管(简称三极管)再到集成电路这三个主要阶段,如图1-1所示。

(a) 第一个真空三极管(1906年)

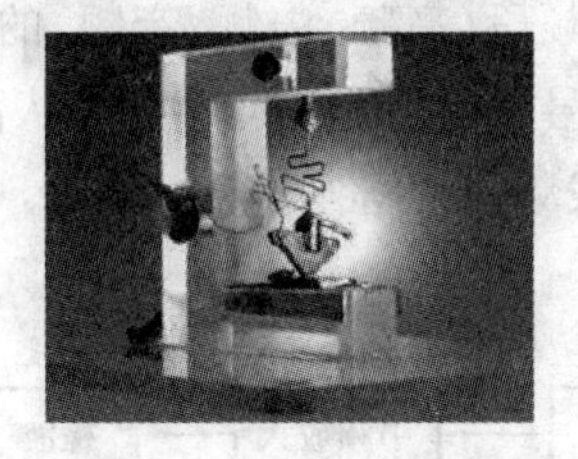

(b)第一个晶体三极管(1947年)

(c)第一个集成电路(1958年)

图1-1 电子系统的发展

1904年,世界上第一只电子管(真空二极管)在英国物理学家弗莱明手中诞生,它标志着世界从此进入电子时代。

1906年,美国发明家福雷斯特对二极管加以改进,研制出真空三极管,如图1-1(a)所示。它能够产生从低频到微波范围的振荡,可以放大各种微弱信号。这一重大发明有力地促进了无线电通信事业的迅速发展,使电子系统技术进入了实际应用阶段。

1947年12月,美国物理学家肖克莱和他的合作者在著名的贝尔实验室向人们展示了第一个半导体电子增幅器,即最初的三极管,如图1-1(b)所示。三极管的发明成为人类微电子革命的先驱。1948年至1952年,相继出现了点接触型晶体三极管和面结合型硅三极管。三极管以小巧、轻便、省电、寿命长等特点，很快得到广泛应用，并在许多领域中逐步取代了电子管，电子系统技术也转入以三极管电路为主的历史阶段。

1958年，在美国德州仪器公司实验室里诞生了世界上第一块集成电路，如图1-1(c)所示。它把三极管等电子元件集成在一块硅芯片上，并将它们连接成能够完成一定功能的电子线路，从而使电子产品向小型化发展。自此，集成电路已经跨越了小、中、大、超大、特大、巨大规模几个台阶，集成度平均每2年提高近3倍。当今世界上最小的硅三极管直径仅20纳米，把它放进一片普通集成电路，形同一根头发放在足球场的中央。随着集成度的提高，器件尺寸不断减小，使电子产品向着高效能低消耗、高精度、高稳定、智能化的方向发展。

相对于集成电路而言，由三极管和其他元器件(电阻、电容等)组装构成的电子线路称为分立元件电路。目前，集成电路还不能完全取代分立元件电路，但它们在构成原理上有许多相似之处。

1.1.1　电子系统的组成

电子系统由多个子系统或功能模块组成。在电子系统中涉及的功能模块主要包括放大器、滤波器、信号源、整形电路、数字逻辑电路、数字存储器、电源和转换器等。其中，放大器的作用是将微弱信号进行放大，包括电流放大、电压放大和功率放大等；滤波器的作用是将人们不希望得到的信号或噪声与有用的信号区分开来；信号源的作用是产生各种波形的信号；整形电路的作用是将一种波形转换为另一种波形，如将正弦波转换为方波；数字逻辑电路的作用是专门用来处理数字信号的电路；数字存储器的作用是将信息以数字信号的形式保存下来；电源的作用是为其他功能模块提供必要的直流电源；转换器的作用是将模拟信号转换为数字信号(A/D转换)，或将数字信号转换为模拟信号(D/A转换)。

图1-2所示为普通调幅(AM)收音机的方框图。该系统包含数字和模拟两部分内容，其中有三个放大器分别对三个不同频段(高频、中频、音频)的信号进行(选频)放大。本地振荡器产生特定频率与波形的载波信号，检波器将低频信号从高频已调波中检出。数字控制部分主要实现自动选频音量控制、载频显示等功能。

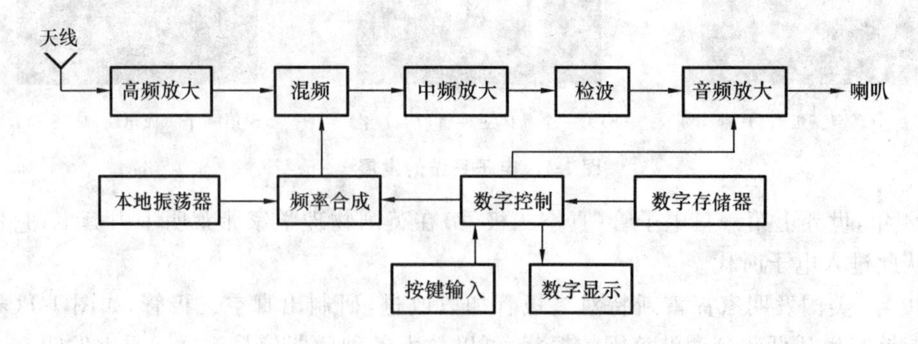

图1-2　普通调幅收音机方框图

1.1.2　电路设计和系统设计

电路设计是电子系统设计的重要内容。对于一个电路设计工程师来讲，首先需要掌握基本电子线路的工作原理及分析方法；在此基础上灵活应用原型电路进行电路设计。要设计一个真正实用的电子系统，需要考虑的因素很多，电路设计只是系统设计的一部分。所以，电路设计工程师有必要对整个系统设计的流程有所了解。本节将概要地讲述如何对一个电子系统进行系统设计。

1. 系统设计

图 1-3 所示为电子系统设计的流程图。在开始设计之前，首先需要明确设计任务，比如设计一个汽车电子定位系统或一个多功能报警系统。

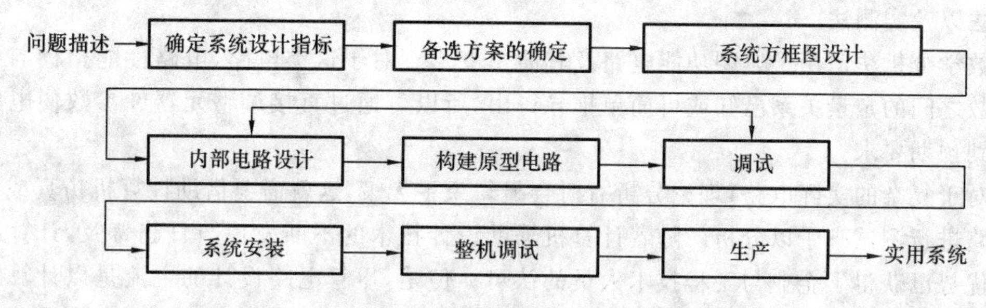

图 1-3 电子系统设计流程图

设计的第一步是进行系统需求分析，确定各项设计指标，包括几乎所有系统都不可避免会遇到的对尺寸、重量、形状、功耗、供电电源类型和成本的要求，以及系统内部特定的设计参数。例如，在一个通信系统中，我们需要知道被传输信号的类型、系统所需带宽、允许的最小信噪比或最大误码率，以及发送方和接收方的数量和位置，等等。

在明确系统需求之后，系统设计人员就要为解决问题寻找所有可能的方案。在这个步骤中，设计者必须摒弃那些不切实际的解决方案，从而得到行之有效的解决方案。同一个问题，常常可以有多种备选方案。例如，要设计一个电子系统，使得飞机不容易被雷达探测到，就可以有以下几种方案：第一种方案是对飞机的外形进行设计，使飞机对于雷达信号不反射；第二种方案是采用可以吸收雷达信号的材料来制造飞机；第三种方案是设计一种电子控制系统，使得飞机能够贴着地面飞行以避过雷达探测；第四种方案是在飞机上安装干扰发射器，用于抵消雷达探测信号。

方案一旦选定，即可进行系统方框图设计。系统方框图中包括多种功能模块，如放大器、转换器、滤波器、数字逻辑电路、供电电源等。每个功能模块都有具体的技术要求，以满足整体的设计要求。

每个功能模块的设计都包括内部电路设计、样品电路制作及调试。测试过程中如果发现问题，就要返回到内部电路设计中重新修正，测试无误后将各功能电路组装成样品系统，调试通过并确定最终方案后可进入成品生产环节。

2. 电路设计

电路设计与系统设计的过程类似，如图 1-4 所示。

首先要确定电路结构。例如，要设计一个放大器，既可以采用由分立元件如三极管、场效应管等搭接的放大电路实现，也可以采用集成运放或可编程增益放大器。电路形式的确定要结合多方面因素综合考虑。一旦确定，下一步的工作就是要确定电路中每个元器件的参数取值。然后，对电路进行性能评估。评估主要采取以下三种方法：数学分析法、计算机

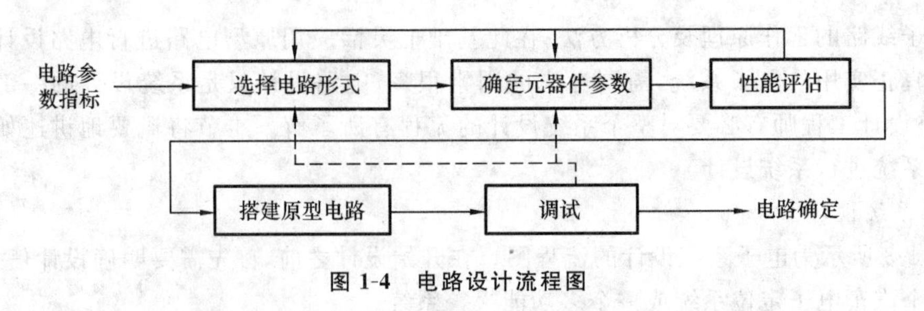

图 1-4 电路设计流程图

仿真法以及实测法。

数学分析法适用于典型功能电路及其简单变形。对于这类电路，电路性能指标与元器件参数之间的定量关系已知或可简单推导得出，所以可通过直接调整元器件参数使电路性能达到预期要求。

对于复杂的实际电路，理论分析有时会显得束手无策，这就需要借助计算机仿真或对实际电路进行测试来予以分析。随着计算机辅助设计技术的不断发展与日趋普及，计算机仿真的优势已获得了企业与工程技术人员的认可。但是，尽管电路设计的主流是以计算机辅助设计为主，设计者们仍然需要掌握传统的数学分析法，熟悉基本功能电路的基本工作原理及分析方法。

通过理论分析或计算机仿真确认所设计电路达到性能要求之后，就可以制作电路样板并进行测试。这也是一个反复迭代的过程。

1.1.3 电子电路的计算机辅助分析与设计软件简介

对初学者来说，实验能加深其对知识概念和原理的理解，帮助其体会电子元器件在电路中的功能。但受各种条件的限制，并非所有的实验都能付诸实施，这在一定程度上制约了初学者对知识的理解和掌握。有没有不用搭建实际电路就能知道结果的方法呢？结论是肯定的，这就是电路设计与仿真技术。

另一方面，对于从事电子产品设计和开发的工作人员来说，对所设计的电路进行实物模拟和调试过程中，也常常因为电子产品从设计到生产出样机的环节多、周期长、费用高等而不能及时地完成试验。为此，世界各国都在探索切实可行的电子设计自动化（简称 EDA）技术，EDA 技术使得电子线路的设计人员能在计算机上完成电路的功能设计、逻辑设计、性能分析、时序测试直至印刷电路板的自动设计。

EDA 软件是在计算机辅助设计（CAD）技术的基础上发展起来的计算机设计软件系统。与早期的 CAD 软件相比，EDA 软件的自动化程度更高、功能更完善、运行速度更快，而且操作界面友善，有良好的数据开放性和互换性。常用的 EDA 软件设计工具和可编程逻辑器件有加拿大 Interactive Image Technologies 公司推出的虚拟电子工作台软件 Electronics Workbench（EWB，其中电路设计仿真工具称为 Multisim），以及 Microsim 公司的 PSPICE 软件等。另外，Lattice 公司的 ISP Synario System PAC-Designer、Xilinx 公司的 Xilinx 7.1 和 Altera 公司的 MAX＋Plus Ⅱ 软件都可以对可编程逻辑器件进行硬件设计；而 Modelsim、ISE Simulator 等软件可以在软件上对其仿真；PROTEL 公司推出的 Protel 99 具有印刷电路板设计、无网络布线、可编程逻辑器件设计等功能。

下面简单介绍在国内应用较广的两个软件。

(1) SPICE(Simulation Program with Integrated Circuit Emphasis):由美国加州大学推出的电路分析仿真软件,是20世纪80年代世界上应用最广的电路设计软件,1998年被定为美国国家标准。在同类产品中,它是功能最为强大的模拟和数字电路混合仿真EDA软件,得到普遍使用。它可以进行各种各样的电路仿真、激励建立、温度与噪声分析、模拟控制、波形输出、数据输出,并在同一窗口内同时显示模拟和数字的仿真结果。无论对哪种器件、哪些电路进行仿真,都可以得到精确的仿真结果,并可以自行建立元器件及元器件库。

(2) Multisim:Interactive Image Technologies公司在20世纪末推出的电路仿真软件。相对于其他EDA软件,它具有更加形象、直观的人机交互界面,特别是操作其仪器仪表库中的各仪器仪表与真实实验中的完全相同,而且对模数电路的混合仿真功能也毫不逊色,几乎能够100%地仿真出真实电路的结果。Multisim在仪器仪表库中不仅提供了万用表、信号发生器、瓦特表、双踪示波器(对于较新版本Multisim 7中还具有四踪示波器)、波特仪(相当实际中的扫频仪)、数字信号发生器、逻辑分析仪、逻辑转换仪、失真度分析仪、频谱分析仪、网络分析仪和电压表及电流表等仪器仪表,还提供了常见的各种建模元器件,如电阻、电容、电感、三极管、二极管、继电器、晶闸管、数码管等。模拟集成电路方面有各种运算放大器及其他常用集成电路,数字电路方面则有74系列集成电路、4000系列集成电路等,除此之外还支持自制元器件。

1.2 模拟电子系统

电子系统中处理的信号可以分为模拟信号和数字信号。数字电子系统包括所有在计算机中处理的数字与逻辑运算,而模拟电子系统包含了除数字信号外的所有非数字信号的处理。

1.2.1 模拟信号

模拟信号是指用连续变化的物理量表示的信号。模拟信号的幅度随时间连续变化,可以取一定范围内的任意值。常见的模拟信号包括温度、语音信号、电源电压等。数字信号是指在时间上和取值上都是离散的、不连续的信号,例如,十字路口的红绿灯显示、电梯的运行状态,等等。图1-5所示为模拟信号与数字信号的示意图。

模拟信号与数字信号之间可以相互转换。模/数转换器(analog to digital converter, ADC)将模拟信号转换为数字信号;数/模转换器(digital to analog converter, DAC)将数字信号转换为模拟信号。

模拟信号可以通过采样和量化两个步骤转换为数字信号。首先,对模拟信号进行等间隔采样,得到一批采样点;接着,对每个采样点进行量化。如图1-6所示,用长度为3的二进制编码将幅度等分为8($=2^3$)个区域,各采样点对应幅度区域的编码即表示该点对应的数字信号。例如,点s_1对应的数字信号为101;采样点s_2对应的数字信号为110,以此类推,就可以得到所有采样点对应的数字信号。

反过来,也可以将数字信号转换为模拟信号。假设用各幅度区域的中点位置来表示相

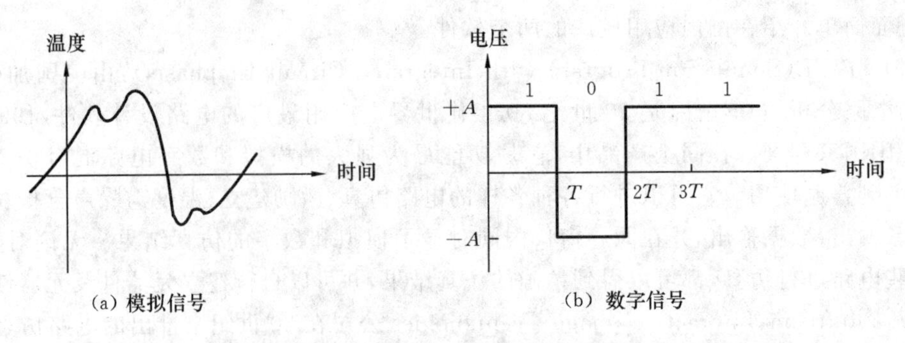

图 1-5　模拟信号与数字信号示意图

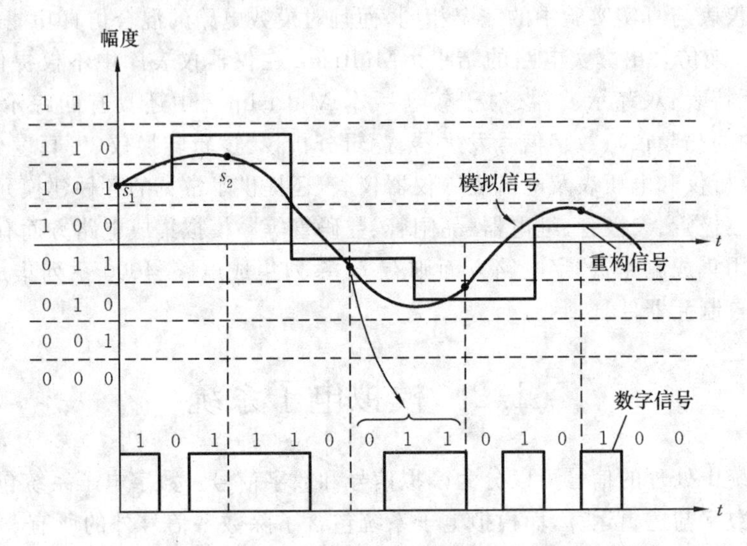

图 1-6　通过采样将模拟信号转换为数字信号

应模拟信号的幅度，则由数字信号重构的模拟信号如图 1-6 所示。显然，重构信号可以将每个采样点的幅度都重新构建出来，不过重建后的模拟信号与原始信号存在量化误差，该量化误差的大小取决于量化器（或二进制编码器）的阶数（或位数）。

1.2.2　模拟电子系统

根据处理信号的类型不同，电子线路可以分为模拟电子线路（简称模拟电路）和数字电子线路（简称数字电路）两大类型。模拟电路是对模拟信号进行传输或处理的电路，电路功能主要包括放大、滤波、信号比较、运算等。图 1-7 是一个模拟电子系统的示意图。系统通过各种传感器、接收器或信号发生器对信号进行采集、提取或产生某种特定的信号。这些原始信号常常包含了无用的干扰和噪声，同时信号的幅度往往较小，因此需要对信号进行预处理。当信号变得足够大时，可进一步对信号进行运算、比较、转换等加工。信号经过功率放

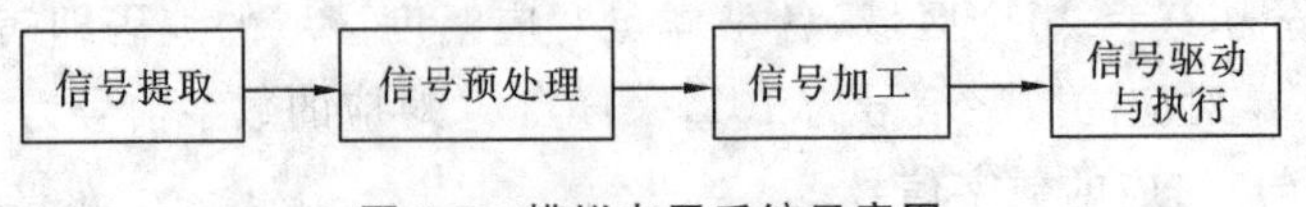

图 1-7　模拟电子系统示意图

大后驱动负载。

在电子系统中通常会存在噪声干扰。与模拟电子系统相比，数字电子系统最明显的一个优势是它对于噪声不敏感。图1-8所示为模拟信号和数字信号在噪声加入前后的比较图。由图1-8(a)和(c)可知，受噪声干扰的模拟信号无法再还原为原始的模拟信号。由图1-8(b)和(d)可知，当噪声信号幅度满足一定要求时，加了噪声后的数字信号仍然可以还原为原来的数字信号。

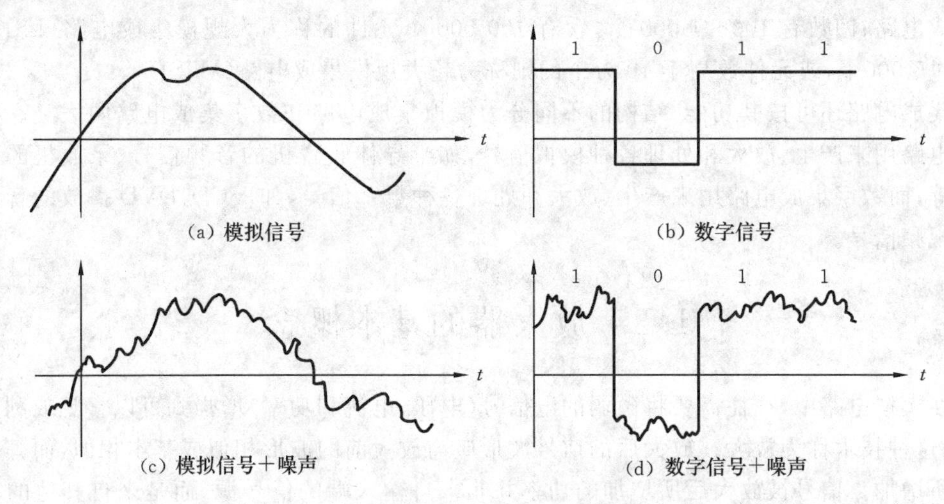

图1-8 模拟信号与数字信号分别加入噪声的前后对比

电子系统中的多数输入信号和输出信号是模拟信号。当系统需要对低幅度信号或很高频率的信号进行处理时，也要采用模拟系统。单纯的模拟系统或数字系统较难满足实际工作需要，所以，现代电子系统既包含模拟的成分，又包含数字的成分。复杂数字电路的发展也进一步推动了模拟电路的发展，模拟与数字混合的电子系统日趋普及。

1.2.3 集成电路

集成电路(integrated circuit，IC)采用一定的工艺，把一个电路中所需的三极管、二极管、电阻、电容和电感等分立元件及布线互连在一起，并制作在一小块或几小块半导体晶片或介质基片上，然后封装在一个管壳内，成为具有所需电路功能的微型结构，如图1-9所示。

图1-9 集成芯片示例

集成电路具有体积小、重量轻、引出线和焊接点少、寿命长、可靠性高、性能好等优点，同时成本低，便于大规模生产。它不仅在工、民用电子设备如收录机、电视机、计算机等方面得到广泛的应用，同时在军事、通信、遥控等方面也得到广泛的应用。用集成电路来装配电子设备，其装配密度比三极管可提高几十倍至几千倍，设备的稳定工作时间也可大大提高。集成电路的诞生，使电子技术出现了划时代的革命，它是现代电子技术和计算机发展的基础，也是微电子技术发展的标志。

集成电路规模的划分目前在国际上尚无严格、确切的规定。在发展过程中，人们逐渐形成一种比较一致的划分意见，即按芯片上所含逻辑门电路或三极管的个数作为划分标志。一般人们将单块芯片上包含 100 个元件或 10 个逻辑门以下的集成电路称为小规模集成电路；而将元件数在 100 个以上、1 000 个以下，或逻辑门在 10 个以上、100 个以下的称为中规模集成电路；门数有 100～1 000 个，含有 100 000 个元件的称为大规模集成电路(LSI)；门数超过5 000个，或元件数高于 10 万个的则称为超大规模集成电路(VLSI)。

集成电路还可按其功能、结构的不同分为模拟集成电路和数字集成电路两大类。模拟集成电路用来产生、放大和处理各种模拟信号，如半导体收音机的音频信号、录放机的磁带信号等；而数字集成电路用来产生、放大和处理各种数字信号，如 VCD、DVD 播放的音频信号和视频信号。

1.3 放大器的基本概念

在模拟电路中，往往需要将微弱的电信号(电压、电流和功率)增强到可以察觉或利用的程度，这种技术称为放大。放大后的信号波形应与放大前的波形相似或基本相似，而其功率则有所增加。信号被放大后所增加的功率并非来自输入端的信号源，而是来自其他的功率源，因此放大的实质就是能量的转换。用来完成上述放大任务的电子装置称为放大器，放大器是电子系统中最重要的组成部分之一。

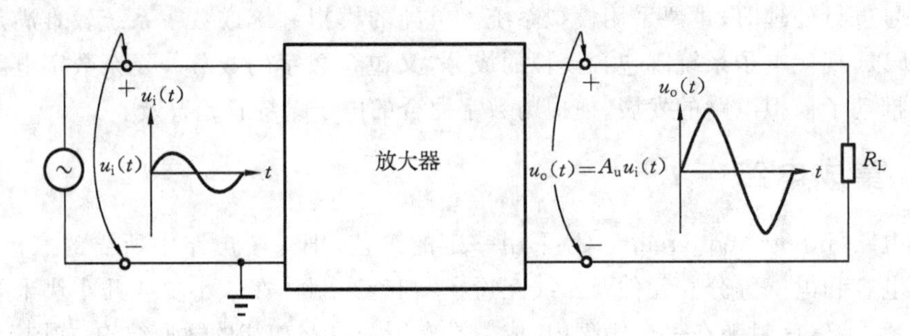

图 1-10　放大器模型

放大器的基本方框图如图 1-10 所示。在图 1-10 中，将提供给放大器的微弱电信号表示为输入信号，用输入电压 $u_i(t)$来表示。经过放大器放大后提供给负载的电信号称为输出信号，用输出电压 $u_o(t)$来表示。输出电压 $u_o(t)$与输入电压 $u_i(t)$之间存在以下关系：

$$u_o(t) = A_u u_i(t) \tag{1.1}$$

其中，A_u称为放大器的电压增益(又称电压放大倍数)。一般地，A_u是一个复数。为简便起见，不妨假设 A_u是一个实数，则当 $A_u>1$ 时，表明输出电压比输入电压的幅度大，即输入电压幅度被放大了；当 $A_u<1$ 时，表明输入信号被衰减。此外，A_u的符号可以为正，也可以为负，当 $A_u<0$ 时，输出电压与输入电压的相位相反，相应的放大器称为反相放大器；反之，当 $A_u>0$ 时，输出电压与输入电压相位相同，相应的放大器称为同相放大器。图 1-11 所示为

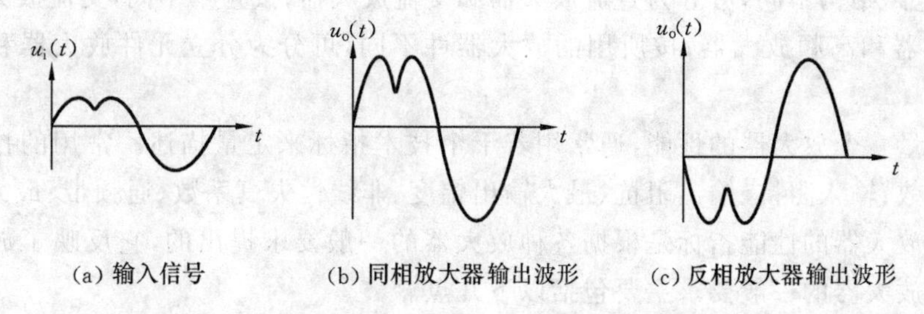

(a) 输入信号　(b) 同相放大器输出波形　(c) 反相放大器输出波形

图 1-11 同相放大器和反相放大器的输出波形与输入波形的关系

反相放大器和同相放大器的输出波形和输入波形的关系。

放大器的用途非常广泛，无论是小的收音机、扩音器，还是大的控制设备都有各式各样的放大器。图 1-12 所示为扩音器的原理图。话筒将较小的声音信号转换成微弱的电信号，经过放大器放大之后，变成大功率的电信号，推动扬声器还原为强大的声音信号。扬声器所获取的能量远大于话筒送出的能量，可见放大器的本质是能量的控制和转换，即在输入信号的作用下，通过放大器将直流电源的能量转换成负载所获得的能量，使负载从电源获得的能量大于信号源提供的能量。也就是说电子电路放大的基本特征是功率放大。

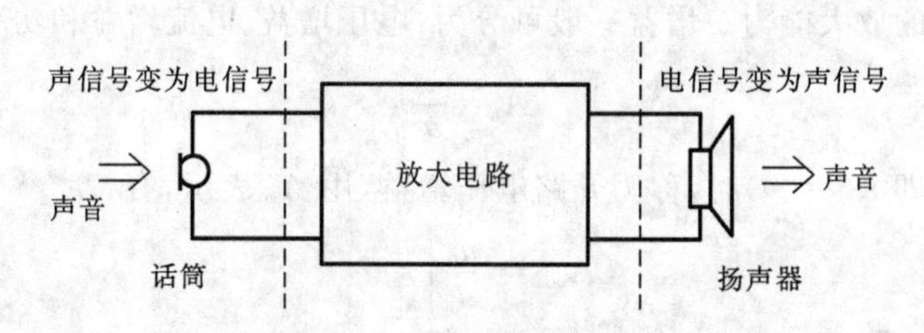

图 1-12 扩音器的原理图

1.3.1 放大器分类及其主要性能指标

放大器可以用来增强负载上的信号幅度，不论放大器内部电路如何复杂，我们都可以用一个简单的模型来描述，即放大器是负载与信号源之间的一个接口。对于信号源而言，放大器是信号源的负载，负载的大小用放大器的输入电阻来描述；对于负载而言，放大器是负载的信号源，这个信号源的大小由放大器的增益决定，而信号源的内阻由放大器的输出电阻决定。如图 1-13 所示为电压放大器的简单模型。

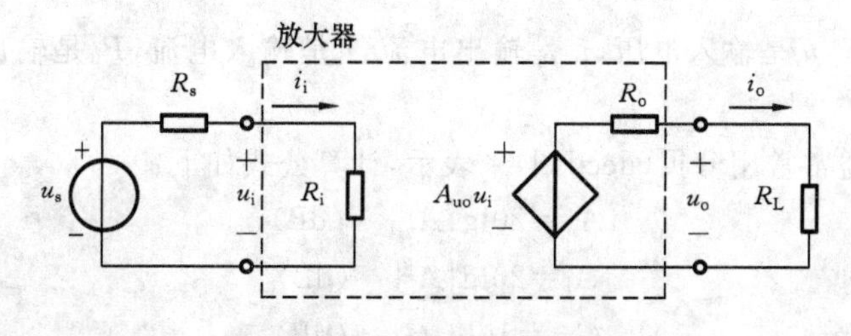

图 1-13 放大器的简单模型

放大器的种类很多，按其用途不同，可分为电压放大器、电流放大器、互导放大器和互阻放大器；按电路结构不同，可分为直流放大器和交流放大器；按频率不同，交流放大器又可分为低频放大器和高频放大器；按所用的放大器件不同，可分为分立元件放大器和集成放大器。

为了衡量一个放大器的性能，通常用若干个技术指标来定量描述。常用的技术指标有电压放大倍数、输入阻抗、输出阻抗、最大输出幅度、非线性失真系数、通频带、最大输出功率及效率等。放大器的性能指标是根据各种放大器的一般要求提出的，它反映了放大器性能的优劣。对放大器的一般要求主要包括以下几点。

(1) 要有较强的放大能力，即放大倍数要高。

(2) 失真应尽可能小。放大器在放大时要求输出信号能保持和复现输入信号，即输出信号波形与输入信号波形相同。放大器只有在信号基本不失真的情况下，放大才有意义，因此失真应尽可能小。

(3) 工作稳定可靠，且噪声小。

根据对放大器的共性要求所提出的主要性能指标有增益、输入电阻、输出电阻和通频带。

1. 增益

增益是指放大器在输出信号不失真的情况下，输出信号与输入信号之比，也称为放大倍数，它反映了电路的放大能力。增益一般可分为：电压增益、电流增益和功率增益。

电压增益
$$A_u=\frac{u_o}{u_i} \tag{1.2}$$

当不接负载(即 $R_L=\infty$)时，称为开路电压增益，用 A_{uo} 表示，有

$$A_{uo}=\left.\frac{u_o}{u_i}\right|_{R_L=\infty} \tag{1.3}$$

若考虑输出电压 u_o 与输入电压 u_i 存在相位差，有时还将电压增益用相量表示：

$$\dot{A}_u=\frac{\dot{U}_o}{\dot{U}_i} \tag{1.4}$$

$$\dot{A}_{uo}=\left.\frac{\dot{U}_o}{\dot{U}_i}\right|_{R_L=\infty} \tag{1.5}$$

电流增益
$$A_i=\frac{i_o}{i_i} \tag{1.6}$$

功率增益
$$G=\frac{P_o}{P_i} \tag{1.7}$$

其中，u_o是输出电压，u_i是输入电压，i_o是输出电流，i_i是输入电流，P_o是输出功率；P_i是输入功率。

在工程上，增益常常用分贝(decibel)来表示，计算公式如下：

电压增益
$$A_u=20\lg|A_u|\quad(\text{dB}) \tag{1.8}$$

电流增益
$$A_i=20\lg|A_i|\quad(\text{dB}) \tag{1.9}$$

功率增益
$$G_{dB}=10\lg|G|\quad(\text{dB}) \tag{1.10}$$

对放大器的电压增益而言，当输出电压小于输入电压时，放大器为衰减状态，增益的分贝值为负值；当输出电压大于输入电压时，放大器为放大状态，增益的分贝值为正值；当输出

电压等于输入电压时，增益的分贝值为0。对于放大器来说，一般要求有较高的电压增益。

2. 输入电阻

如图1-13所示，信号源为放大器提供信号，放大器相当于信号源的负载，其负载电阻即为放大器的输入电阻。放大器的输入电阻R_i是从输入端向放大器看进去的等效电阻，它反映了放大器输入端的电压和电流关系，这种关系可以帮助我们从一个更简单的角度分析一个放大器在输入端的性能，也就是从一个电阻的角度去分析电压和电流关系。

输入电阻定义为放大器的输入电压u_i与输入电流i_i之比，即

$$R_i = \frac{u_i}{i_i} \tag{1.11}$$

如果信号源电压为u_s，内阻为R_s，则放大器输入端实际获得的输入信号电压为

$$u_i = \frac{u_s R_i}{R_s + R_i} \tag{1.12}$$

由式(1.9)可知，在R_s一定时，输入电阻R_i越大，u_i越接近u_s，即可以从u_s处得到更多净输入电压u_i。

3. 输出电阻

如图1-13所示，放大器为负载提供信号，放大器相当于带有内阻的信号源，这个内阻就是放大器的输出电阻。对于电压源而言，内阻越小，其上的分压越小，所以这个内阻就是输出电阻。为了使电压能够全部加到负载上，也就是说提高电压的输出稳定性，放大器的输出电阻越小越好。理想电压源的内阻为零。

在等效电路中，放大器的输出电阻R_o是从输出端向放大器看进去的等效电阻。R_o的定义是当u_s等于零、R_L开路时，在输出端加入电压u_o与所产生的电流i_o之比，即

$$R_o = \left.\frac{u_o}{i_o}\right|_{u_s=0,\,R_L=\infty} \tag{1.13}$$

通常输出电阻可通过实验方法进行测量，测量时分别测出放大器输出端的开路电压u_{oc}和负载电压u_o，则放大器的输出电阻可通过下式求出，即

$$R_o = \frac{u_{oc} - u_o}{u_o} R_L \tag{1.14}$$

输出电阻R_o是衡量放大器带负载能力的性能指标。R_o越小，输出电压u_o随负载电阻R_L的变化就越小，即输出电压越稳定，带负载的能力越强。

4. 通频带

通频带用来衡量放大器对不同频率信号的放大能力。由于放大器中存在电容、电感及半导体器件结电容等电抗器件，当输入信号的频率偏低或偏高时，放大倍数的数值会下降并产生相移。一般情况下，放大器只适用于某一个特定频率范围内的信号，这一特定的频率范围就称为通频带。

1.3.2 电压放大器模型

典型的电压放大器模型如图1-13所示，该模型包括三部分：等效电路中的输入阻抗、输出阻抗和开路电压增益A_{uo}。

该电压放大器的电压增益

$$A_u=\frac{u_o}{u_i}=\frac{R_L}{R_o+R_L}\cdot A_{uo} \tag{1.15}$$

与开路电压增益 A_{uo} 相比，$A_u<A_{uo}$，这是因为在输出电阻 R_o 上有压降，负载上的输出电压比不带负载(即开路)时的输出电压要低。

另一个比较常用的增益是源电压增益 A_{us}，它定义为

$$A_{us}=\frac{u_o}{u_s}=\frac{u_o}{u_i}\cdot\frac{u_i}{u_s}=\frac{R_i}{R_s+R_i}\cdot A_u=\frac{R_i}{R_s+R_i}\cdot\frac{R_L}{R_o+R_L}\cdot A_{uo} \tag{1.16}$$

显然，对放大器而言，输入电阻 R_i 越大，输出电阻 R_o 越小，A_{us} 越接近于 A_{uo}。

简单的推导可以得出电流增益

$$A_i=\frac{i_o}{i_i}=\frac{u_o/R_L}{u_i/R_i}=A_u\frac{R_i}{R_L} \tag{1.17}$$

功率增益

$$G=\frac{P_o}{P_i}=\frac{U_oI_o}{U_iI_i}=A_uA_i=A_u^2\frac{R_i}{R_L} \tag{1.18}$$

例 1.1 图 1-14 是一个电压放大器，已知输入端的信号源电压 $u_s=1$ mV，内阻 $R_s=1$ MΩ，放大器开路电压增益 $A_{uo}=10^4$，输入电阻 $R_i=2$ MΩ，输出电阻 $R_o=2$ Ω，负载电阻 $R_L=8$ Ω。计算信号源电压增益 $A_{us}=u_o/u_s$ 和电压增益 $A_u=u_o/u_i$，并计算电流增益和功率增益。

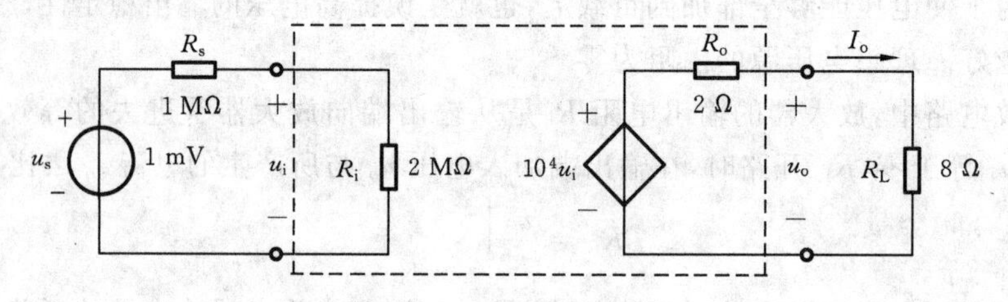

图 1-14 例 1.1 图

解 利用式(1.15)和式(1.16)可得

$$A_u=u_o/u_i=A_{uo}\frac{R_L}{R_L+R_o}=10^4\times\frac{8}{8+2}=8\ 000$$

$$A_{us}=u_o/u_s=A_u\frac{R_i}{R_i+R_s}=8\ 000\times\frac{2}{2+1}=5\ 333$$

利用式(1.17)和式(1.18)，可以得到电流增益和功率增益分别为

$$A_i=A_u\frac{R_i}{R_L}=2\times10^9$$

$$G=A_uA_i=16\times10^{12}$$

如前所述，放大器可以分为电压放大器、电流放大器、互导放大器和互阻放大器。两种不同的放大器之间可以利用戴维南等效电路与诺顿等效电路之间的互换关系进行相互转换。

例 1.2 将图 1-13 所示的电压放大器转换为电流放大器。

解 先将电压放大器的输出端用戴维南等效电路转换为诺顿等效电路，如图1-15所示。

因为输入电流 $i_i = u_i / R_i$，所以受控电流源的电流值为 $\left(\frac{A_{uo}}{R_o} R_i\right) i_i$，对应的电流放大器的短路电流增益

$$A_{isc} = \frac{A_{uo}}{R_o} R_i \tag{1.19}$$

同样地，电压放大器也可以转换为互导放大器。互导放大器采用电压控制电流源，所以等效电路仍然如图1-15所示，只用将短路互导增益定义为 $G_{msc} = \frac{A_{uo}}{R_o}$ 即可。

电压放大器也可以转换为互阻放大器。如图1-16所示，互阻放大器的输出端信号源属于电流控制电压源（输出端的电压受输入电流 i_i 的控制），只要确定开路互阻增益 R_{moc} 即可。

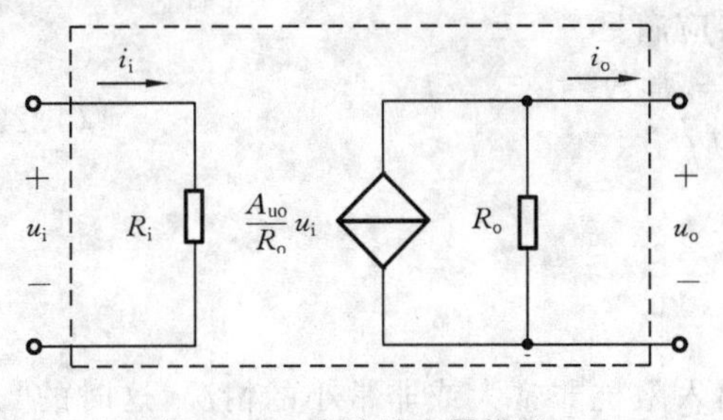

图1-15 电流放大器模型

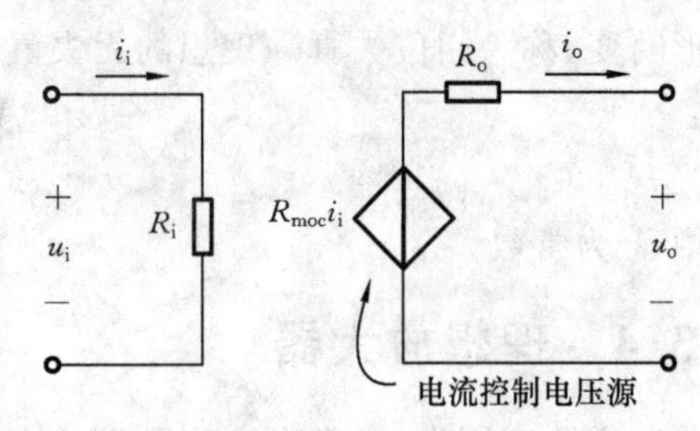

图1-16 互阻放大器

对照图1-16和图1-13可知，开路电阻增益可表示为

$$R_{moc} = A_{uo} R_i \tag{1.20}$$

1.3.3 放大器频率响应

放大器的输入信号通常是由许多不同频率成分组合而成的复杂信号。由于放大电路中电抗性元件和三极管极间电容的存在，所以对不同频率的信号，放大器增益的大小和相位都不同，用复数表示为

$$\dot{A}(jf) = |\dot{A}(f)| \angle \varphi(f) \tag{1.21}$$

式中，$|\dot{A}(f)|$ 为增益的幅值，$\varphi(f)$ 为增益的相角，它们都是频率的函数。其中幅值随频率变化的特性称为幅频特性，即式(1.21)中的 $|\dot{A}(f)|$；相角随频率变化的特性称为相频特性，即式(1.21)中的 $\varphi(f)$。

一个典型的反相放大器的幅频特性曲线和相应的相频特性曲线如图1-17所示。就幅频特性而言，在一个较宽的频率范围内相应曲线是平坦的，即增益幅值不随信号频率的变化而

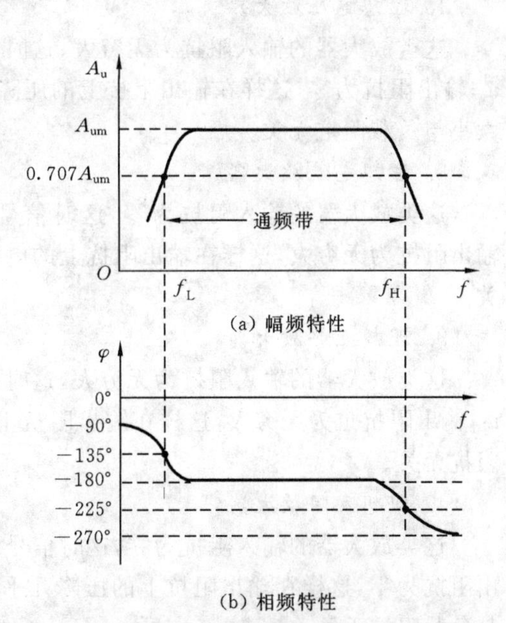

图1-17 放大器的幅频特性和相频特性

变化，这个频率范围称为中频区，对应的增益称为中频增益，通常用 A_{um} 表示。在中频区，相位不随频率的变化而变化，始终保持 180°相移，说明输出信号与输入信号反相。在中频区以外，随着频率的升高或降低，放大器增益下降，分别称为高频区频率特性和低频区频率特性。增益为 $A_{um}/\sqrt{2}$ 时对应的频率称为截止频率，此时的增益比中频增益降低约 3 dB $(=|20\lg(1/\sqrt{2})|)$。如果用 f_H 表示上限截止频率，用 f_L 表示下限截止频率，则上、下限截止频率之间的频率范围称为放大器的通频带，用 f_{BW} 来表示，$f_{BW}=f_H-f_L$。通频带有时也称为 3 dB 带宽，它表征放大器对不同频率输入信号的响应能力，是放大器的性能指标之一。

放大器对不同频率信号的放大能力不同，就会引起频率失真。频率失真使输出信号不能重现原输入信号的波形，故又称为波形失真。对不同频率的信号由于放大器幅度增益量不同而产生的波形畸变，称为幅度失真。对不同频率信号产生的相位移不成比例而引起的波形畸变，称为相位失真。理想的无失真放大器应满足

$$\begin{cases}|A(f)| = \text{常数} \\ \varphi(f) = kf\end{cases} \tag{1.22}$$

式中，k 为常数。

1.3.4 理想放大器

在实际应用中，常常会遇到要求放大器的输入阻抗非常大或非常小的情况，这时的“非常大”或“非常小”是与信号源内阻相比；或者是要求放大器的输出阻抗非常大或非常小的情况，这时的“非常大”或“非常小”是与负载阻抗相比。这种输入阻抗和输出阻抗达到理想状态，同时增益保持为常数的放大器称为理想放大器。根据理想输入阻抗和输出阻抗的情况，理想放大器可以分为以下四大类。

1. 理想电压放大器

这类放大器的输入阻抗为无穷大，这时信号源电压 u_s 几乎全部作为放大器的输入电压 u_i；输出阻抗为零，这样在输出阻抗上的压降几乎为零，输出电压 u_o 达到最大，并且输出电压大小与负载阻抗无关。

2. 理想电流放大器

这类放大器的输入阻抗为零，这时信号源电流 i_s 几乎全部作为放大器的输入电流 i_i；输出阻抗为无穷大，这样在输出阻抗上的电流 i_o 达到最大，并且输出电流大小与负载阻抗无关。

3. 理想互导放大器

这类放大器的输入阻抗为无穷大，这时信号源电压 u_s 几乎全部作为放大器的输入电压 u_i；输出阻抗也为无穷大，这样在输出阻抗上的电流 i_o 达到最大，并且输出电流大小与负载阻抗无关。

4. 理想互阻放大器

这类放大器的输入阻抗为零，这时信号源电流 i_s 几乎全部作为放大器的输入电流 i_i；输出阻抗为零，这样在输出阻抗上的压降几乎为零，输出电压 u_o 达到最大，并且输出电压大小与负载阻抗无关。

第 2 章将介绍一种特殊的电压放大器，称为运算放大器。在对由运算放大器构成的电

路进行分析时，为简便起见，一般假设它工作在理想状态，即称为理想运算放大器，它的输入电阻为无穷大，输出电阻为零，开环电压放大倍数亦为无穷大。

本章小结

电子系统是电子器件组成的可以完成一定功能的电路，一般由信号采样、信号预处理、信号加工、信号驱动与执行四个部分组成。电子系统的设计包括系统设计和电路设计，系统设计是根据设计任务的需求分析，确定一个或多个解决方案，并为每个方案设计功能模块，最后进行测试、生产的过程。电路设计的目的是实现每个功能模块的具体性能，主要完成电路布局、电路性能评估、构造测试电路样本等工作。常用的电路设计与仿真工具包括SPICE/PSPICE、Multisim 7、Matlab 等。

电子系统分为模拟电子系统和数字电子系统。模拟电子系统处理模拟信号，即连续变化的信号；数据电子系统处理数字信号，即人为抽象的时间不连续的信号。集成电路是完成所需电路功能的微型结构，具有体积小、重量轻、引出线和焊接点少、寿命长、可靠性高、性能好等优点，同时它的成本低，便于大规模生产。放大器是将微弱电信号增强到一定程度的电路，其主要性能指标包括输入电阻、输出电阻、增益和通频带。放大器包括电压放大器、电流放大器、互阻放大器、互导放大器，不同类型放大器的增益的定义是不同的，要根据放大器类型具体分析。放大器的频率响应描述了放大器增益随正弦输入的频率的变化而变化的情况，包括幅频响应和相频响应。

习　题

1.1　已知一个正相放大器的电压增益为50，输入电压 $u_i(t)=0.1\sin(2\,000\pi t)$。

(a) 求输出电压 $u_o(t)$ 的表达式；

(b) 若改为反相放大器，求输出电压 $u_o(t)$ 的表达式。

1.2　已知一个放大器的输入电阻为 2 000 Ω，输出电阻为 25 Ω，开路电压增益为 500，信号源的电压 $u_s=20$ mV，内阻 $R_s=500$ Ω，负载电阻 $R_L=75$ Ω。计算信号源电压增益 $A_{us}=u_o/u_s$ 和放大器电压增益 $A_u=u_o/u_i$，并计算电流增益和功率增益。

1.3　假设习题 1.2 中的负载电阻是可以改变的，那么当负载电阻的阻值是多少时，可以得到最大的功率增益，最大的功率增益是多少？

1.4　已知一个电流放大器的输入电阻为 1 kΩ，输出电阻为 20 Ω，短路电流增益为 200，求相应的电压放大器的各项参数。

1.5　已知一个电流放大器的输入电阻为 500 Ω，输出电阻为 50 Ω，短路电流增益为 100，求相应的互导放大器的各项参数。

1.6　已知一个放大器的输入电阻为 1 MΩ，输出电阻为 10 Ω，$G_{msc}=0.05$ S，求该放大器的参数 R_{moc}。

1.7　某个放大器的输入电阻 $R_i=1$ kΩ，输出电阻 $R_o=1$ kΩ，R_s 为信号源内阻，R_L 为负载电阻，当放大器满足以下条件时，它分别属于哪种类型的近似理想放大器(电压放大器、电流放大器、互导放大器和互阻放大器）？

(a) R_s小于 10 Ω，R_L大于 100 kΩ；

(b) R_s大于 100 kΩ，R_L小于 10 Ω；

(c) R_s小于 10 Ω，R_L小于 10 Ω；

(d) R_s大于 100 kΩ，R_L大于 100 kΩ；

(e) R_s约等于 1 kΩ，R_L小于 10 Ω。

第 2 章　集成运算放大器及其基本应用

本章提要：本章主要讲述集成运算放大器的特性及其基本应用电路。集成运算放大器由于具有高增益、输入阻抗大、输出阻抗小、频率特性好和低价位等特点，已经被广泛应用于模拟信号的处理和发生电路中。

理解运算放大器的特性对分析运算放大器电路十分重要。运算放大器处于不同的工作状态时，具有不同的工作特性。正确判断运算放大器的工作状态、理解和熟练运用虚短和虚断的概念是分析运算放大器应用电路的基础。

在信号运算电路中，经常使用运算放大器构成比例运算电路、加减运算电路、积分和微分运算电路。在信号比较电路中，由运算放大器构成的常用比较电路有单限比较器和滞回比较器。此外，还可以使用运算放大器构成各种类型的滤波器。

2.1　集成运算放大器

集成运算放大器(operational amplifier)简称集成运放，是由多级直接耦合放大电路组成的高增益模拟集成电路。它以半导体单晶硅为芯片，把整个电路中的元器件如三极管、二极管、电阻等制作在一起。

集成运放有很多种类型，按供电方式可分为双电源供电和单电源供电；按集成度可分为单运放、双运放和四运放；按制造工艺可分为双极型、CMOS 型和 BIFET 型。从外观上看，目前大多数集成电路采用双列直插式封装或扁平式封装，如图 2-1 所示。

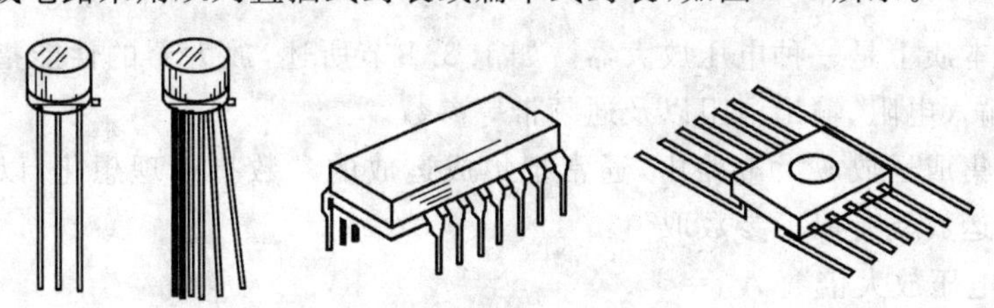

图 2-1　常见的集成运放

目前集成运放发展十分迅速，应用范围越来越广泛，已大量应用于电子计算机、自动控制及通信、电子工程等领域中。

2.1.1　集成运放的电压传输特性

集成运放可以看成是一个具有一定开环增益、输入电阻和输出电阻的放大器。它有两个输入端和一个输出端，符号如图 2-2 所示。两个输入端分别是同相端 u_P、反相端 u_N。同相端输入电压与输出电压同相，即当集成运放工作在线性区时，同相端输入电压 u_P 增大，输出电压 u_o 也增大，它们保持同相关系。反相端则与同相端相反，输入电压 u_N 越大，输出电压 u_o 越小，它们保持反相关系。

集成运放的电压传输特性是指输出电压 u_o 与同相端电压和反相端电压之差 Δu（差模信号）之间的关系，其电压传输特性曲线如图 2-3 所示。

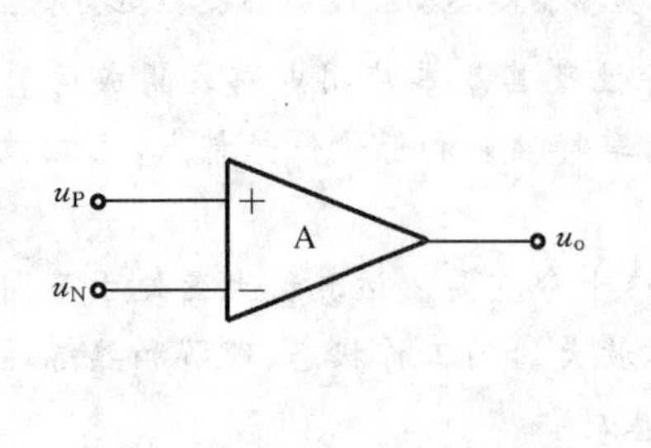

图 2-2　集成运放符号

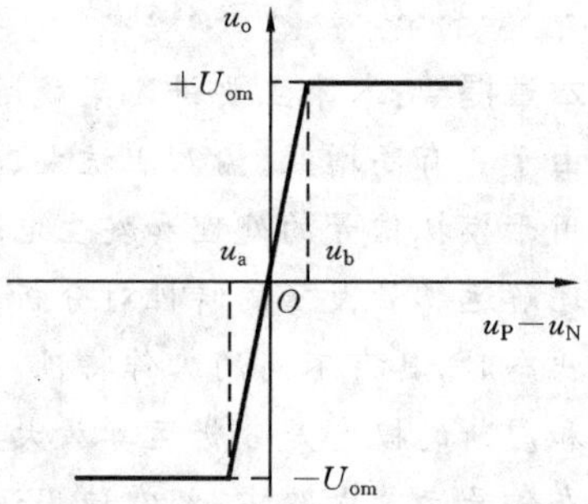

图 2-3　集成运放电压传输特性

由图 2-3 可知，电压传输特性曲线可以分为两个区域：当 $u_a < \Delta u < u_b$ 时，集成运放的输出电压与输入信号成比例关系，Δu 增加，输出电压也增加，这个区域称为线性区；当 $u_b < \Delta u$ 或 $\Delta u < u_a$ 时，输出电压与输入信号不再保持比例关系，运放输出饱和，故称为非线性区。

集成运放工作在线性区时，输出电压 u_o 与输入信号有如下关系：

$$u_o = A_{od}\Delta u = A_{od}(u_P - u_N) \tag{2.1}$$

其中，A_{od} 是开环电压放大倍数，它的数值很大，一般可达几十万倍，表示传输特性曲线的斜率。

集成运放工作在非线性区时，输出电压 u_o 只有两种数值：$+U_{om}$ 或 $-U_{om}$。如果同相端电压大于反相端电压，则输出电压为 $+U_{om}$；如果同相端电压小于反相端电压，则输出电压为 $-U_{om}$。U_{om} 的具体数值大小由集成运放的内部参数和外接电压决定。

2.1.2　理想集成运放及不同工作区特点

集成运放本质上是一种电压放大器。如 1.3.1 节所述，放大器的性能指标主要包括电压放大倍数、输入电阻、输出电阻以及通频带等参数。

在实际的集成运放放大电路中，通常把集成运放的参数指标理想化，以方便分析与计算。理想集成运放具有以下参数取值：

(1) 开环电压放大倍数 $A_{od} = \infty$；

(2) 输入电阻 $R_i = \infty$；

(3) 输出电阻 $R_o = 0$；

(4) 通频带 $f_{bw} = \infty$。

集成运放参数指标的理想化必然带来分析误差，在一般的工程计算中，这些误差是允许的，并且随着制造工艺和设计水平的提高，参数指标会越来越接近理想值，误差也会越来越小。因此，在分析集成运放组成的放大电路时，一般都可以把集成运放看做理想运放。

从图 2-3 可知，集成运放工作在不同的区域，输出电压具有不同的特性。因此，正确判断运放的工作状态是分析集成运放放大电路的基础。

1. 线性区

由于理想运放的 A_{od} 很大，只要有很小的差模输入电压，则输出很高电压(见式(2.1))，使运放进入非线性区。因此，要使运放工作在线性区，就必须引入负反馈，通过负反馈来稳定输出信号，如图 2-4 所示。

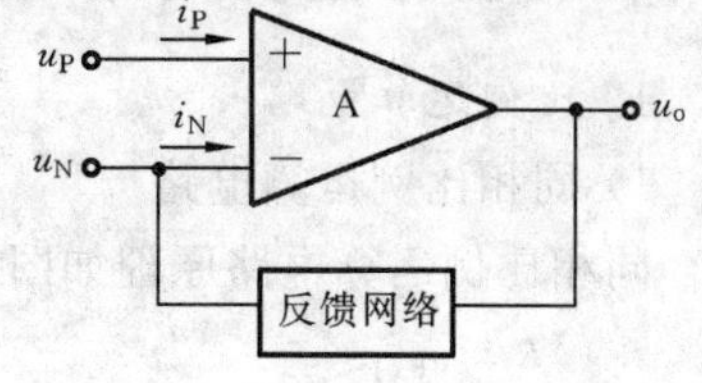

图 2-4　集成运放引入负反馈

理想运放工作在线性区时，有两个十分重要的概念：虚短和虚断。

1) 虚短

由式(2.1)可知，要使理想运放的输出电压在一定的范围内变化，则输入电压 Δu 必须非常小($A_{od}\to\infty$)，因此在近似计算时，可以认为

$$\Delta u = u_P - u_N \approx 0$$

即

$$u_P \approx u_N \tag{2.2}$$

此时同相端与反相端的电位近似相等，称为虚短。

2) 虚断

由于理想运放的输入电阻非常大($R_i\to\infty$)，因此在近似计算时，可以认为

$$i_P = 0, \qquad i_N = 0 \tag{2.3}$$

即同相端与反相端的输入电流都为 0，称为虚断。

在分析和计算集成运放放大电路时，经常要用到虚短和虚断的概念。

2. 非线性区

理想运放工作在非线性区有两种情况：一是没有引入反馈；二是引入了反馈，但是反馈是正反馈，如图 2-5(b)所示。

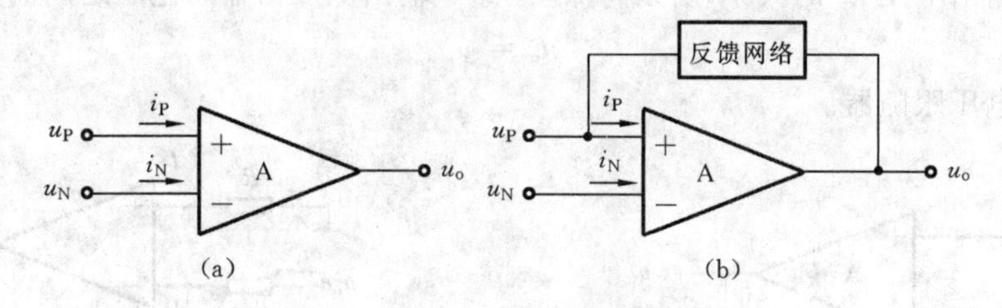

图 2-5　集成运放工作在非线性区

集成运放工作在非线性区时，输出电压 u_o 只有两种数值，如式(2.4)所示。

$$u_o = \begin{cases} +U_{om}, & \text{当 } u_P > u_N \\ -U_{om}, & \text{当 } u_P < u_N \end{cases} \tag{2.4}$$

同相端与反相端的输入电流都为 0，但是同相端与反相端的电位不再相等，不能满足虚短的概念。

2.2　理想运放在线性区常用电路

理想运放工作在线性区时可以构成各种运算电路和滤波电路。在下面介绍的比例运算

电路、加减运算电路、积分和微分运算电路以及滤波电路中，主要运用集成运放的虚短和虚断特性进行分析计算。

2.2.1 基本运算电路

1. 比例运算电路

1）同相比例运算电路

同相比例运算电路原理如图 2-6 所示。

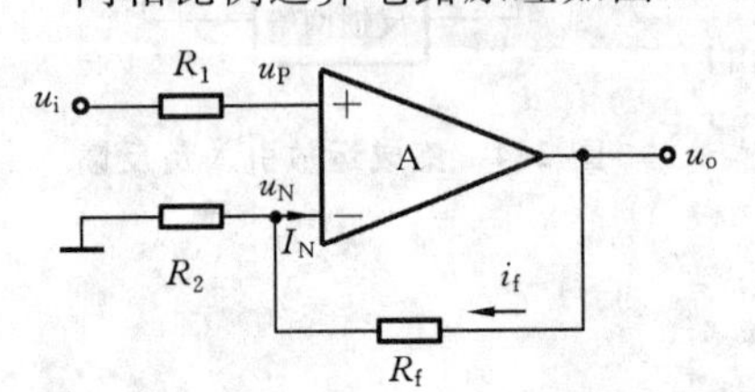

图 2-6 同相比例运算电路

由虚短的概念可知

$$u_P = u_N = u_i \tag{2.5}$$

由于运放的净输入电流为 0（虚断），即 $I_N=0$，所以

$$\frac{u_N - 0}{R_2} = \frac{u_o - u_N}{R_f} \tag{2.6}$$

将式(2.5)代入式(2.6)，可得

$$u_o = (1+\frac{R_f}{R_2})u_i \tag{2.7}$$

同相比例运算电路的输出电压与输入电压保持同相关系，输入电压越大，输出电压也越大。电路具有输入电阻高、输出电阻低的优点，但同相端与反相端同处于高电位，实际应用时有其不利因素。

在同相比例运算电路中，若将输出电压全部反馈到反相输入端，就构成如图 2-7 所示的电压跟随器。电压跟随器是集成运放常用的一个实例，它具有输入电阻高、带负载能力强的特点。

对照式(2.7)，若 $R_f=0$，$R_2=\infty$，则图 2-6 可以改画成如图 2-7 所示电路，由于 R_1 存在与否不影响输出电压 u_o 的大小，所以将 R_1 短路。输出电压与输入电压之间满足以下关系

$$u_o = u_i \tag{2.8}$$

此电路称为电压跟随器。

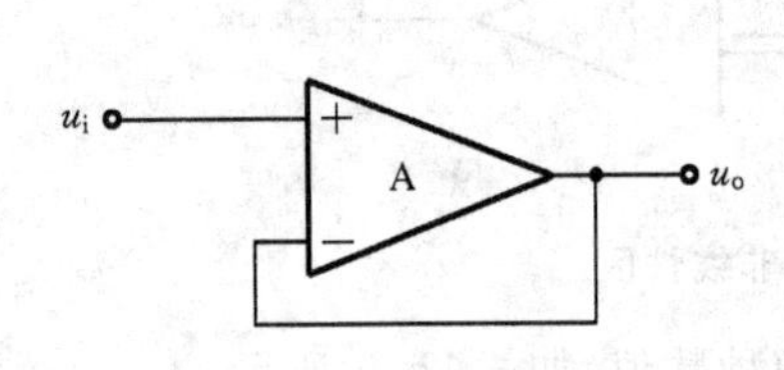

图 2-7 电压跟随器

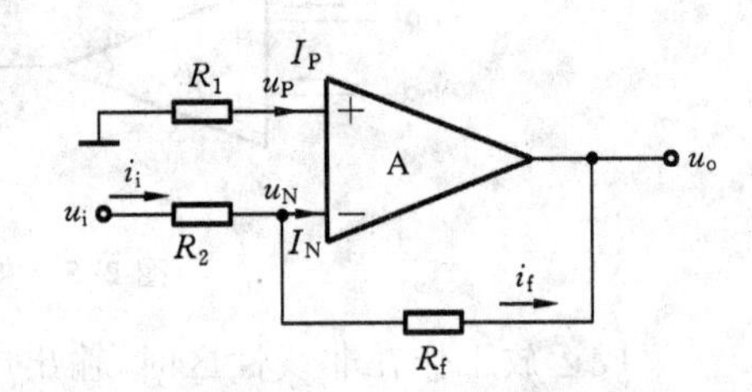

图 2-8 反相比例运算电路

2）反相比例运算电路

把同相比例运算电路的信号输入端与接地端互换，就得到反相比例运算电路，如图 2-8 所示。

由虚断的概念可知 $I_P=I_N\approx 0$，即

$$u_P = -I_P \cdot R_1 = 0 \tag{2.9}$$

由虚短的概念可知

$$u_N \approx u_P = 0 \tag{2.10}$$

而

$$i_i = i_f$$

即

$$\frac{u_i - u_N}{R_2} = \frac{u_N - u_o}{R_f} \tag{2.11}$$

整理可得

$$u_o = -\frac{R_f}{R_2} u_i$$

反相比例运算电路的输出电压与输入电压保持反相关系。虽然理想运放的输入电阻很高，但是由于同相端和反相端的电位相等且为 0，因此从信号源看，整个电路的输入电阻等于 R_2，而一般来说，R_2 的取值不可能太大。例如，保持比例系数为 100，如果想要输入电阻较大，可取 $R_2 = 100\ \text{k}\Omega$，则 $R_f = 10\ \text{M}\Omega$，但是当电阻阻值过大时，其精度和稳定度都不好，所以反相比例运算电路的输入电阻并不大。反相比例运算电路的输出电阻 $R_o = 0$。

为了提高反相比例运算电路的输入电阻，可以利用 T 型网络对电路进行改进，如图 2-9 所示。

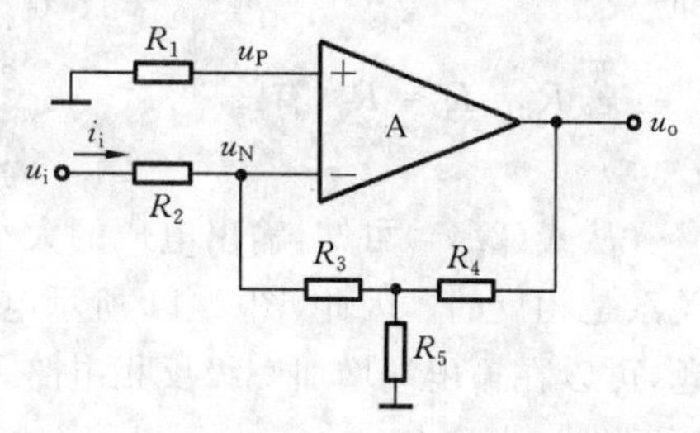

图 2-9　T 型网络反相比例运算电路

为了求出 u_o 与 u_i 的关系式，可设 R_3、R_4、R_5 连接点电位为 u_M，根据理想运放“虚短”的概念，有 $u_N = 0$；又根据理想运放“虚断”的概念，流过 R_2 的电流 i_2 就是流过 R_3 的电流，然后利用电路理论知识（节点法或支路电流法）列出 u_o、u_M、u_i 之间的方程式，可求得这个 T 型网络反相比例运算电路的输出电压与输入电压之间满足以下关系

$$u_o = -\frac{R_3 + R_4}{R_2}\left(1 + \frac{R_3 /\!/ R_4}{R_5}\right) u_i \tag{2.12}$$

同样，假设 $R_2 = 100\ \text{k}\Omega$，则 T 型网络反相比例运算电路的输入电阻为 100 kΩ，为了保持比例系数为 100，只需 R_2、R_3、R_4、R_5 取合理的值即可，而它们的阻值不必取很高。

需要注意的是，在分析计算图 2-6、图 2-8 所示的比例运算电路时，输出电压与 R_1 无关。但在实际应用中，为了使两个输入端特性对称，以抑制集成运放中常不可忽视的零点漂移现象，一般选择 $R_1 = R_2 /\!/ R_f$。

例 2.1　电路如图 2-10 所示，假设输入电压和各个电阻的阻值已知，试求出 u_o 的表达式。

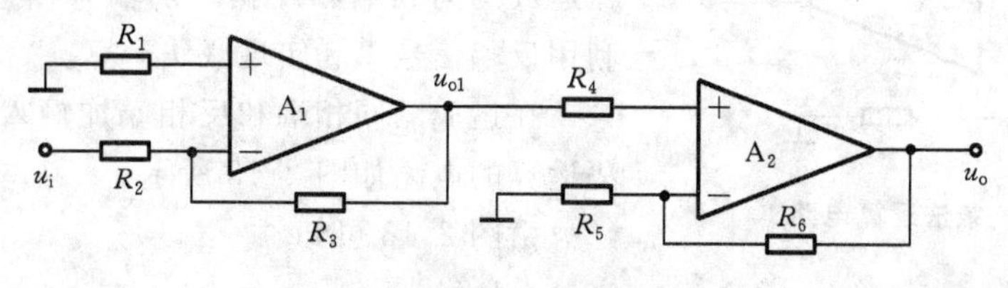

图 2-10　例 2.1 电路图

解　从电路图可知，这是一个由两级运放构成的放大电路，第一级是反相比例运算电路，第二级是同相比例运算电路，所以

$$u_{o1} = -\frac{R_3}{R_2} u_i$$

$$u_o = (1+\frac{R_6}{R_5})u_{o1} = -(1+\frac{R_6}{R_5})\frac{R_3}{R_2}u_i$$

2. 加减运算电路

1）加法运算电路

如果要实现几个信号求和运算，可用图 2-11 所示的加法运算电路来完成。

利用节点电流方程以及虚短和虚断的概念，可以得出

$$\frac{u_{i1}-0}{R_1}+\frac{u_{i2}-0}{R_2}=\frac{0-u_o}{R_3}$$

即

$$u_o = -(\frac{R_3}{R_1}u_{i1}+\frac{R_3}{R_2}u_{i2}) \tag{2.13}$$

若 $R_1=R_2=R_3$，有

$$u_o = -(u_{i1}+u_{i2}) \tag{2.14}$$

从式(2.14)可知，输出电压的大小等于两个输入信号之和，实现了加法运算，但是相位关系是相反的。因此，图 2-11 所示电路又称为反相求和运算电路。若要解决相位相反的问题，可以在输出端增加一级反相电路，也可以利用同相加法运算电路来保持同相，如图 2-12 所示。

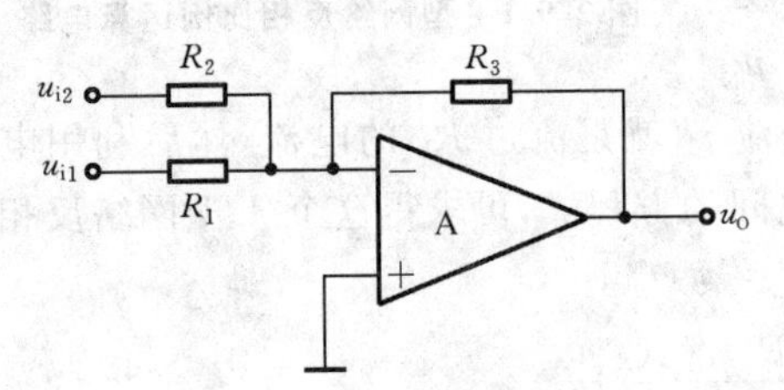

图 2-11　加法运算电路

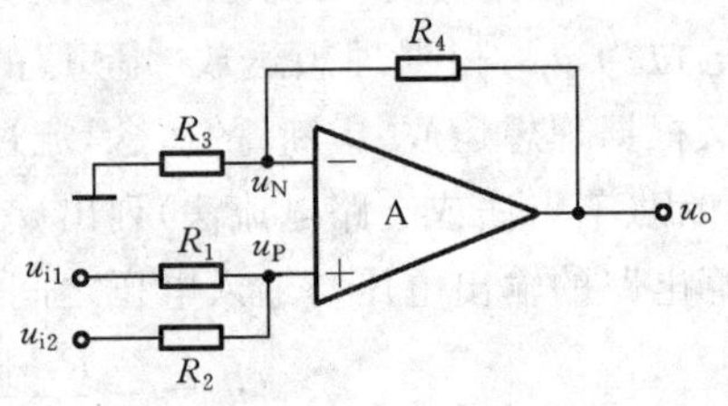

图 2-12　同相加法运算电路

图中若 $R_1=R_2=R_3=R_4$，可得

$$u_P = u_N = \frac{u_{i1}+u_{i2}}{2}$$

则

$$u_o = 2u_N = u_{i1}+u_{i2} \tag{2.15}$$

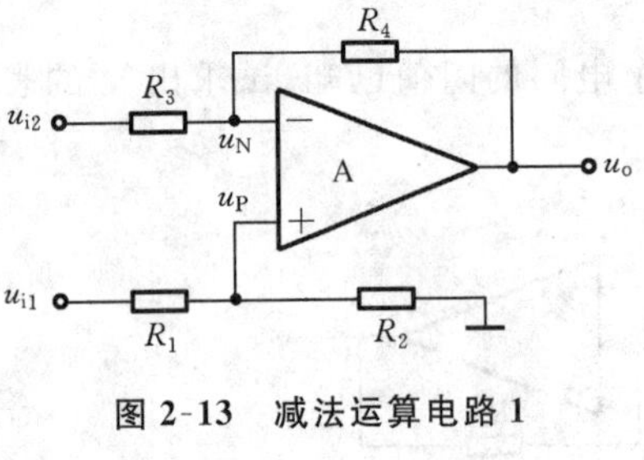

图 2-13　减法运算电路 1

2）减法运算电路

构成减法运算电路的电路形式有两种：一种是在运放的同相端和反相端加输入信号；另外一种是利用反相信号求和实现减法运算。

在运放的同相端和反相端加输入信号来实现减法运算的电路如图 2-13 所示。

由图 2-13 可知

$$u_P = \frac{R_2}{R_1+R_2}u_{i1} \tag{2.16}$$

$$u_N = \frac{R_3}{R_3+R_4}u_o+\frac{R_4}{R_3+R_4}u_{i2} = \frac{R_3u_o+R_4u_{i2}}{R_3+R_4} \tag{2.17}$$

因为

$$u_P = u_N$$

代入式(2.16)、式(2.17)后可得

$$u_o = (\frac{R_3 + R_4}{R_3})(\frac{R_2}{R_1 + R_2})u_{i1} - \frac{R_4}{R_3}u_{i2} \tag{2.18}$$

如果

$$\frac{R_4}{R_3} = \frac{R_2}{R_1}$$

代入式(2.18)，可得

$$u_o = \frac{R_4}{R_3}u_{i1} - \frac{R_4}{R_3}u_{i2} = \frac{R_4}{R_3}(u_{i1} - u_{i2}) \tag{2.19}$$

若 $R_4 = R_3$，则

$$u_o = u_{i1} - u_{i2} \tag{2.20}$$

利用反相信号求和实现减法运算的电路设计思想很简单，电路由两级放大电路组成：第一级为反相比例运算电路，第二级为反相加法运算电路，电路原理如图 2-14 所示，其中 $R_{P1} = R_1 /\!/ R_2$，$R_{P2} = R_3 /\!/ R_4 /\!/ R_5$。

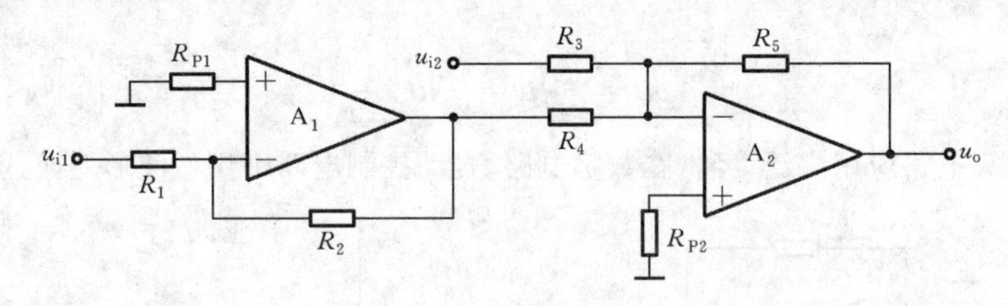

图 2-14　减法运算电路 2

当 $R_1 = R_2 = R_3 = R_4 = R_5$ 时，有

$$u_o = u_{i1} - u_{i2} \tag{2.21}$$

3. 积分运算电路和微分运算电路

1）积分运算电路

积分运算电路结构简单，它由一个理想运放外接一个电阻和电容组成，如图2-15所示。

由虚短和虚断概念可知

$$i_i = \frac{u_i - 0}{R} = \frac{u_i}{R}$$

$$i_c = i_i$$

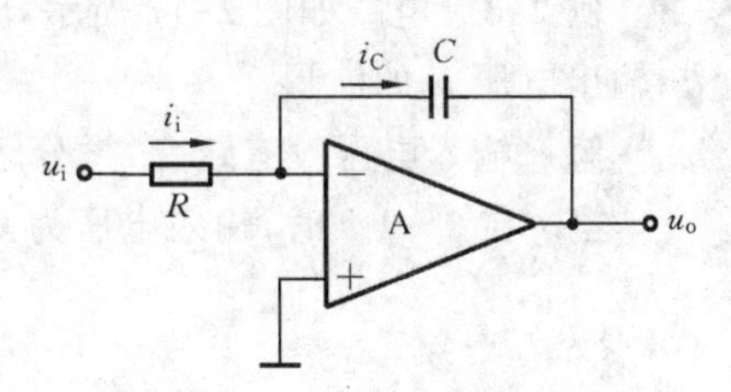

图 2-15　积分运算电路

所以

$$u_o = -\frac{1}{C}\int i_c \mathrm{d}t = -\frac{1}{C}\int \frac{u_i}{R}\mathrm{d}t = -\frac{1}{RC}\int u_i \mathrm{d}t \tag{2.22}$$

式(2.22)表明，该电路的输出电压为输入电压对时间的积分。

例 2.2　电路如图 2-15 所示，假设电容和电阻的值已知，电容的起始电压为0 V，输入电压为方波，如图 2-16 所示，试求出 u_o的表达式并画出其波形。

解　根据式(2.22)，当 $t \leqslant T$ 时，输出电压为

$$u_o(t) = -\frac{1}{RC}\int_0^t U\mathrm{d}t = -\frac{Ut}{RC}$$

当 $T < t \leqslant 2T$ 时，输出电压为

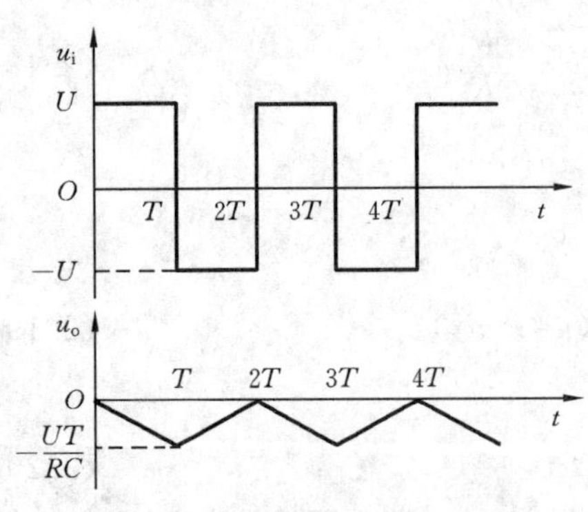

图 2-16 例 2.2 的输入电压与输出电压波形

$$u_o(t)=-\frac{UT}{RC}-\frac{1}{RC}\int_T^t(-U)\mathrm{d}t$$

$$=\frac{U}{RC}(t-2T)$$

可分别求出在 $3T,4T,\cdots$时刻的输出电压值，得到输出电压波形如图 2-16 所示。

2）微分运算电路

将积分运算电路的电阻和电容的位置互换就构成了微分运算电路，如图 2-17 所示。

由电路可知，电容电流为

$$i_c=C\frac{\mathrm{d}(u_i-0)}{\mathrm{d}t}=C\frac{\mathrm{d}u_i}{\mathrm{d}t} \tag{2.23}$$

又因为

$$i_c=i_R$$

所以

$$u_o=-Ri_R=-RC\frac{\mathrm{d}u_i}{\mathrm{d}t} \tag{2.24}$$

微分运算电路应用广泛，经常在数字电路、自动控制电路中用做波形变换、触发脉冲等。

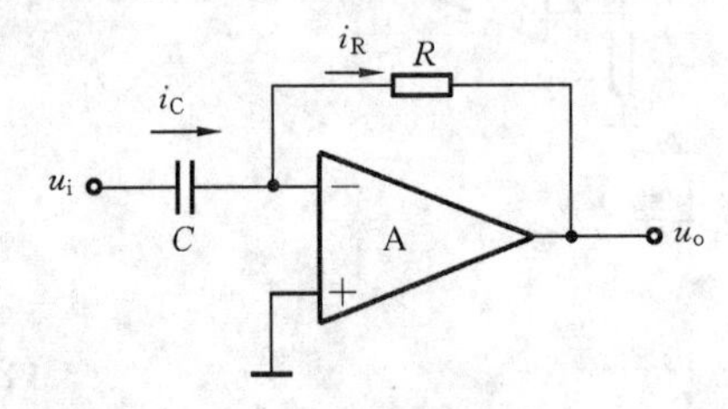

图 2-17 微分运算电路

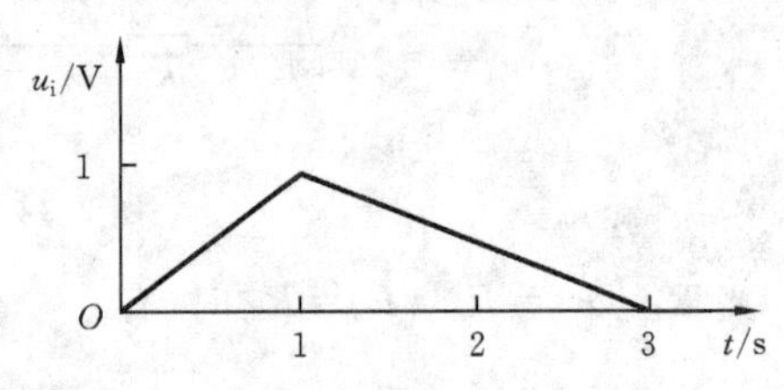

图 2-18 输入电压 u_i

例 2.3 电路如图 2-17 所示，$R=10\ \text{k}\Omega$，$C=100\ \mu\text{F}$，输入电压 u_i如图 2-18 所示，试画出输出电压 u_o的波形。

解 输入电压没有跃变，微分运算电路能够正常工作。

当 t 在 0～1 s 时，输入电压为

$$u_i=t$$

则

$$u_o=-RC\frac{\mathrm{d}u_i}{\mathrm{d}t}=-10\times10^3\times100\times10^{-6}\ \text{V}=-1\ \text{V}$$

当 t 在 1～3 s 时，输入电压为

$$u_i=-\frac{1}{2}t+\frac{3}{2}$$

则

$$u_o=-RC\frac{\mathrm{d}u_i}{\mathrm{d}t}$$

$$=-10\times10^3\times100\times10^{-6}\times(-\frac{1}{2})\text{V}$$

$$=\frac{1}{2}\ \text{V}$$

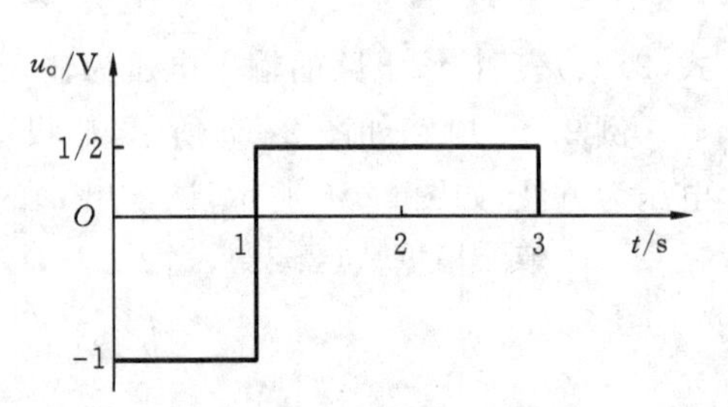

图 2-19 输出电压 u_o

所以，输出电压的波形如图 2-19 所示。

2.2.2 有源滤波电路

滤波电路对信号频率具有选择作用,它能使有用信号通过而抑制无用信号。滤波电路实际上是一种具有特定频率响应的放大器。本节内容中涉及的增益均为复数,所以在符号上加“·”表示。

滤波电路按照对信号频率的选择特性,可分为低通滤波电路(LPF)、高通滤波电路(HPF)、带通滤波电路(BPF)、带阻滤波电路(BEF)和全通滤波电路(APF)。图 2-20 给出了四种滤波器理想情况下的幅度频率特性。

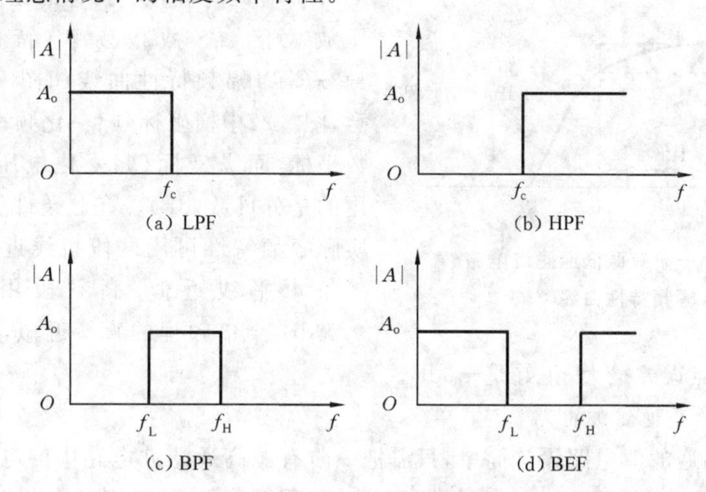

图 2-20 各种滤波电路理想幅频特性

(1) 低通滤波电路:若截止频率为 f_c,则频率小于 f_c的信号可以通过,大于 f_c的信号被衰减,如图 2-20(a)所示。

(2) 高通滤波电路:与低通滤波电路相反,频率大于截止频率 f_c的信号可以通过,小于 f_c的信号被衰减,如图 2-20(b)所示。

(3) 带通滤波电路:有两个截止频率,分别为低频截止频率 f_L和高频截止频率 f_H,频率在$f_L \sim f_H$之间的信号可以通过,其他频率的信号被衰减,如图 2-20(c)所示。

(4) 带阻滤波电路:与带通滤波电路相反,频率在 $f_L \sim f_H$之间的信号被衰减,其他频率的信号可以通过,如图 2-20(d)所示。

(5) 全通滤波电路:没有滤波特性,任意频率的信号都可以通过。

1. 一阶有源低通滤波电路

一阶有源低通滤波电路由集成运放和 RC 滤波元件组成,如图 2-21 所示。

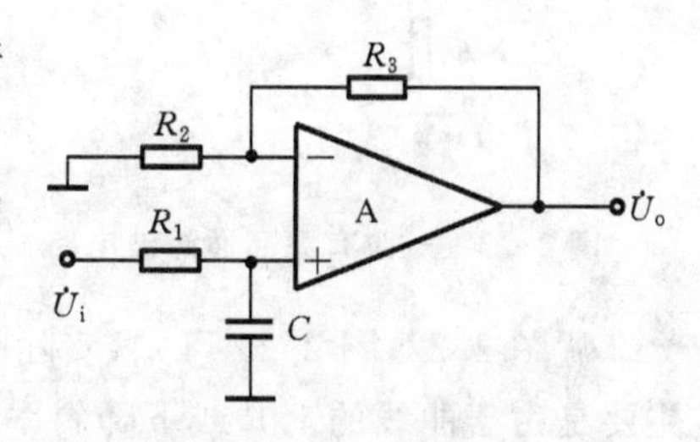

图 2-21 一阶有源低通滤波电路

同相端电压就是电容 C 上的电压 $\dot{U}_C$,这个电压的大小与输入信号频率有关,即

$$\dot{U}_C = \frac{\frac{1}{j\omega C}}{R_1 + \frac{1}{j\omega C}}\dot{U}_i = \frac{1}{1 + j\omega R_1 C}\dot{U}_i$$

由此可见，频率越小，电容阻抗越大，电容获得的分压越大；当频率等于零时，电容电压等于输入电压。因此这是一个低通滤波电路。

利用虚短和虚断概念，可得电压放大倍数为

$$\dot{A}_u=\frac{\dot{U}_o}{\dot{U}_i}=\left(1+\frac{R_3}{R_2}\right)\frac{1}{1+j\omega R_1 C}=\left(1+\frac{R_3}{R_2}\right)\frac{1}{1+\dfrac{jf}{f_c}} \tag{2.25}$$

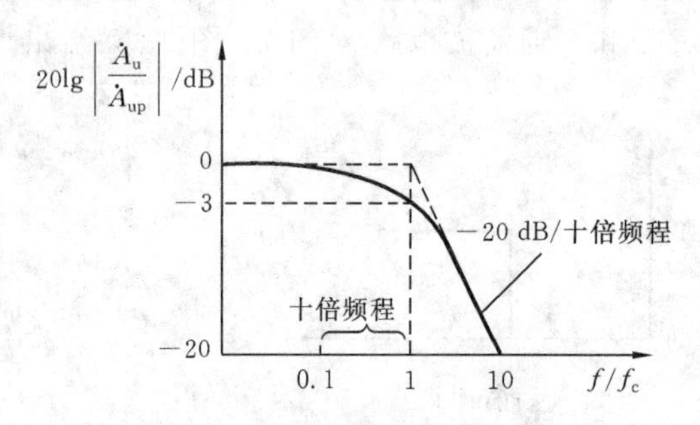

图 2-22　一阶有源低通滤波电路幅频特性曲线

在通频带内，电压放大倍数 $\dot{A}_{up}=1+R_3/R_2$，可见调节 R_3 与 R_2 的比值，可以改变电压放大倍数。截止频率（特征频率）$f_c=1/2\pi R_1 C$，幅频特性曲线如图 2-22 所示。注意，图2-22中横坐标（归一化频率）采用的是对数坐标，而纵坐标（归一化电压放大倍数）采用的是分贝数(dB)。在此条件下，实线所示的实际幅频特性可用两段折线近似。低频段用一条水平线近似，高频段用一条斜率为－20dB/十倍频程的直线近似，两条折线交于截止频率处，该点误差最大，正好是－3dB。

2. 一阶有源高通滤波电路

一阶有源高通滤波电路设计简单，只需把一阶有源高通滤波电路中的电阻和电容位置对调即可，如图 2-23 所示。对于高通滤波电路，随着频率的上升，放大倍数逐渐增大，与低通滤波电路的刚好相反。

电路的电压放大倍数为

$$\dot{A}_u=\frac{\dot{U}_o}{\dot{U}_i}=\left(1+\frac{R_3}{R_2}\right)\frac{1}{1+\dfrac{1}{j\omega R_1 C}}=\left(1+\frac{R_3}{R_2}\right)\frac{1}{1+\dfrac{f_c}{jf}} \tag{2.26}$$

电路的截止频率 $f_c=1/2\pi R_1 C$，幅频特性曲线如图 2-24 所示。

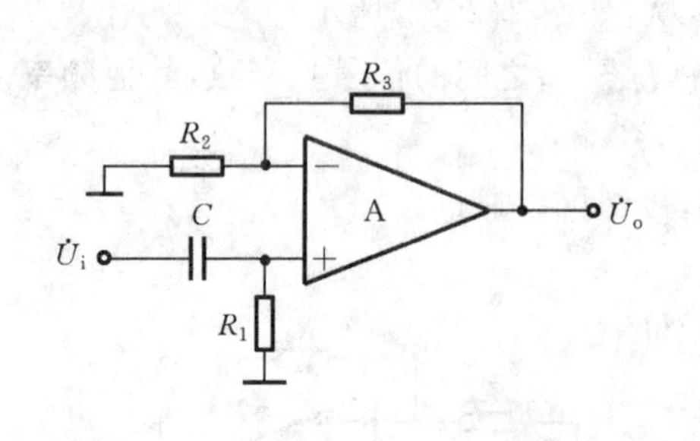

图 2-23　一阶有源高通滤波电路

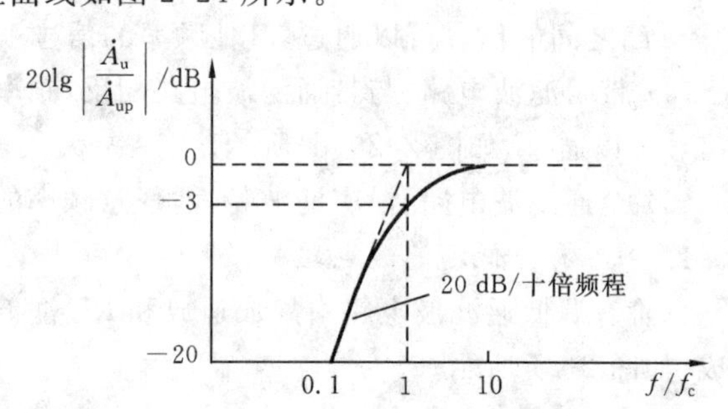

图 2-24　一阶有源高通滤波电路幅频特性曲线

从图 2-22、图 2-24 可知，实际的幅频特性曲线与理想的相差较大，产生的误差也大，这主要是由于曲线的上升或下降斜率程度不够。因此，要提高滤波电路的滤波特性，必须采用二阶或高阶电路，增大曲线的上升或下降斜率，使之接近理想的幅频特性曲线。

3. 带通滤波电路

如果一个低通滤波电路的截止频率大于一个高通滤波电路的截止频率，则把它们串联起来，就可以构成带通滤波电路。带通滤波电路的构成原理如图 2-25 所示。

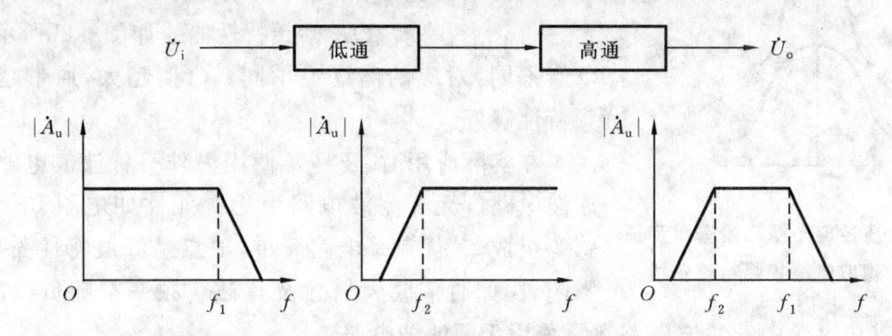

图 2-25 带通滤波电路构成原理

实际电路中常采用单个集成运放构成压控电压源二阶有源带通滤波电路，如图 2-26 所示。

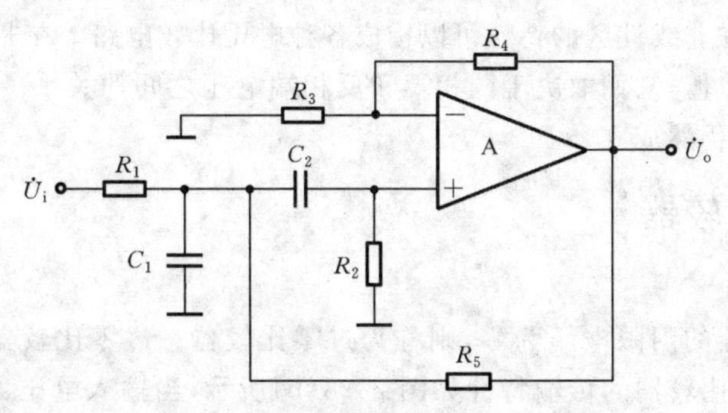

图 2-26 压控电压源二阶有源带通滤波电路

当 $R_1=R_5=R, R_2=2R, C_1=C_2=C$ 时，电路的传递函数为

$$\dot{A}_u=\frac{\dot{U}_o}{\dot{U}_i}=\dot{A}_{uf}\frac{j\omega RC}{1+(3-\dot{A}_{uf})j\omega RC+(j\omega RC)^2} \tag{2.27}$$

式中，$\dot{A}_{uf}$ 为比例系数，$\dot{A}_{uf}=1+R_4/R_3$，要使电路能够稳定工作，要求 $\dot{A}_{uf}<3$。

令中心频率 $f_0=\dfrac{1}{2\pi RC}$，则电压放大倍数

$$\dot{A}_u=\frac{\dot{A}_{uf}}{3-\dot{A}_{uf}}\cdot\frac{1}{1+j\dfrac{1}{3-\dot{A}_{uf}}\left(\dfrac{f}{f_0}-\dfrac{f_0}{f}\right)} \tag{2.28}$$

当信号频率等于中心频率时，通带放大倍数

$$\dot{A}_u=\frac{\dot{A}_{uf}}{3-\dot{A}_{uf}}=Q\dot{A}_{uf} \tag{2.29}$$

式中，Q 为品质因数，令

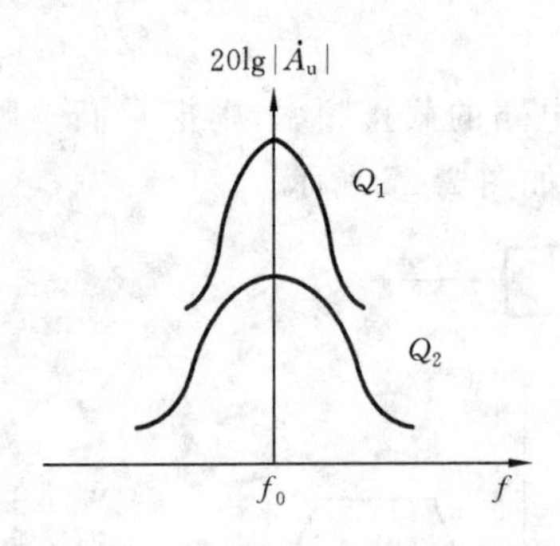

图 2-27 压控电压源二阶有源带通滤波电路幅频特性曲线

$$\left|\mathrm{j}\frac{1}{3-\dot{A}_{uf}}\left(\frac{f}{f_0}-\frac{f_0}{f}\right)\right|=1$$

可解出上限截止频率 f_H 和下限截止频率 f_L，故通频带 $f_{bw}=f_H-f_L=f_0/Q$。幅频特性曲线如图2-27所示，图中 Q 值不同，对应的曲线也不同。Q 值越大，通带越窄，选频特性越好。

在实际应用时，还经常使用另外一种滤波电路：无源滤波电路。无源滤波电路由无源元件如电阻、电容和电感等组成，其优点是电路简单，缺点是滤波特性受负载的影响，比如通带放大倍数及其截止频率都随负载的变化而变化。直流电源中的滤波电路常常采用无源滤波电路。

*2.3 理想运放在非线性区常用电路

利用理想运放在非线性区的特性可以构成各种电压比较电路。在非线性区理想运放的输出电压只有两种取值，它们取决于同相端和反相端电压之间的关系。这时虚短关系不再成立，但是虚断概念仍然成立。

2.3.1 单限比较器

1. 过零比较器

如果单限比较器的门限电压为零，则称为过零比较器。过零比较器的结构简单，如图2-28(a)所示。过零比较器的传输特性如图 2-28(b)所示，当输入电压大于零时，输出发生跃变；当输入电压小于零时，输出也发生跃变。

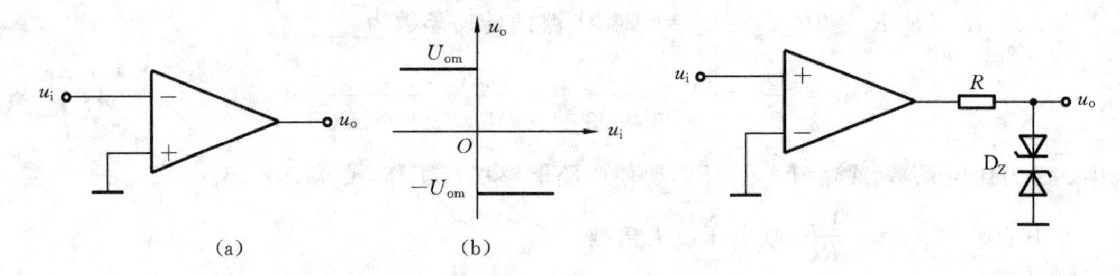

图 2-28 过零比较器结构和传输特性曲线

图 2-29 过零比较器输出限幅电路

集成运放的内部设计决定了非线性区输出电压的大小，其数值是固定的。然而在实际的应用中，输出电压往往不能满足负载的需要，因此需要采取一定措施，使之满足负载的需要。常用的方式是在运放的输出端接稳压管电路，如图 2-29 所示。

图 2-29 所示电路中两个稳压管相同，但也可以采用不同的稳压管，这样负载可以获得不同的输出电压。电阻 R 为限流电阻，用来保护输出级。另外，为了避免运放的输入电压过大，可在输入端接二极管，利用二极管的限幅作用来保护输入级。

2. 一般单限比较器

过零比较器是一般单限比较器中的一个特例，实际应用中门限电压往往不为零，根据需要可以设计任意门限电压的比较器，如图 2-30 所示。

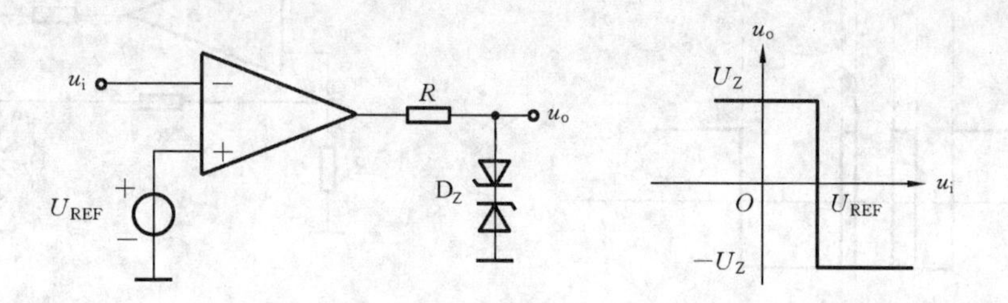

图 2-30　一般单限比较器结构和传输特性曲线

例 2.4　电路如图 2-31 所示，假设参考电压和各个电阻的阻值已知，试画出输出电压 u_o 的传输特性曲线。

解　设运放同相端电压为 u_P，运用叠加定理

$$u_P = \frac{R_1}{R_1 + R_2}U_{REF} + \frac{R_2}{R_1 + R_2}u_i$$

由于反相端接地，令 $u_P = 0$，可以求出门限电压

$$U_T = -\frac{R_1}{R_2}U_{REF} \tag{2.30}$$

当输入电压大于门限电压时，$u_P > 0$，输出电压为正，数值为稳压管稳压电压 U_Z；当输入电压小于门限电压时，$u_P < 0$，输出电压为负。电路传输特性曲线如图 2-32 所示。

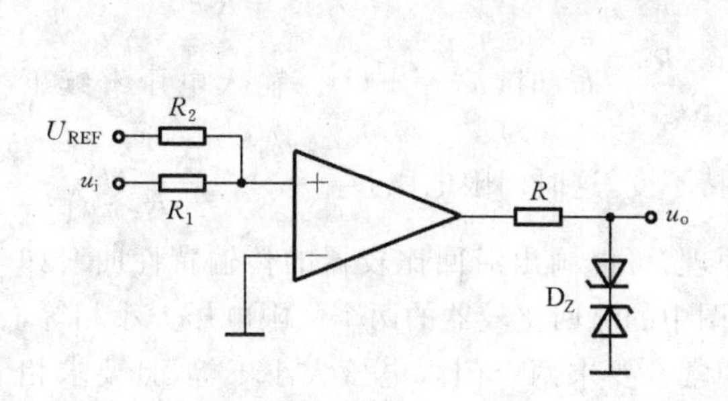

图 2-31　例 2.4 电路图

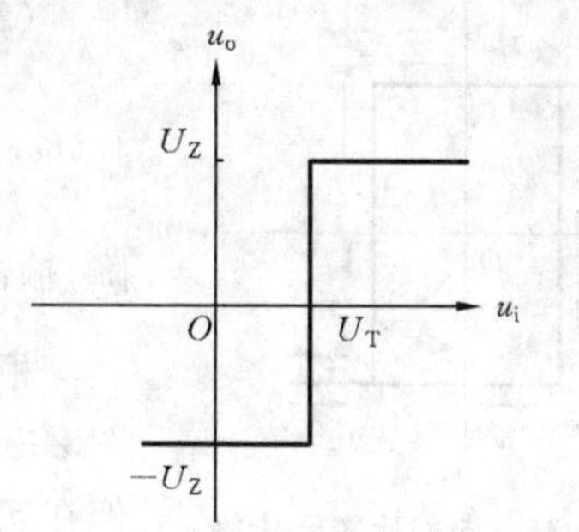

图 2-32　例 2.4 电路传输特性曲线

2.3.2　滞回比较器

单限比较器只有一个门限电压，其抗干扰能力较差。例如，一个单限比较器的门限电压为 5 V，当输入电压为 4.8 V 时，正常情况输出为 +12 V，但是如果这时有干扰信号存在，使得输入电压为 5.1 V，则输出为 −12 V，这样对后面的电路就会产生误操作。图 2-33 中输入信号中间段由于有干扰信号存在，输出信号发生多次跃变。

由于电路中总是存在干扰，因此要提高电路的抗干扰能力，常常采用滞回比较器，其电路如图 2-34 所示。

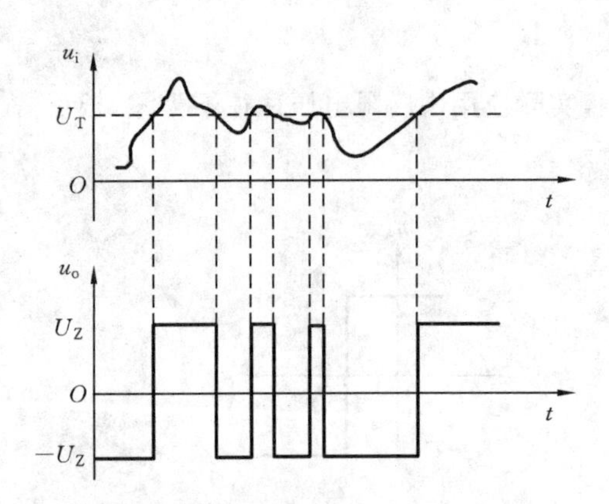

图 2-33 单限比较器干扰信号示意图

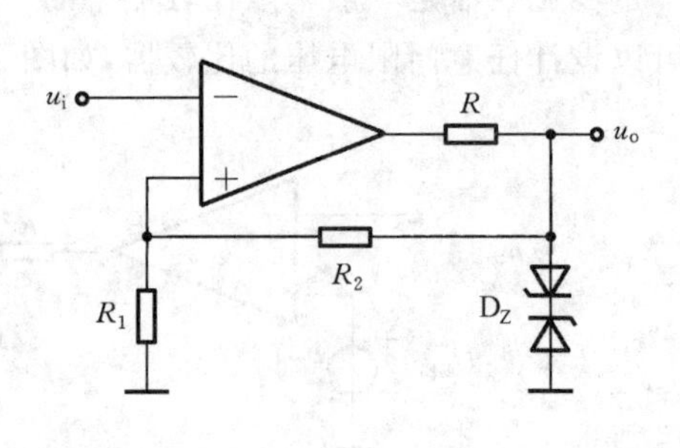

图 2-34 滞回比较器电路

由于输出电压只有两种数值:U_Z或$-U_Z$(稳压管稳压电压),所以根据电路可以求出门限电压

$$U_T = \pm \frac{R_1}{R_1+R_2} U_Z \tag{2.31}$$

可见门限电压有两个,它们大小相等,相位相反。电路的工作原理如下。

(1) 输入电压逐渐上升。当$u_i < +\frac{R_1}{R_1+R_2}U_Z$时,$u_o = +U_Z$;当$u_i > +\frac{R_1}{R_1+R_2}U_Z$时,$u_o = -U_Z$。输入电压继续上升,输出电压保持不变,这时门限电压$U_{T2} = \frac{R_1}{R_1+R_2}U_Z$。

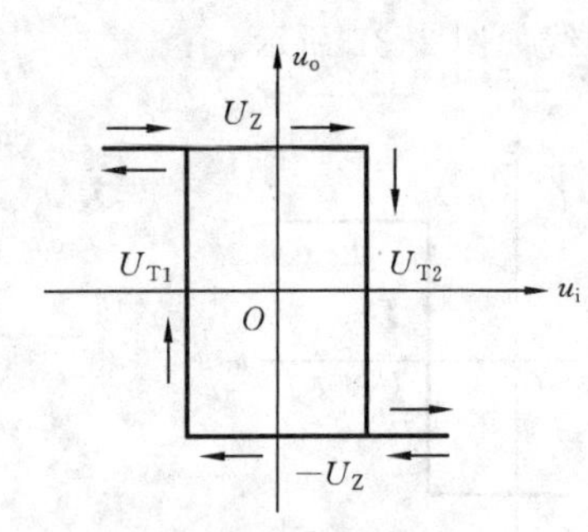

图 2-35 滞回比较器传输特性曲线

(2) 输入电压逐渐下降。当$u_i > -\frac{R_1}{R_1+R_2}U_Z$时,$u_o = -U_Z$;当$u_i < -\frac{R_1}{R_1+R_2}U_Z$时,$u_o = +U_Z$。输入电压继续下降,输出电压保持不变,这时门限电压$U_{T1} = -\frac{R_1}{R_1+R_2}U_Z$。

根据上述原理,可以画出滞回比较器的传输特性曲线如图 2-35 所示。图中的滞回比较器的两个门限电压大小相等,但在实际应用中常常要求两个门限电压大小不等,且要求相位相同,这就需要对电路作进一步改进。

例 2.5 电路如图 2-36 所示,已知参考电压$U_{REF}=5$ V,稳压管稳压电压$U_Z=6$ V,$R_1=10$ kΩ,$R_2=20$ kΩ,试画出输出电压u_o的传输特性曲线。

解 根据叠加定理,运放同相端电压

$$u_P = \frac{R_2}{R_1+R_2} U_{REF} \pm \frac{R_1}{R_1+R_2} U_Z \tag{2.32}$$

u_P就是门限电压,所以两个门限电压分别为

$$U_{T1} = \frac{R_2}{R_1+R_2} U_{REF} - \frac{R_1}{R_1+R_2} U_Z = \left(\frac{20}{10+20} \times 5 - \frac{10}{10+20} \times 6\right) \text{V} = 1.3 \text{ V}$$

$$U_{T2} = \frac{R_2}{R_1+R_2} U_{REF} + \frac{R_1}{R_1+R_2} U_Z = \left(\frac{20}{10+20} \times 5 + \frac{10}{10+20} \times 6\right) \text{V} = 5.3 \text{ V}$$

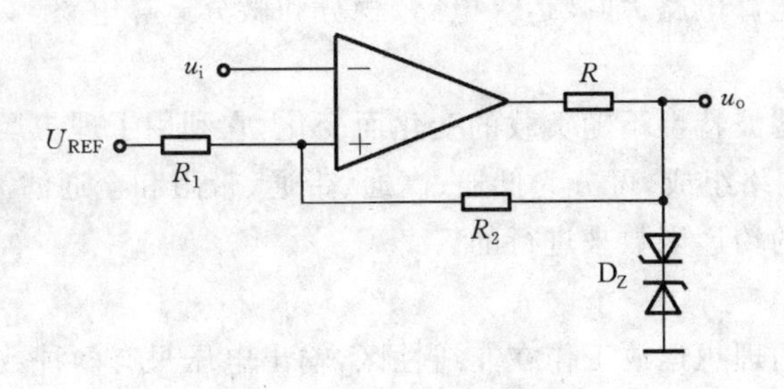

图 2-36　例 2.5 电路图

求出门限电压后，可以画出输出电压的传输特性曲线如图 2-37 所示。

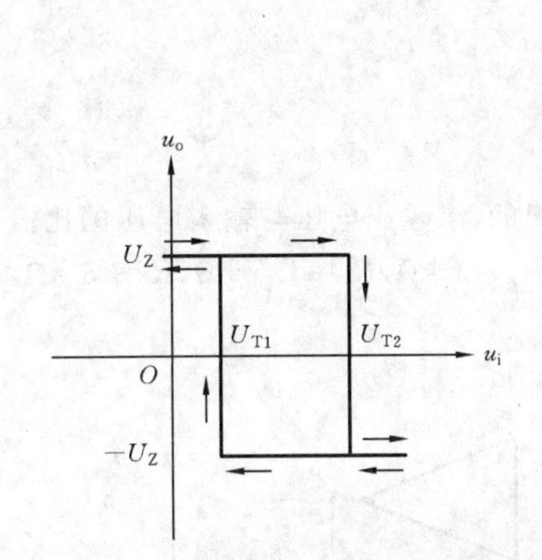

图 2-37　例 2.5 输出电压的传输特性曲线

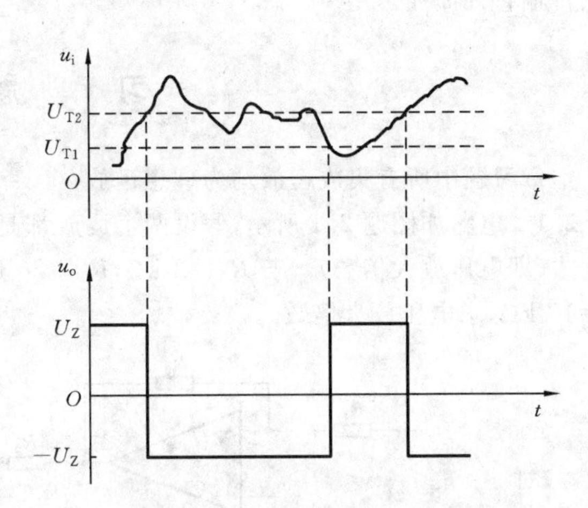

图 2-38　滞回比较器抗干扰示意图

滞回比较器具有较强的抗干扰能力。假设输入信号仍如图 2-33 所示，采用图 2-36 中的滞回比较器后可以画出输入电压与输出电压的关系曲线，如图 2-38 所示。虽然输入信号中间段有干扰信号存在，但是电路具有滞回特性，消除了干扰信号的影响。

本章小结

本章主要讲述理想运放的特性及其应用电路，主要内容如下。

1. 理想运放

在具体电路分析过程中，常常把集成运放看做理想运放。理想运放有两种工作状态：线性区和非线性区。如果电路中引入了负反馈，理想运放处于线性区；如果没有反馈或引入了正反馈，理想运放处于非线性区。运放在不同的工作状态具有不同的特性，在线性区具有虚短和虚断的特性；在非线性区输出电压只有两种取值。

2. 基本运算电路

在分析由理想运放构成的运算电路时，主要使用虚短和虚断的概念，即同相端和反相端电位相等，同相端和反相端输入电流等于零。此外，还经常使用节点电流法和叠加原理。常用的运算电路有比例运算电路、加减运算电路、积分和微分运算电路。

3. 有源滤波电路

有源滤波电路的滤波特性不随负载的变化而变化，它利用了理想运放的高输入阻抗，一般由运放和 RC 反馈网络组成，可分为低通、高通、带通、带阻和全通滤波电路。分析具体滤波电路是通过分析它的传递函数来进行的。

4. 电压比较电路

电压比较电路中的理想运放工作在非线性区，输出电压只有两种数值，同相端和反相端电位不再相等，但同相端和反相端输入电流等于零。电压比较器可分为单限比较器、滞回比较器和双限比较器。分析电压比较器，主要是求出比较器的门限电压，通过门限电压可以画出其传输特性曲线。

习　　题

本章习题中所有集成运放均为理想运放。

2.1　电路如图题 2.1 所示，假设两个运放都是理想的，求输出电压与输入电压的比值表达式（即电压放大倍数）。若 $R_1=2\ \text{k}\Omega$，$R_2=20\ \text{k}\Omega$，$R_3=2\ \text{k}\Omega$，$R_4=1.5\ \text{k}\Omega$，$R_5=3\ \text{k}\Omega$，$R_6=15\ \text{k}\Omega$，求电压放大倍数。

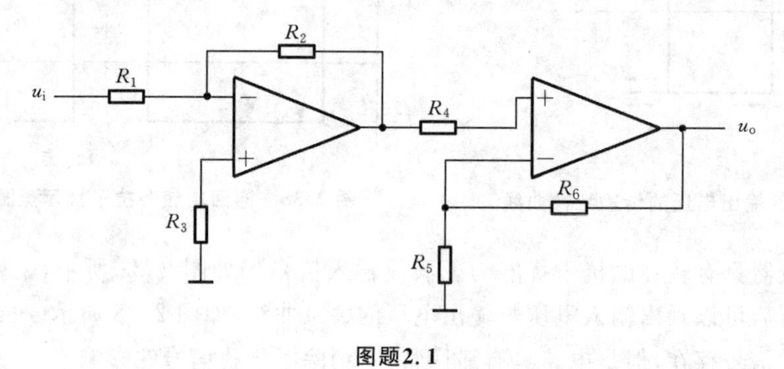

图题2.1

2.2　电路如图题 2.2 所示，已知 $R_2=10\ \text{k}\Omega$，$R_3=R_4=50\ \text{k}\Omega$，$R_5=2\ \text{k}\Omega$，求电路的输入电阻和比例系数。

2.3　电路如图题 2.3 所示，已知电路中各个电阻的阻值，求输出电压 u_o 的表达式。

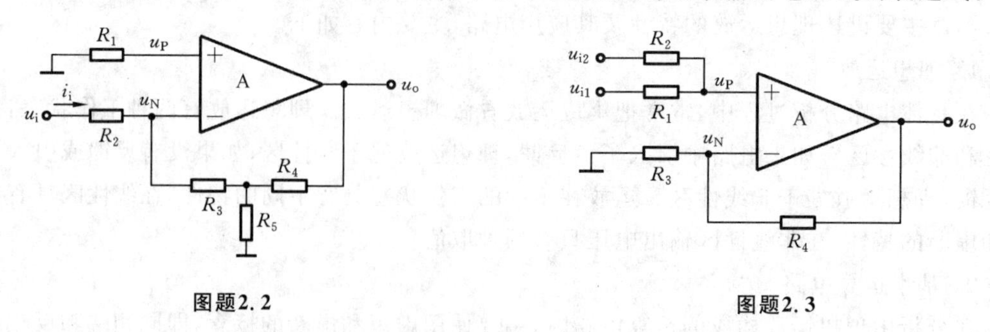

图题2.2　　　　图题2.3

2.4　图题 2.4 是由两级运放组成的放大器，已知电路中各个电阻的阻值，求输出电压 u_o 的表达式。

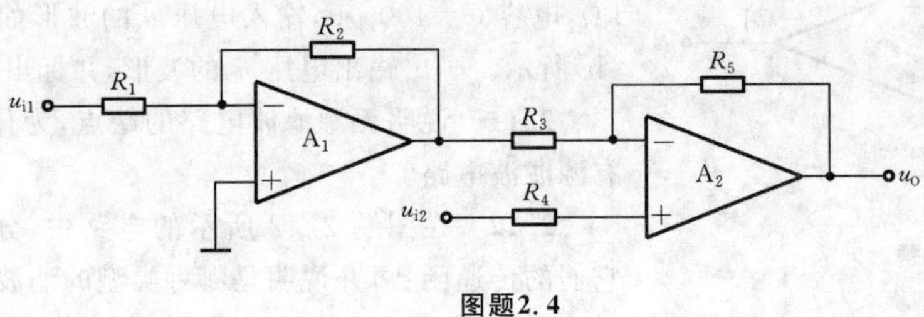

图题 2.4

2.5　已知输入电压为 u_1 和 u_2，输出电压为 u_o，设计一个加法运算电路，要求满足 $u_o=10u_1+20u_2$。

2.6　电路如图题 2.6 所示，设 $R_1=R_2=R_3=R_4$，求输出电压 u_o 的表达式。

2.7　在图题 2.7 所示电路中，电阻 $R_1=2\ \text{k}\Omega$，$R_2=R_3=R_4=20\ \text{k}\Omega$，稳压管稳压电压 $U_Z=4\ \text{V}$。试求输出电压 u_o 的表达式。

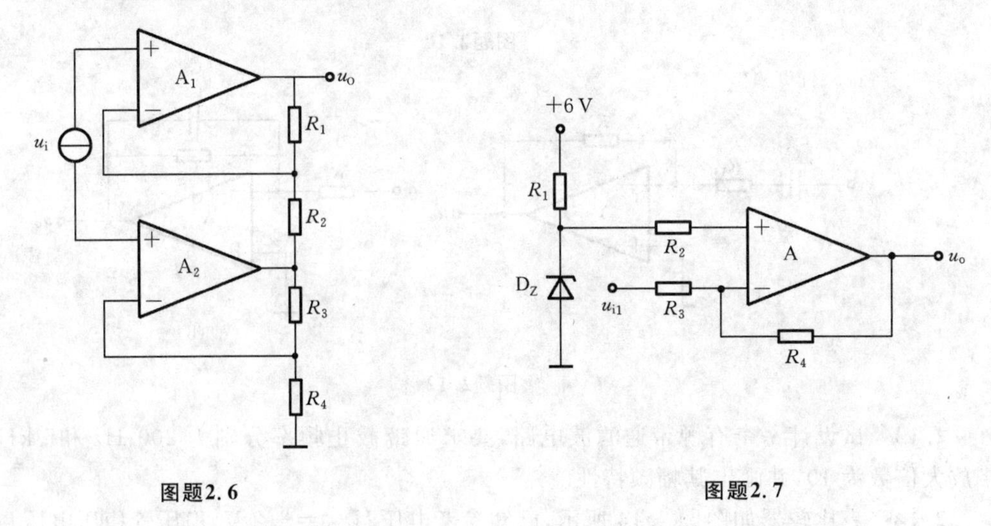

图题 2.6　　　图题 2.7

2.8　电路如图题 2.8(a)所示，电阻 $R=100\ \text{k}\Omega$，电容 $C=0.1\ \mu\text{F}$，输入电压 u_i 的波形如图题 2.8(b)，电容初始电压为 0。画出输出电压 u_o 的波形，并标出有关数值。

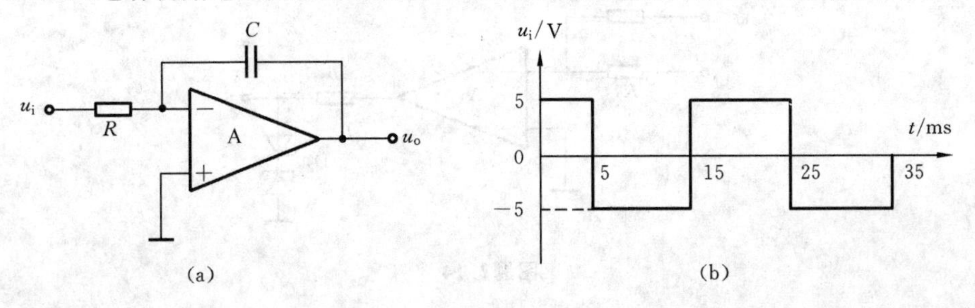

图题 2.8

2.9　在图题 2.9 所示电路中，已知输入电压 u_i，假设工作频率较高，满足 $R_1 \gg |X_{C_1}|$，

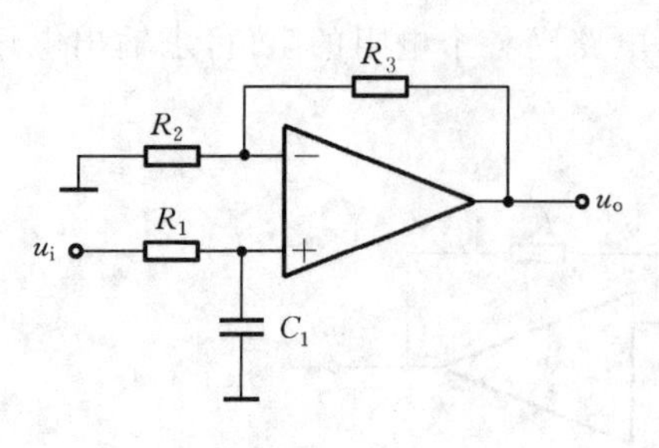

图题2.9

且电容 C_1 的初始电压为0，求 u_o 的表达式。

2.10 电路如图题2.10(a)所示，电阻 $R=10$ kΩ，电容 $C=100\ \mu F$，输入电压 u_i 的波形如图题2.10(b)所示。画出输出电压 u_o 的波形，并标出有关数值。

2.11 说明无源滤波电路的缺点，为什么要选用有源滤波电路？

2.12 在图题2.12所示的电路中，分别推导出它们的传递函数，并说明是哪种类型的滤波器。

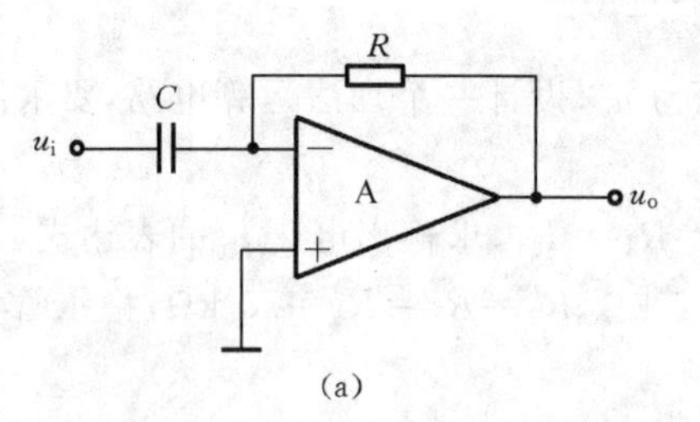

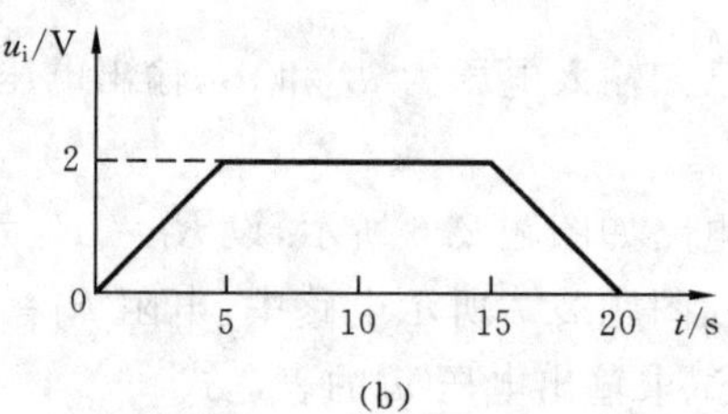

图题2.10

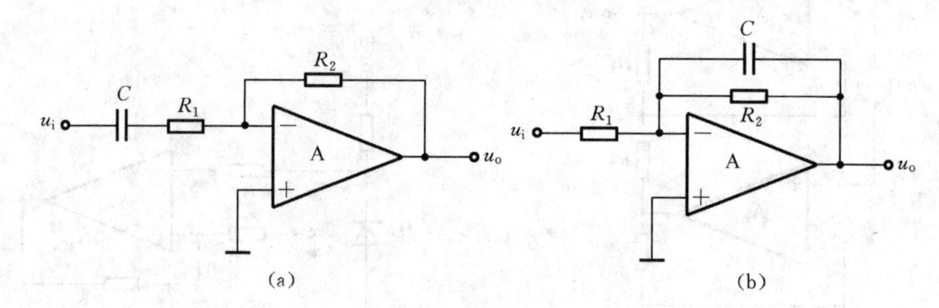

图题2.12

2.13 试设计一个有源带通滤波电路，要求通带截止频率分别为200 Hz和5 kHz，通带放大倍数为10，并画出其幅频特性。

2.14 一比较器如图题2.14所示，已知参考电压 $U_{REF}=-2$ V，稳压管稳压电压 $U_Z=6$ V，$R_1=5$ kΩ，$R_2=10$ kΩ，试求出门限电压，并画出其传输曲线。

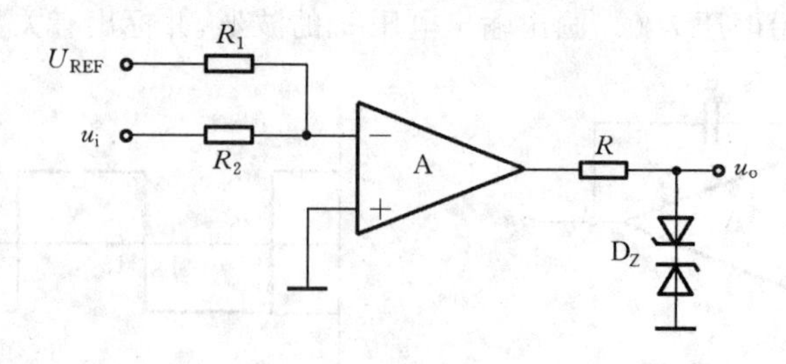

图题2.14

2.15 电路如图题2.15所示，已知稳压管稳压电压 $U_Z=6$ V，画出电路的电压传输特性曲线。

2.16 某温度控制电路，当温度在90℃时，输出电压为5 V，电炉工作，进行加热；当温

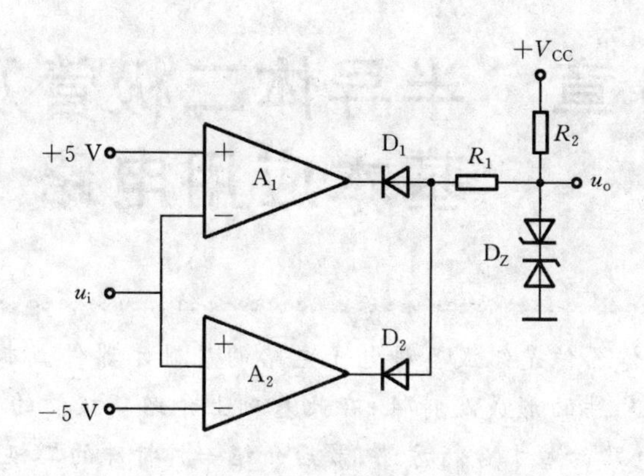

图题2.15

度在100°C时,输出电压为0 V,电炉关闭,停止加热。设温度在90°C和100°C时对应的温度传感器电路输出电压分别为1 V和2 V,以此作为电压比较器的输入信号。试设计一个电压比较器,以实现上述温度控制功能。

第3章　半导体二极管及其基本应用电路

本章提要：半导体器件是组成各种电子电路的基础元器件。本章介绍半导体的基础知识，重点讨论PN结的形成及特性；在此基础上介绍二极管的伏安特性曲线、等效电路模型及二极管电路的基本分析方法；最后介绍一种特殊的二极管——稳压管。

3.1　半导体基础知识

多数现代电子器件是由导电性能介于导体和绝缘体之间的半导体材料制成的。为了更好地了解电子器件在电路中的作用，首先必须了解半导体的一些特性。硅(Si)是一种最常见的半导体材料，被广泛地应用于半导体器件和集成电路中，属于元素半导体材料。此外常见的还有锗(Ge)元素半导体。另一种是化合物半导体，如砷化镓(GaAs)及其相关化合物，多用在特高速器件和光器件中。下面重点讨论由硅元素组成的元素半导体。

3.1.1　本征半导体与杂质半导体

1. 本征半导体

本征半导体是一种完全纯净的、结构完整的半导体晶体。半导体的重要物理特性是它的电导率①。电导率与单位体积内所含的电荷载流子的数目成正比，即电荷载流子浓度越高，其电导率就越高。

半导体内载流子的浓度取决于多种因素，如材料的基本性质、温度以及掺杂情况等。在温度 $T=0$ K时，如图3-1所示，每个价电子都被共价键牢牢束缚，使硅晶体中没有自由电子出现，此时硅晶体是绝缘体。当温度升高时，例如，在室温 $T=300$ K下，被束缚的价电子就会获得足够的热能而挣脱共价键的束缚，离开原来的位置成为自由电子。这些电子可以在晶体中自由运动，如图3-2所示，这种现象称为本征激发。

因为本征半导体本身是电中性的，所以当某个价电子摆脱了共价键的束缚而离开原来的位置形成自由电子时，在原来的位置上就会留下一个带正电的空穴。也就是说，在本征半导体内，自由电子和空穴是成对产生的。空穴的出现是半导体区别于导体的一个重要特点。温度继续升高，将会有更多的共价键被打破，从而形成更多的自由电子-空穴对。

所以，在半导体中有两种载流子参与导电，它们是带负电的自由电子和带正电的空穴。

---

① 电导率是电阻率的倒数，其量纲为 s/m。

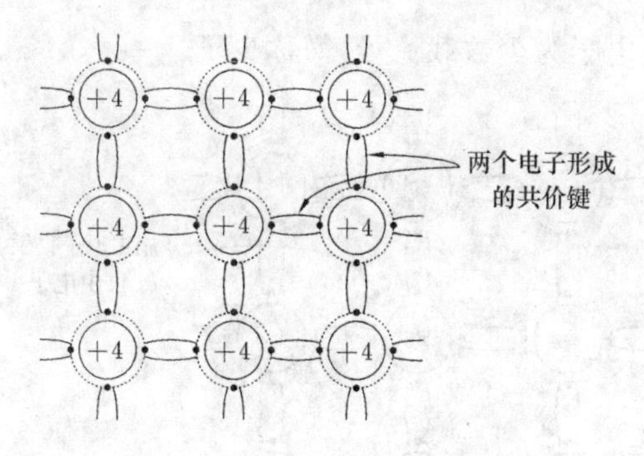

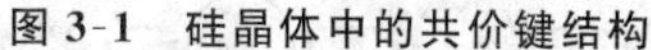
图 3-1　硅晶体中的共价键结构

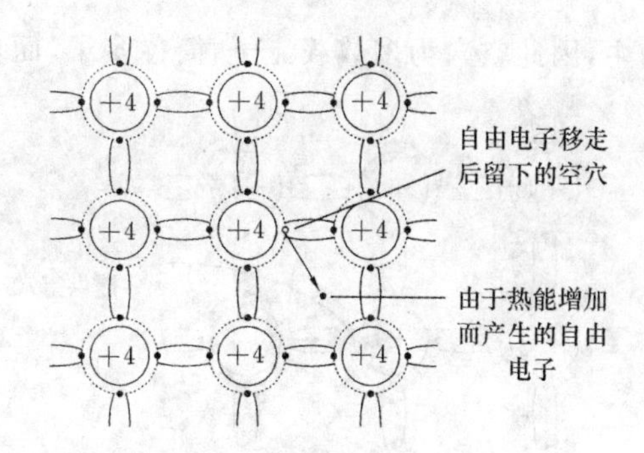

图 3-2　本征半导体中的自由电子-空穴对

自由电子和空穴的浓度是表征半导体特性的重要参数，它们直接影响电流的大小。在本征半导体中，自由电子的浓度 n_i 与空穴的浓度 p_i 相等，这是因为热能是产生自由电子-空穴对的唯一因素，即

$$n_i = p_i \tag{3.1}$$

如前所述，在热能的作用下，晶体中的共价键结构被打破，不断地产生自由电子-空穴对，并且温度越高，产生的电子-空穴对越多。另一方面，当自由电子与空穴相遇时，就会发生复合的现象，即空穴与自由电子相结合而形成一个新的共价键，载流子数目将减少。当温度一定时，自由电子和空穴的复合率等于本征激发的产生率，即达到一种动态平衡，也称为热平衡状态。

光照和施加外部电场也可以在半导体中激发出自由电子-空穴对。由于它是在热平衡的基础上新增加的载流子，因此又称为非平衡载流子。半导体的这种特性可用于制造光敏元件、光电池和其他半导体器件。

当载流子的浓度较高时，晶体的导电能力增强。换言之，本征半导体的导电率将随温度的增加而增加。

2. 杂质半导体

本征半导体的导电性不由人们所控制，所以几乎不能用于制造电子器件。在本征半导体中掺入微量的杂质，就会使其导电性能发生显著变化，从而为人们所利用，这就是杂质半导体。

根据掺入杂质的性质不同，杂质半导体可分为 P 型(positive)半导体和 N 型(negative)半导体两大类。

1) P 型半导体

在硅晶体中掺入少量三价元素(如硼)杂质可构成 P 型半导体。由于硼原子只有 3 个价电子，它与周围的硅原子组成共价键时，因缺少一个电子，在晶体中便留下一个空位。当相邻共价键上的电子受到热能激发获得能量时，就有可能填补这个空位。硼原子因可接受电子而称为受主杂质，整个半导体仍呈电中性，如图 3-3 所示。

需要注意的是，在加入受主杂质产生空穴的同时，并不产生新的自由电子，但原来的本征晶体由于本征激发的存在，仍然会产生少量的自由电子-空穴对。控制掺入杂质的多少便可控制空穴的数量。在 P 型半导体中，空穴的数目远大于自由电子的数目，导电性以空穴为主，因此空穴为多数载流子，简称多子，而自由电子为少数载流子，简称少子。

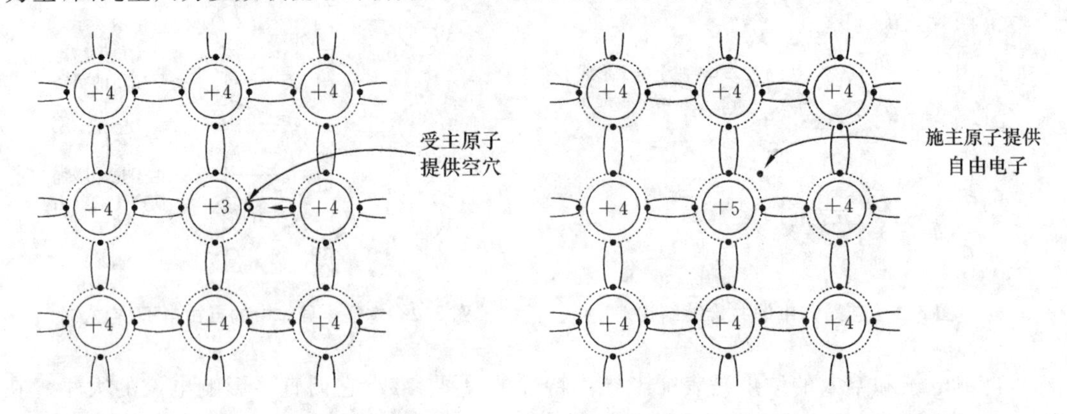

图 3-3 P 型半导体的共价键结构

图 3-4 N 型半导体的共价键结构

2) N 型半导体

在纯净的半导体硅或锗中掺入少量五价磷元素，即可得到 N 型半导体。每掺杂一个施主杂质磷原子，它与周围硅原子组成共价键时都会多出一个自由电子，如图 3-4 所示。同样地，N 型半导体维持电中性，在 N 型半导体中，自由电子是多子，空穴是少子。

总之，本征半导体掺入杂质后，载流子的数目都有很大程度的增加，从而能够有效提高半导体的导电能力。通过上述分析可以知道，对于杂质半导体，掺杂越多，多子就越多，少子则因复合的机会增多而大大减少。可以证明，在温度一定的条件下，多子浓度与少子浓度的乘积恒定，且等于本征半导体中的空穴浓度 p_i 和电子浓度 n_i 的乘积，即

$$pn = p_i n_i \tag{3.2}$$

式中，p 和 n 分别表示杂质半导体中空穴和自由电子的浓度。

由此可以得出如下结论。

(1) 多子的浓度主要取决于掺入的杂质，可以认为多子的浓度近似等于杂质原子的浓度，因此它受温度的影响很小。

(2) 当掺杂浓度确定后，在一定温度下，可以由式(3.2)求出少子的浓度。尽管少子的浓度很低，但是它受温度的影响很大，少子浓度对温度的敏感性是致使半导体器件温度特性差的主要原因。

3.1.2 PN 结

1. 载流子的漂移运动和扩散运动

由于热能的激发，半导体内的载流子将作随机的无定向运动，载流子在任意方向上的平均速度为零。若有外加电场的作用，则载流子将受电场力的作用而作定向运动。对于空穴，其运动方向与电场方向相同，对于自由电子，则是逆着电场方向运动。

载流子在电场作用下所作的定向运动称为漂移运动，所形成的电流称为漂移电流。同一半导体中，自由电子和空穴所产生的漂移电流方向一致。显然，电场越强，漂移电流越大。

另一方面，在半导体内，由于制作工艺、运行机制等原因，使某一区域内空穴或自由电子的浓度不均匀。基于载流子的浓度差异和随机热运动速度，载流子由高浓度区域向低浓度

区域扩散，从而形成扩散电流。如果没有外来的超量载流子的注入或电场的作用，半导体内的载流子浓度逐渐趋于均匀直至扩散电流为零。

2. PN 结的形成

简单来说，P 型半导体与 N 型半导体的交界面就是一个 PN 结。但是 PN 结的制造工艺并非简单地把一块 P 型半导体和一块 N 型半导体对接起来。实际上是在一块 P(或 N)型半导体的一个小区域内掺入高浓度的施主(或受主)杂质，使这个小区域变为 N(或 P)型半导体区，如图 3-5 所示。

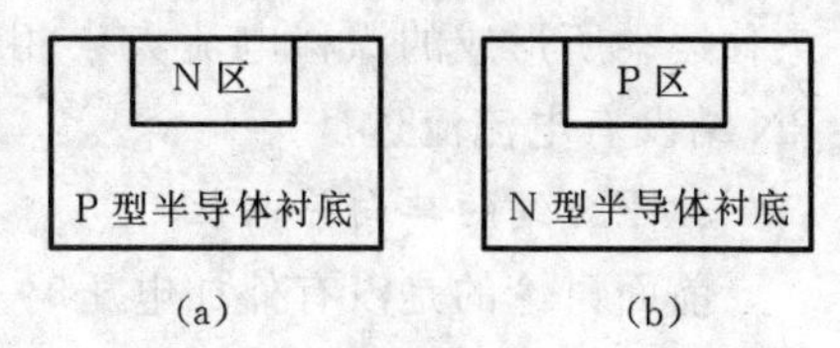

图 3-5　PN 结的制造工艺简图

在 P 区和 N 区的交界面，由于电子和空穴浓度的差异，即 P 区空穴浓度很高，而 N 区电子浓度很高，电子和空穴都会在浓度梯度的作用下从高浓度区向低浓度区扩散，即一些空穴从 P 区向 N 区扩散，而一些电子从 N 区向 P 区扩散，如图 3-6(a)所示。扩散的结果使交界面处的 P 区一侧留下不能移动的杂质负离子(图中用⊖表示)，而 N 区一侧留下不能移动的杂质正离子(图中用⊕表示)，由此形成了一个很薄的空间电荷区，这就是 PN 结。在这个区域内，可以运动的多数载流子已经耗尽，因此也称耗尽层。由于该区域只有不能移动的正负离子，所以电阻率很高。扩散运动越强，空间电荷区越宽。

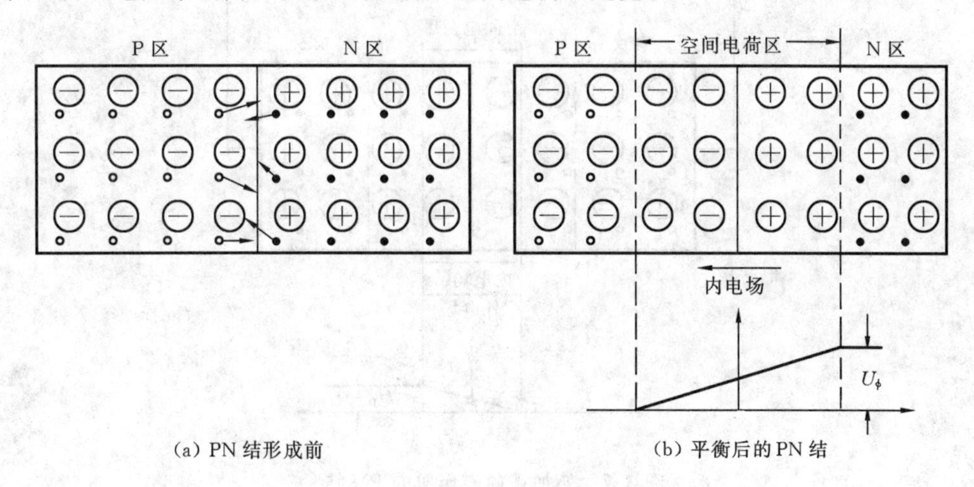

图 3-6　PN 结的形成示意图

空间电荷区中正、负离子的相互作用，在 PN 结内部形成内电场 E，方向是由 N 区指向 P 区，N 区的电位要比 P 区的高，高出的数值用 U_ϕ 表示，称为内建电位差，如图3-6(b)所示。显见，这个内电场是阻止多子扩散的，并有利于少子的漂移运动，也就是说这个内电场将使 P 区的少子电子逆着电场方向向 N 区漂移，使 N 区的少子空穴顺着电场方向向 P 区漂移变得有利。从 N 区漂移到 P 区的空穴补充了原来交界面处 P 区失去的空穴，从 P 区漂移到 N 区的电子补充了原来交界面处 N 区失去的电子，这就使得空间电荷区的正负离子减少。因此，漂移运动的结果使得空间电荷区变窄，其作用正好与扩散运动的相反。

总之，多子的扩散运动与少子的漂移运动是互相联系又互相对立的，扩散使空间电荷区加宽，内建电场增强，使多子扩散变得不利，而使少子漂移变得有利；漂移使空间电荷区变窄，内建电场减弱，又使扩散容易进行。因此，当多子扩散和少子漂移达到动态平衡时就形成稳定的空间电荷区，即PN结。这时，多数载流子扩散运动形成的扩散电流和少数载流子漂移运动所形成的漂移电流大小相等，方向相反。在无外加电场或其他激发因素作用时，PN结没有电流流过。

3. PN结的单向导电性

前面讨论的是没有外加电压时平衡状态下的PN结，而PN结的基本特性——单向导电性，必须外加电压才能体现出来。

1）外加正向电压

如图3-7所示，当PN结外加正向电压U_D（即P区接电源正极，N区接电源负极）时，外加电场与PN结内电场方向相反。在这个外加电场的作用下，PN结的平衡状态被打破，内电场被削弱，P区中的多子空穴和N区中的多子电子都要向PN结运动，并将与原来空间电荷区的一部分负离子和正离子中和，使原来显露出来的空间电荷量减少，结果使得PN结变窄。在外加正向电压的作用下，由于PN结中载流子的数目增多，因而电阻减小，所以通常称这个正向电压为正向偏置电压，它使得PN结正偏，PN结上的电阻减小。

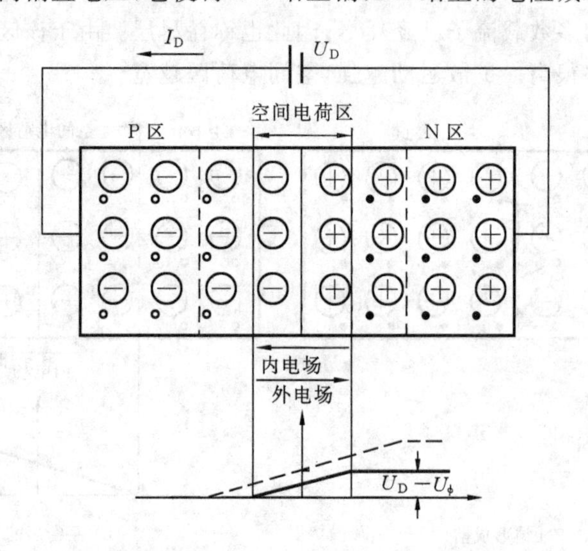

图3-7 外加正向电压时的PN结

当PN结上外加的正向电压产生的外电场大于内电场时，多子的扩散运动胜过少子的漂移运动，流过PN结的电流便由占主导地位的扩散电流所决定，通过外回路形成一个注入P区的电流，称为正向电流I_D。实验证明，只要外加正向电压稍有增加，便能引起正向电流的显著变化，这样，正向偏置的PN结表现为一个阻值很小的电阻，此时的PN结处于正向导通状态。

在这种情况下，由少子漂移形成的漂移电流，其方向与扩散电流方向相反，且数值较小，往往忽略不计。

2）外加反向电压

如图3-8所示，当PN结外加反向电压U_D（即P区接电源负极，N区接电源正极）时，外加电场方向与PN结内电场方向相同。在这个外加电场的作用下，PN结的平衡状态被打破，内电场进一步加强，使得P区中的多子空穴和N区中的多子电子进一步远离PN结，使显露出来的空间电荷量增多，PN结变宽，所以通常称这个反向电压为反向偏置电压，它使得PN结反偏，PN结上的电阻变大。

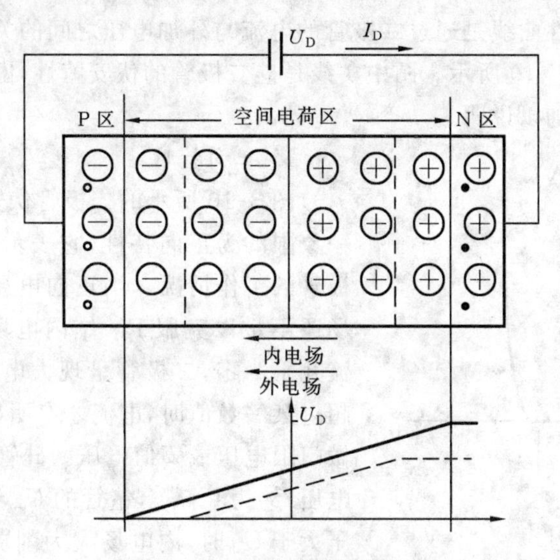

图3-8　外加反向电压时的PN结

在这种情况下，多子的扩散运动几乎趋于零，但是少子在内外电场的共同作用下产生漂移运动，所以此时PN结内的电流由占主导地位的漂移电流所决定。漂移电流的方向与扩散电流的相反，表现在外回路上有一个注入N区的反向电流 I_D（它与流过正偏PN结上的电流方向相反）。由于少子浓度很小，所以这个反向电流往往很微弱，对于硅管一般在微安数量级。同时，少子是本征激发产生的，其多少取决于温度，而几乎与外加电压无关。所以，在温度一定的条件下，反向电流值趋于恒定，称为反向饱和电流 I_S，此时可以认为PN结基本上不导通，称PN结处于反向截止状态。

由上述分析可知，当PN结外加正向电压时，扩散电流远大于漂移电流，正向电流较大，PN结导通；当PN结加反向电压时，仅有很小的反向饱和电流，PN结截止，这就是PN结的单向导电性。

3.2　半导体二极管及其基本应用电路

如果在一个PN结两端加上电极引线并用外壳封装起来，便构成了半导体二极管。其中由P区引出的电极称为二极管的阳极或正极，由N区引出的电极称为二极管的阴极或负极。

图3-9(a)所示为二极管的几种外形，图3-9(b)所示是二极管的图形符号，箭头形状的

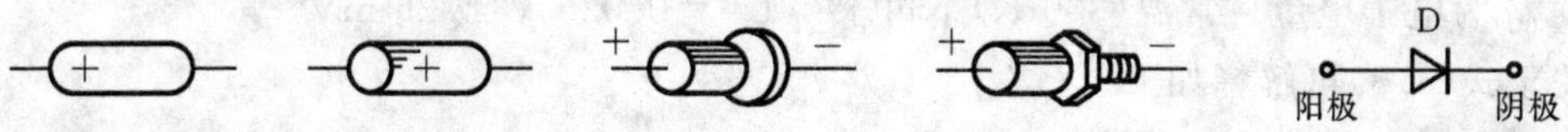

D
阳极　阴极

(a) 二极管的几种外形　　(b) 二极管的符号

图3-9　二极管的外形及符号

指向表示二极管正向导通时的电流方向，D 表示二极管(Diode)。

3.2.1 二极管的伏安特性

二极管的伏安特性曲线是通过二极管的电流与外加电压之间的关系曲线。实际的二极管伏安特性曲线如图 3-10 所示。图中实线是硅二极管的伏安特性，虚线是锗二极管的伏安特性。下面分三部分加以说明。

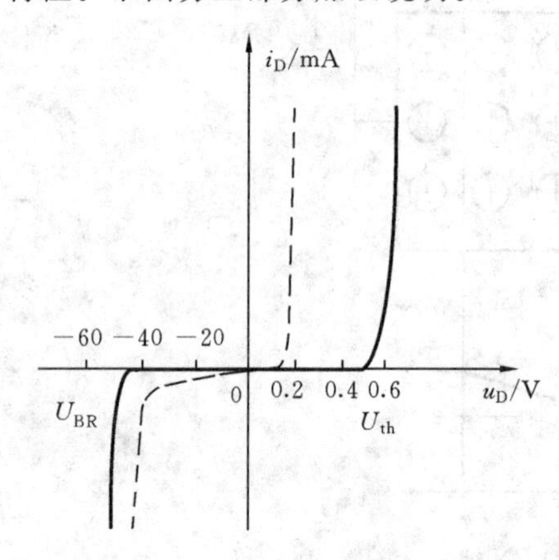

图 3-10 二极管的伏安特性曲线

1. 正向特性

图 3-10 所示的二极管伏安特性曲线中，位于第一象限的为正向特性，它表示当外加正向电压时二极管的工作情况。当正向电压较小时，由于外加电场还不足以克服 PN 结内电场，所以这时的正向电流几乎为零，二极管呈现大电阻特性。当外加电压超过某一数值时，电流才有明显增大，这个电压值叫做门限电压或阈值电压。硅管门限电压 U_{th}(或死区电压)约为 0.5 V，锗管的 U_{th} 约为 0.1 V，当正向电压大于 U_{th} 时，内电场大为削弱，管子呈现很小的电阻，电流因此迅速增大。导通后二极管两端电压的变化很小，基本上是一个常量。硅管的正向导通压降为 0.6～0.8 V，锗管的为 0.1～0.3 V。

2. 反向特性和击穿特性

图 3-10 所示的二极管伏安特性曲线中，位于第三象限的为反向特性，它表示当外加反向电压时二极管的工作情况。在一定的反向电压范围内，反向电流很小，而且基本上不随反向电压的变化而变化，这一区域称为反向截止区，如图 3-10 所示曲线中几乎与电压轴平行或重合的那一段区域。

当外加反向电压增大到一定值 U_{BR} 时，反向电流剧增，这种现象称为二极管的反向击穿，对应的这一区域称为反向击穿区，U_{BR} 称为反向击穿电压。需要指出的是，击穿并不意味着 PN 结的损坏，只要击穿后流过 PN 结的电流不超过某一限度，PN 结便可保持完整无损。利用 PN 结击穿后电流急剧变化而 PN 结两端电压保持不变的特性可以做成稳压管，这部分内容将在 3.3 节中详细介绍。

3. 伏安特性的数学表示

根据理论分析，二极管的伏安特性可表示为

$$i_D = I_S(e^{u_D/U_T} - 1) \tag{3.3}$$

式中，I_S 是反向饱和电流，U_T 是温度电压当量，$U_T = kT/q$，其中 k 为玻尔兹曼常数，T 为热力学温度，q 为电子电量。常温(300 K)下可求得 U_T=0.026 V 或 26 mV。

关于式(3.3)可解释如下。

(1) $u_D>0$ 时 PN 结正向偏置，如果 u_D 比 U_T 大，且满足 $e^{u_D/U_T} \gg 1$，则式(3.3)可近似为

$$i_D \approx I_S e^{u_D/U_T} \tag{3.4}$$

这时，PN 结上的电流与电压成指数关系，如图3-11所示的正向电压部分。

(2) $u_D<0$ 时 PN 结反向偏置，若 $e^{u_D/U_T}\ll 1$，则式(3.3)退化为

$$i_D \approx -I_S \tag{3.5}$$

如图 3-11 中的反向电压部分所示。可见，当温度一定时，反向饱和电流是个常数 I_S，即 i_D 不随外加反向电压的变化而变化。

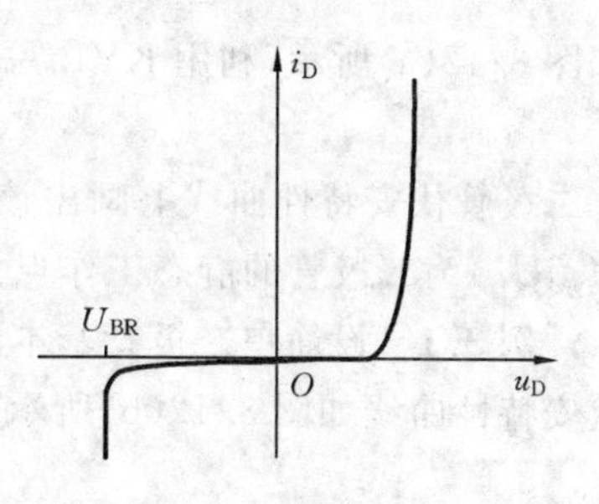

图 3-11　PN 结的伏安特性曲线

由于存在电极接触电阻及体电阻，事实上，不同材料制成的二极管，在不同的温度时伏安特性曲线都有所差异。此外，二极管的击穿特性在式(3.3)中无法反映。

4. 二极管的主要参数

与特性曲线一样，参数是标志二极管性能好坏及安全适用范围的重要物理量，是正确选用器件的依据。二极管的各种参数一般可以从手册中查到，也可以从特性曲线上直接测量。

1) 最大整流电流 I_F

I_F 是指管子长时间运行时，允许通过的最大正向平均电流。因为电流通过 PN 结会使管子发热，若电流太大、散热不及时，就会使 PN 结烧坏。例如，2AP1 的最大整流电流为 16 mA。

2) 反向击穿电压 U_{BR}

U_{BR} 是指管子反向击穿时的电压值。击穿时，反向电流剧增，二极管的单向导电性被破坏，甚至过渡到热击穿而烧坏管子。一般手册上给出的最高反向工作电压约为击穿电压的一半，以确保管子的正常运行。例如，2AP1 的最高反向工作电压规定为 20 V，而实际上它的反向击穿电压大于 40 V。

3) 反向电流 I_R

I_R 是指管子未击穿时的反向电流，其值越小，二极管的单向导电性越好。理论上 $I_R=I_S$，所以 I_R 受温度的影响很大。

4) 最高工作频率 f_M

f_M 是指二极管正常工作时所能承受的最大外部施加电压的最高工作频率。外施电压的频率若高于 f_M，PN 结的电容效应将使二极管失去单向导电性。使用时工作频率应小于 f_M。

3.2.2　二极管的等效电路及其分析方法

在分析由电子器件构成的电路时，一般都必须对器件进行建模，以利于电路的分析和计算。模型的种类有多种：曲线模型适合于图解分析；建立在器件物理原理基础上的复杂的电路模型，适合于计算机辅助分析；根据器件特性而构造的简化电路模型，适合于工程上的近似分析。本节重点讨论图解分析法和简化电路模型。

1. 图解分析法

在二极管电路中，利用图解分析法无需进行复杂的指数或对数运算，可以方便地求得电路中二极管两端的电压 U_D 以及流过二极管的电流 I_D，进而求出其他的电路参数。该方法要求二极管伏安特性已知，除去二极管以外的电路的其他部分可以用戴维南等效电路表示，

如图 3-12(a)所示,利用 KVL 写出回路电压方程

$$U_D = U_{DD} - I_D R \tag{3.6}$$

在二极管伏安特性曲线上画出该方程所对应的直线,两条线的交点即为所求 I_D 和 U_D,称 (I_D, U_D) 为二极管的静态工作点。

例 3.1 设简单二极管基本电路如图 3-12(a)所示,已知 $R=2\ \text{k}\Omega$,$U_{DD}=5\ \text{V}$。二极管伏安特性曲线如图 3-12(b)所示,试用图解分析法求该电路的 Q 点。

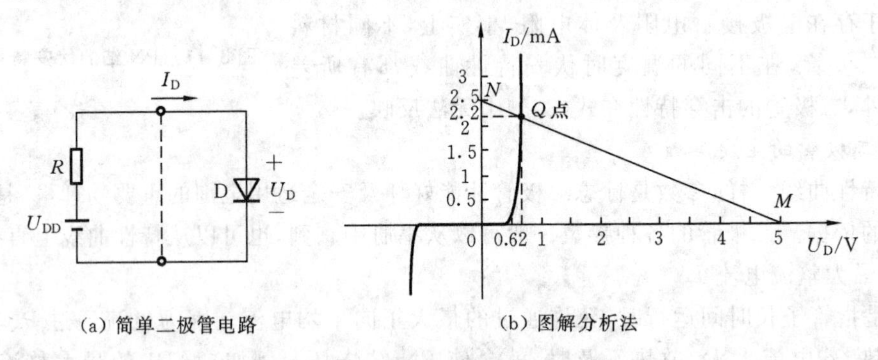

(a) 简单二极管电路　　(b) 图解分析法

图 3-12　二极管电路的图解分析法

解　根据虚线左边的线性部分电路,可列出 KVL 方程

$$U_D = 5 - 2I_D \tag{3.7}$$

当 $I_D=0$ 时,$U_D=5\ \text{V}$;当 $U_D=0$ 时,$I_D=2.5\ \text{mA}$。由此确定直线 MN,它与二极管伏安特性曲线的交点 Q 即为所求,对应 $U_D\approx0.62\ \text{V}$,$I_D\approx2.2\ \text{mA}$。

2. 模型分析法

1) 折线近似法

由于二极管的伏安特性曲线是非线性的,所以在工程近似分析中,常将其分段线性化处理,得到简化的等效电路模型如图 3-13 所示。图中虚线表示实际二极管的伏安特性,实线表示分段线性化的伏安特性,下方是相应的等效电路。

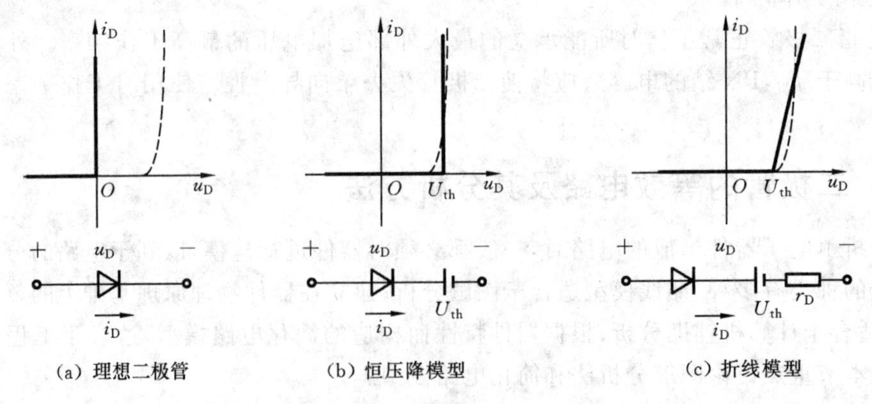

(a) 理想二极管　　(b) 恒压降模型　　(c) 折线模型

图 3-13　二极管的等效电路模型

(1) 理想模型。

图 3-13(a)表示理想二极管的伏安特性及其等效电路模型。当二极管正向偏置(即 u_D

>0)时，二极管短路，而当二极管反向偏置（即 $u_D<0$）时，二极管开路，所以相当于一个单向开关。在实际电路中，当电源电压远远大于二极管的管压降时，可以利用此模型来近似分析。

(2) 恒压降模型。

这个模型如图 3-13(b)所示，其建模思想是：当二极管正向导通后，认为其管压降是恒定的，且不随电流的变化而改变，典型值取为 0.7 V。一般情况下，此模型在流过二极管的电流 i_D 近似等于或大于 1 mA 时才是正确的。

(3) 折线模型。

为了更准确地描述二极管的伏安特性，在恒压降模型的基础上，折线模型作了一定的修正，即认为二极管一旦导通，管压降并不是恒定不变的，而是随流过的电流的增加而增加。所以，在图 3-13(c)所示模型中，用一个表示导通时的门限电压 U_{th} 和一个线性电阻 r_D 来作等效。显然，当二极管外加正向电压远大于门限电压时，二极管可以简化为一个小电阻 r_D。

以上三种模型，均是二极管工作在直流状态下的等效电路模型。其中图 3-13(a)的误差最大，图 3-13(c)的误差最小，但是电阻 r_D 的引入增加了计算的复杂度。

2) 小信号模型

当二极管在直流工作点 $Q(U_D, I_D)$ 的基础上叠加一个小的交流电压信号时，二极管工作点就会在伏安特性曲线上 M、N 之间移动，如图 3-14 所示。由于 M、N 之间的距离很短，所以可近似看做直线，可用一个电阻来表征。该电阻称为二极管小信号模型时的微变等效电阻，用 r_D 表示。

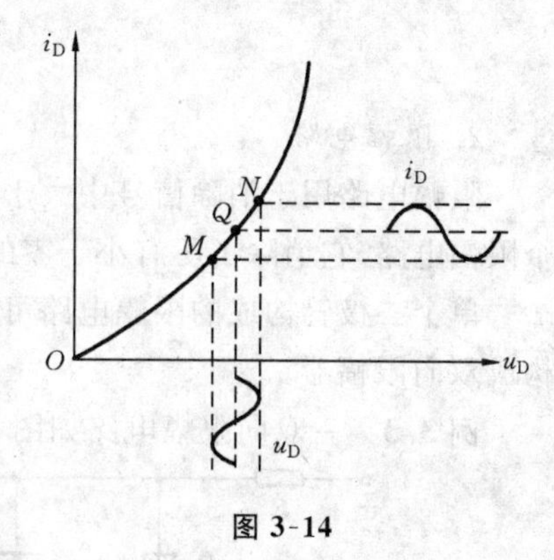

图 3-14

$$r_D=\frac{\Delta U_Q}{\Delta I_D}\bigg|_{U_Q}\approx\frac{du_D}{di_D}\bigg|_{U_Q}=\frac{1}{di_D/du_D}\bigg|_{U_Q}\tag{3.8}$$

利用式(3.3)可推导出，在常温(300 K)下

$$r_D\approx\frac{26\ (\text{mV})}{I_D(\text{mA})}\tag{3.9}$$

例如，当 Q 点上的 $I_D=2$ mA 时，$r_D=\frac{26}{2}\ \Omega=13\ \Omega$。

值得注意的是，小信号模型中的微变电阻 r_D 与工作点 Q 有关，Q 点不同，r_D 的值也不同。该模型主要在第 4 章三极管小信号等效电路推导中应用。

3.2.3　基本应用电路

利用二极管等效电路模型可以分析常见的二极管应用电路，如整流电路、限幅电路和开关电路等。下面分别进行讨论。

1. 整流电路

将交流电转化成单一极性的直流电的过程就是整流。整流电路是二极管的一个重要应用。整流分为半波整流和全波整流，其中半波整流最为简单。下面看一个半波整流例子。

例 3.2　设二极管基本电路如图 3-15(a)所示，已知 u_s 为正弦波，如图 3-15(b)所示。

试利用二极管理想模型，定性地绘出 u_o的波形。

解　当 u_s为正半周时，二极管 D 正向偏置，根据理想模型可知，此时二极管导通，且 $u_o=u_s$；当 u_s为负半周时，二极管反向偏置，此时 D 截止，$u_o=0$。所以输出波形如图 3-15(b)中的 u_o所示。

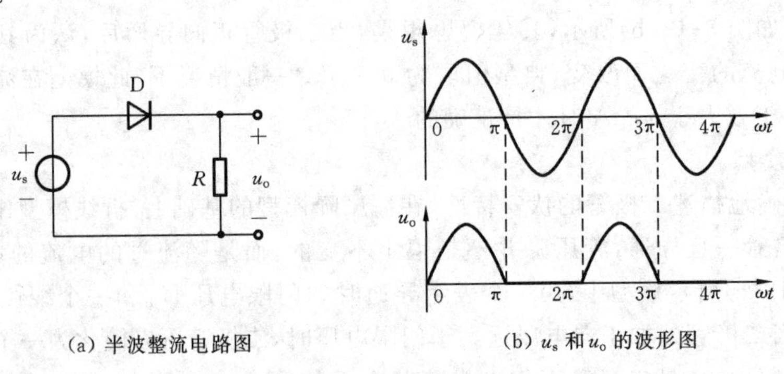

(a) 半波整流电路图　　(b) u_s 和 u_o 的波形图

图 3-15　半波整流电路

2. 限幅电路

限幅电路用于消除信号中大于或小于某一特定值的部分。例如，半波整流电路就是一个限幅电路，它消除了所有小于零的电压信号。

单个二极管构成的限幅电路可以限制单个方向的电压幅度，两个单向限幅器并联可以构成双向限幅器。

例 3.3　一双向限幅电路如图 3-16(a)所示，已知 $u_i=6\sin\omega t$ V，$R=1$ kΩ，$U_{REF1}=U_{REF2}$

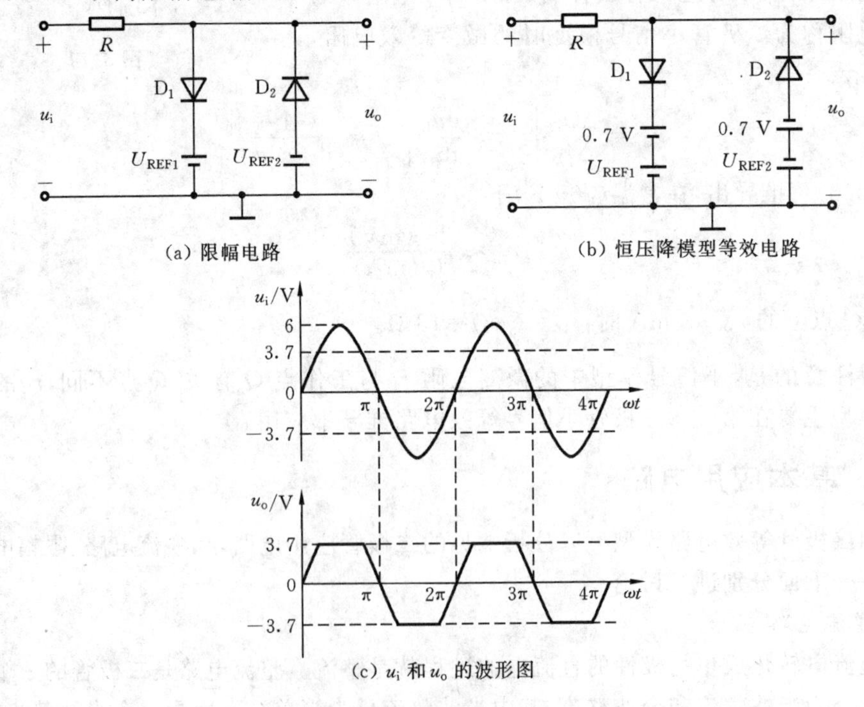

(a) 限幅电路　　(b) 恒压降模型等效电路

(c) u_i 和 u_o 的波形图

图 3-16　例 3.3 的电路

=3 V。试用二极管恒压降模型绘出输出电压 u_o的波形。

解　图 3-16(b)所示为该双向限幅电路的恒压降模型等效电路。

首先给出二极管 D 导通与否的原则：若二极管的阳极电位高于阴极电位，则导通，否则截止。

当 $u_i>3.7$ V 时，D_1 导通 D_2 截止，$u_o=3.7$ V；

当 $u_i<-3.7$ V 时，D_2 导通 D_1 截止，$u_o=-3.7$ V；

当 $-3.7\ \text{V}\leqslant u_i\leqslant 3.7$ V 时，D_1 和 D_2 均截止，$u_o=u_i$。

由此分析，可以绘出输出电压波形如图 3-16(c)中的 u_o所示。

3. 开关电路

利用二极管的单向导电性接通或断开电路，此即二极管开关电路。分析这种电路时，可把握这样一条基本原则：判断电路中的二极管是导通还是截止状态，可以先将二极管断开，然后计算阴、阳两极的电位，若阳极电位高于阴极电位，则二极管导通，否则二极管截止。下面举一简单例子。

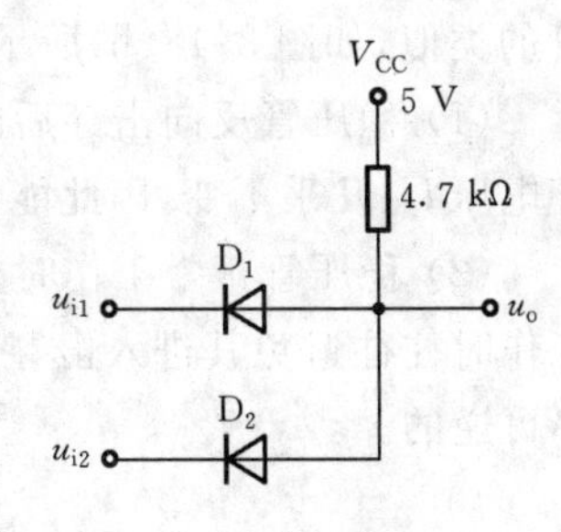

图 3-17　二极管开关电路

例 3.4　二极管开关电路如图 3-17 所示。利用二极管理想模型求解：当 u_{i1} 和 u_{i2} 分别为 0 V 或 5 V 时，求 u_{i1} 和 u_{i2} 的值在不同组合下输出电压 u_o的值。

解　u_{i1} 和 u_{i2} 的值有四种不同组合。

(1)当 $u_{i1}=0$ V、$u_{i2}=0$ V 时：二极管 D_1 和 D_2 的阴极电位都低于其阳极电位，所以二者均正向导通，故 $u_o=0$ V。

(2)当 $u_{i1}=0$ V、$u_{i2}=5$ V 时：由于二极管 D_1 和 D_2 的阳极电位是一样的，所以哪个二极管的阴极电位较低，哪个就会优先导通，此即所谓的“优先导通原则”。显然，由于 $u_{i1}<u_{i2}$，所以二极管 D_1 优先导通，之后便把输出电压 u_o，也即二极管 D_2 的阳极电位钳制在 0 V 上，从而导致 D_2 反偏而截止，故 $u_o=0$ V。

(3)当 $u_{i1}=5$ V、$u_{i2}=0$ V 时：根据优先导通原则，由于 $u_{i1}>u_{i2}$，所以二极管 D_2 优先导通，之后便把输出电压 u_o，也即二极管 D_2 的阳极电位钳制在 0 V 上，从而导致 D_1 反偏而截止，故 $u_o=0$ V。

(4)当 $u_{i1}=5$ V、$u_{i2}=5$ V 时：二极管 D_1 和 D_2 的阳极电位不大于其阴极电位，所以二者均反向截止，故 $u_o=5$ V。

把上述分析结果列成表，如表 3-1 所示。由此表可知，在输入电压 u_{i1} 和 u_{i2} 中，只要有一个为 0 V，则输出为 0 V；只有当所有输入电压均为 5 V 时，输出才为 5 V。这种关系在数字电路中称为与逻辑。

表 3-1　二极管开关电路工作情况表

u_{i1}	u_{i2}	二极管工作状态		u_o
		D_1	D_2	
0 V	0 V	导通	导通	0 V
0 V	5 V	导通	截止	0 V
5 V	0 V	截止	导通	0 V
5 V	5 V	截止	截止	5 V

*3.3 稳压二极管及其基本应用电路

除前面所讨论的普通二极管外，还有若干种特殊的二极管，如稳压二极管、变容二极管、发光二极管、光电二极管等。下面重点讲述稳压二极管。

3.3.1 稳压二极管

稳压二极管简称稳压管，它的符号如图 3-18(a)所示。它的伏安特性曲线与普通二极管的类似，如图 3-18(b)所示，其差异在于：

(1) 稳压管反向击穿后的伏安特性曲线十分陡峭，它在较大反向电流范围内工作，其击穿电压 U_Z 几乎不变，因此能够用做稳压器，或作为基准电压电路；

(2) 稳压管正常工作时处于反向击穿区，并且这种击穿是可逆的，而普通二极管在正常工作时往往避免其进入击穿区，以防止电击穿过渡到热击穿而烧坏管子，即它的反向击穿是不可逆的。

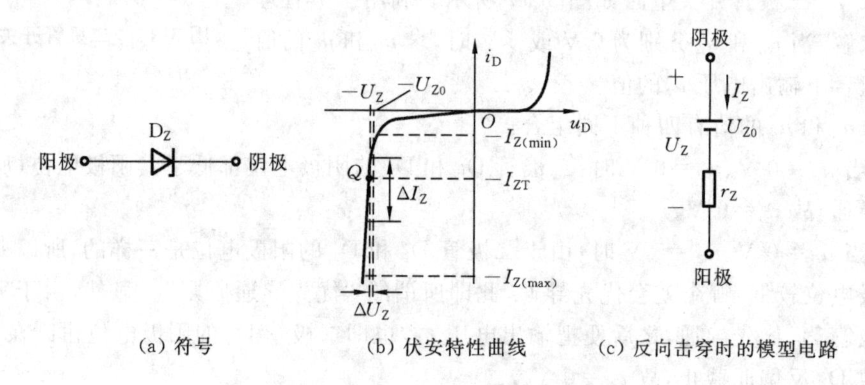

(a) 符号　　(b) 伏安特性曲线　　(c) 反向击穿时的模型电路

图 3-18　稳压管的符号和伏安特性曲线

稳压管的作用在于，电流增量 ΔI_Z 很大，但却只引起很小的电压变化 ΔU_Z。曲线越陡峭，稳压管的动态电阻 $r_Z = \Delta U_Z / \Delta I_Z$ 越小，其稳压性能越好。$-U_{Z0}$ 是过 Q 点(测试工作点)的切线与横轴的交点，切线的斜率为 $1/r_Z$。$I_{Z(min)}$ 和 $I_{Z(max)}$ 为稳压管在正常工作状态下的最小工作电流和最大工作电流。反向电流小于 $I_{Z(min)}$ 时，稳压管进入反向截止状态，稳压特性消失；反向电流大于 $I_{Z(max)}$ 时，稳压管则可能被烧毁。

根据稳压管的反向击穿特性，得到图 3-18(c)所示的等效模型。由于稳压管正常工作时都处于反向击穿状态，所以图 3-18(c)中稳压管的电压与电流的参考方向都与普通二极管的标法不同。由图 3-18(c)可知

$$U_Z = U_{Z0} + r_Z \cdot I_Z \tag{3.10}$$

一般稳压值 U_Z 较大时，可以忽略 r_Z 的影响，即 $r_Z = 0$，U_Z 为恒定值。

由于温度对半导体导电性能有影响，所以温度也将影响 U_Z 的值，影响程度由温度系数衡量，一般不超过 $\pm 10 \times 10^{-4}/°C$ 的范围。表 3-2 列出了几种典型的稳压管的主要参数。

表 3-2　几种典型的稳压管的主要参数

型　　号	稳定电压 U_Z/V	稳定电流 I_Z/mA	最大稳定电流 I_{ZM}/mA	耗散功率 P_M/W	动态电阻 r_Z/Ω	温度系数 $C_{TV}/(10^{-4}/°C)$
2CW52	3.2～4.5	10	55	0.25	≤70	≥−8
2CW107	8.5～9.5	5	100	1		8
2DW232	6.0～6.5	10	30	0.20	≤10	±0.05

3.3.2　稳压管的基本应用电路

稳压管在直流稳压电源中获得广泛应用。图 3-19 所示为稳压二极管稳压电路，U_i为输入直流电压，一般来自整流滤波后的电路；R 为限流电阻，它的作用是给电路提供一个合适的工作状态，并限定电路的工作电流（$I_{Z(min)}<I_Z<I_{Z(max)}$）；负载 R_L与稳压管 D_Z 两端并联，因而称为并联式稳压电路。在这个电路中，当负载 R_L在较大的范围内变化，或者输入电压 U_i在一定范围内变化时，输出电压 U_o几乎保持不变。下面举例进行详细推理。

例 3.5　在图 3-19 所示的稳压电路中，$U_i=10\ V$，$R=180\ \Omega$，$R_L=1\ k\Omega$，稳压管的 $U_Z=6.8\ V$，$r_Z=20\ \Omega$，$I_Z=10\ mA$，$I_{Z(min)}=5\ mA$。试分析当U_i出现±1 V 的变化时，U_o的变化是多少？

解　由式(3.10)可得

$$U_{Z0}=U_Z-r_Z\cdot I_Z$$
$$=(6.8-20\times10\times10^{-3})V=6.6\ V$$

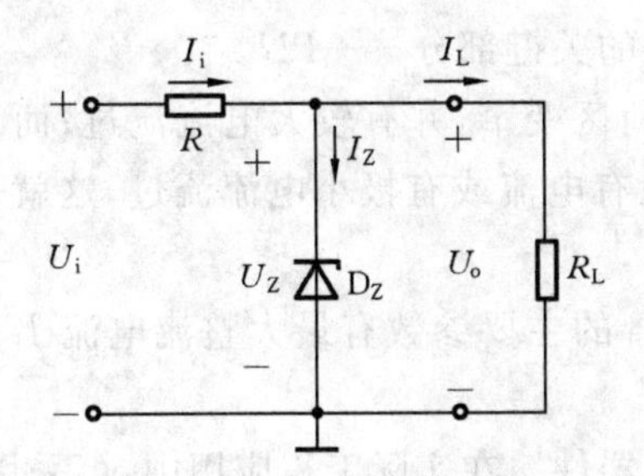

图 3-19　稳压二极管稳压电路

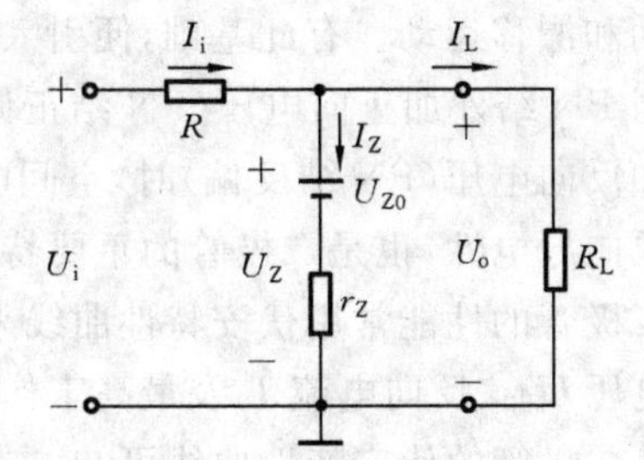

图 3-20　例 3.5 的等效电路

当稳压管处于正常稳压工作状态（即反向击穿）时，将图 3-19 所示的稳压管用其等效模型替代，得到如图 3-20 所示的等效电路，且可列出如下方程：

$$\begin{cases}I_i=I_Z+I_L\\ r_ZI_Z+U_{Z0}=I_LR_L\\ r_ZI_Z+U_{Z0}+I_iR=U_i\end{cases}$$

解得

$$I_Z=\frac{U_iR_L-U_{Z0}(R_L+R)}{R_LR+r_Z(R_L+R)}$$

由此可算出：

(1) 当 $U_i=(10-1)V=9\ V$ 时，

$$I_Z=\frac{U_iR_L-U_{Z0}(R_L+R)}{R_LR+r_Z(R_L+R)}$$

$$=\frac{9\times1\times10^3-6.6\times(1\times10^3+180)}{1\times10^3\times180+20\times(1\times10^3+180)}\text{mA}=5.95\ \text{mA}>I_{Z(\min)}$$

说明电路能够正常工作。

(2) 当 $U_i=(10+1)\text{V}=11\ \text{V}$ 时，

$$I_Z=\frac{U_iR_L-U_{Z0}(R_L+R)}{R_LR+r_Z(R_L+R)}$$

$$=\frac{11\times1\times10^3-6.6\times(1\times10^3+180)}{1\times10^3\times180+20\times(1\times10^3+180)}\text{mA}=15.78\ \text{mA}$$

所以稳压管的电流变化为

$$\Delta I_Z=(15.78-5.95)\text{mA}=9.83\ \text{mA}$$

输出电压变化为

$$\Delta U_o=\Delta U_Z=r_Z\cdot\Delta I_Z=20\times9.83\times10^{-3}\ \text{V}\approx0.20\ \text{V}$$

由此可看出，输入电压 U_i 变化 ±1 V(9～11 V)时，输出电压 U_o 仅变化 ±0.20 V，稳压特性明显。在实际工程应用中，常常忽略动态电阻 r_Z 的影响。

本章小结

本章从半导体的原子结构出发，介绍了半导体中的两种载流子——自由电子和空穴，以及产生这两种载流子的方式——本征激发和掺杂，并介绍了载流子的两种运动形式——扩散运动和漂移运动。有此基础，便引入了半导体器件的关键部分——PN 结。

当 PN 结外加正向电压(PN 结正偏)时，空间电荷区变窄，并有较大电流流过；而当 PN 结外加反向电压(PN 结反偏)时，空间电荷区变宽，没有电流或有极小电流流过，这就是 PN 结的单向导电性，也是二极管的重要特性。

二极管的性能常用伏安特性曲线来描述。二极管的主要参数有最大整流电流 I_F、反向击穿电压 U_{BR}、反向电流 I_R 及最高工作频率 f_M 等。

从二极管的伏安特性曲线可知，二极管是非线性器件。在实际工程应用中，可采用图解分析法和模型等效法分析。

二极管常应用于整流电路、限幅电路和开关电路。稳压二极管是一种特殊的二极管，它工作于反向击穿状态，实际应用时须附加限流措施。

习　题

3.1 在室温下，若二极管的反向饱和电流 I_S 为 1 nA，问它的正向电流为 0.5 mA 时应加多大的正向电压？

3.2 电路如图题 3.2 所示，电源 $u_i=5\sin\omega t$ V，$R=1$ kΩ，试分别使用二极管理想模型和恒压降模型进行分析，分别绘出输出端 u_o 的电压波形。

3.3 电路如图题 3.3 所示，电源 u_s 为正弦波电压，试绘出负载 R_L 两端的电压波形。设

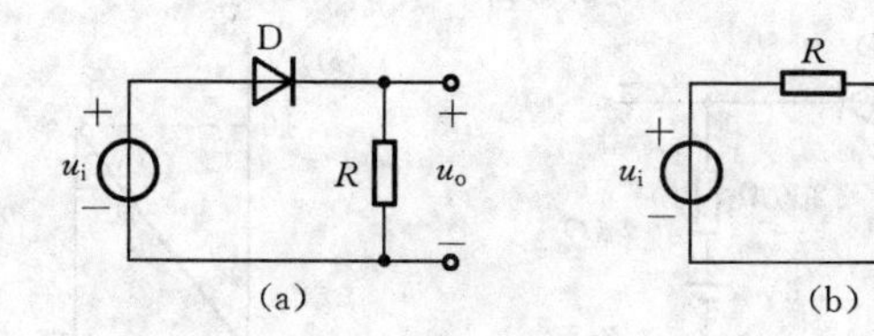

图题 3.2

二极管是理想的。

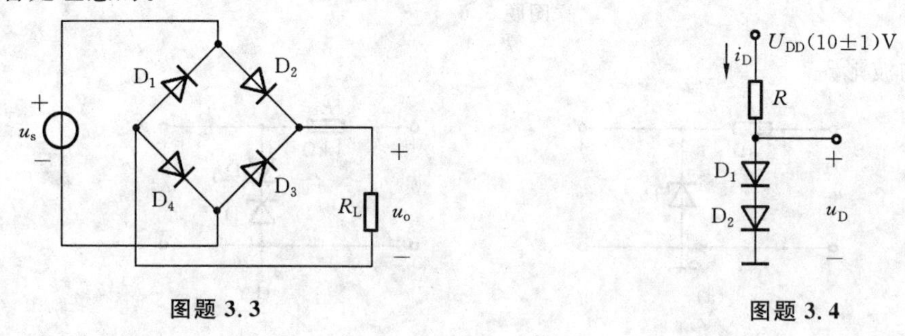

图题 3.3　　　　图题 3.4

3.4　电路如图题 3.4 所示。

(1) 利用二极管恒压降模型求电路的静态工作点 $Q(U_D, I_D)$；

(2) 在室温下，利用二极管的小信号模型，求 u_o的变化范围；

(3) 在图题 3.4 的基础上，输出端 u_o外接一负载 R_L时，问输出电压的变化范围是多少？

3.5　二极管电路如图题 3.5 所示，试判断图中的二极管是导通还是截止？并求出 AO 两端的电压 U_{AO}。设二极管是理想的。

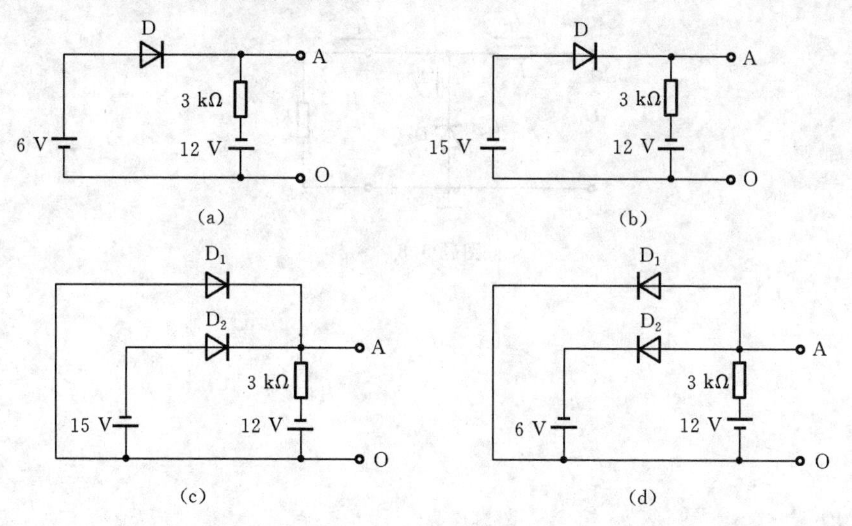

图题 3.5

3.6　二极管电路如图题 3.6(a)所示，设输入电压波形 $u_i(t)$如图题 3.6(b)所示，已知 $r_D=200\ \Omega$。在 $0<t<5$ ms 的时间间隔内，试绘出 $u_o(t)$的波形。要求用二极管的折线模型。

3.7　电路如图题 3.7 所示，所有稳压管的稳定电压 $U_Z=8$ V，设 $u_i=15\sin\omega t$ V，试绘

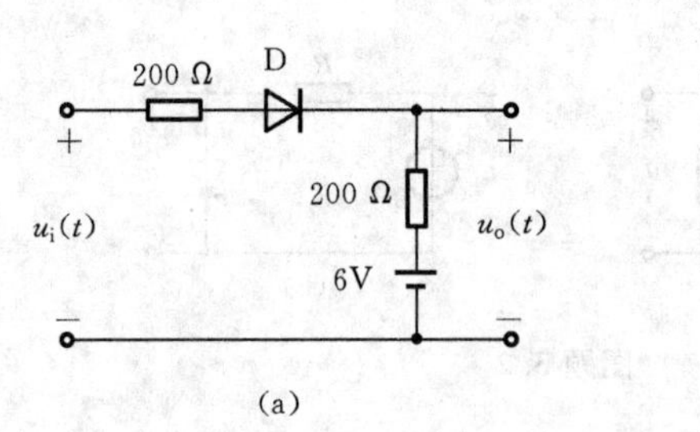

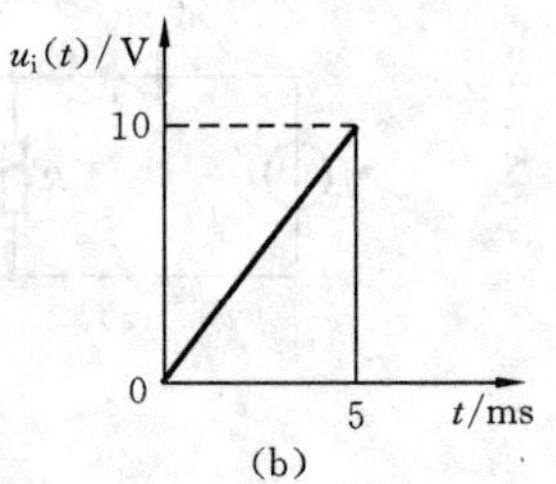

图题 3.6

出 u_{o1} 和 u_{o2} 的波形。

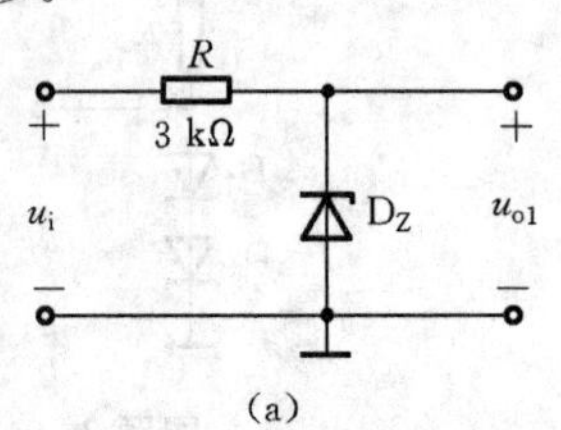

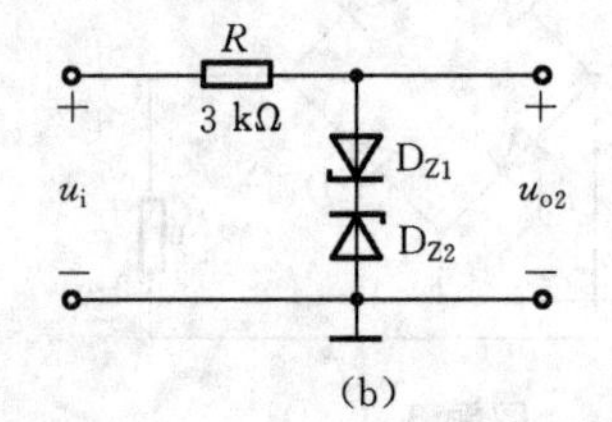

图题 3.7

3.8　稳压电路如图题 3.8 所示。若 $U_i=10$ V，$R=0.1$ kΩ，稳压管的稳定电压 $U_Z=5$ V，$I_{Z(min)}=5$ mA，$I_{Z(max)}=50$ mA，问：

(1) 负载 R_L 的变化范围是多少？

(2) 稳压电路的最大输出功率 P_{oM} 是多少？

(3) 稳压管的最大耗散功率 P_{ZM} 和限流电阻 R 上的最大耗散功率 P_{RM} 是多少？

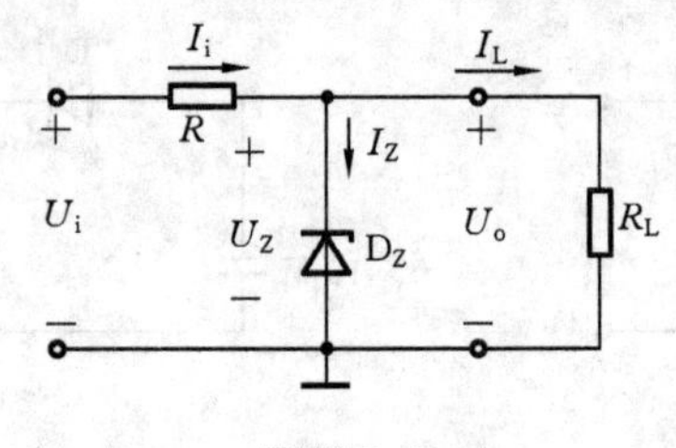

图题 3.8

第 4 章　晶体三极管放大电路

本章提要：本章首先介绍晶体三极管的工作原理、特性曲线和主要参数；然后讨论由晶体三极管组成的基本放大电路，研究放大电路的组成、工作原理及性能指标，以及放大电路的基本分析方法：图解法和等效电路法，重点分析计算共射极、共基极、共集电极三种基本放大电路的电压放大倍数、输入电阻和输出电阻；最后对多级放大电路及放大电路的频率响应作了简单介绍。

4.1　晶体三极管

晶体三极管（简称三极管）是电子线路的核心元件，它的突出特点是在一定的外加电压条件下具有电流放大作用。

4.1.1　三极管的结构和类型

三极管是在一块半导体（锗或硅）上通过掺入不同杂质的方法，制成两个紧挨着的 PN 结，并引出 3 个电极而构成（见图 4-1），可分为 NPN 型和 PNP 型两种类型。

图 4-1　三极管实物外形

图 4-2 是 NPN 型和 PNP 型三极管的结构示意图及相应的电路符号。整个管子分为三个部分：发射区、基区、集电区；由三个区分别引出三个电极：发射区引出发射极，基区引出基极，集电区引出集电极，分别用字母 e(emitter)、b(base) 和 c(collector) 来表示发射极、基极和集电极。发射区和基区的交界处形成发射结，基区与集电区的交界处形成集电结。

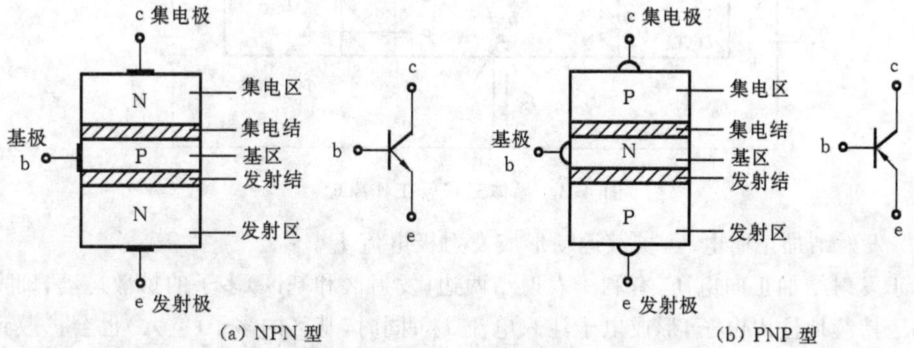

c 集电极　集电区　集电结　基极 b　基区　发射结　发射区　e 发射极

(a) NPN 型　　(b) PNP 型

图 4-2　三极管的结构示意图和电路符号

NPN 型三极管与 PNP 型三极管的区别是各个区的半导体类型不同，如图 4-2 所示，NPN 型的集电区是 N 型，而 PNP 型的集电区是 P 型。两种三极管符号的区别在于射极的箭头方向不同，NPN 型的射极箭头是向外的，而 PNP 型的射极箭头是向内的。以后将会看到，箭头所指实际上是三极管在放大工作时发射极上所产生电流的实际方向。

从三极管的内部结构看，似乎三极管是由两个背靠背的二极管串联起来的，但是仅仅将两个二极管串联起来是无法实现放大作用的。此外，发射区和集电区尽管是同一种半导体材料，但由于它们的掺杂浓度不同，PN 结的结构不同，因此并不对称，在使用时发射极和集电极一般不能对调使用。为了保证三极管的电流放大作用，三极管在制造工艺上有以下三个特点：

(1) 发射区掺杂浓度高，其中的多子浓度很高；

(2) 基区很薄且掺杂浓度低，多子浓度很低；

(3) 集电区面积较大，掺杂浓度也较低。

4.1.2 三极管的电流放大作用

要使三极管具有放大作用，除了在制造工艺上满足上述三个特点外，在应用时，还要使发射结处于正向偏置，使集电结处于反向偏置。下面我们来分析三极管内部载流子的运动过程，研究三极管各极电流的分配关系。不管是 NPN 型或者是 PNP 型的三极管，它们的基本原理都相同，下面以 NPN 型硅管为例来进行讨论。

1. 内部载流子的传输过程

图 4-3 所示为 NPN 型三极管工作在放大状态下的电路原理，图中的电源 V_{BB} 和 V_{CC} 使三极管的发射结正偏，集电结反偏。三极管中各极电流可以从下面载流子的传输过程中得到。

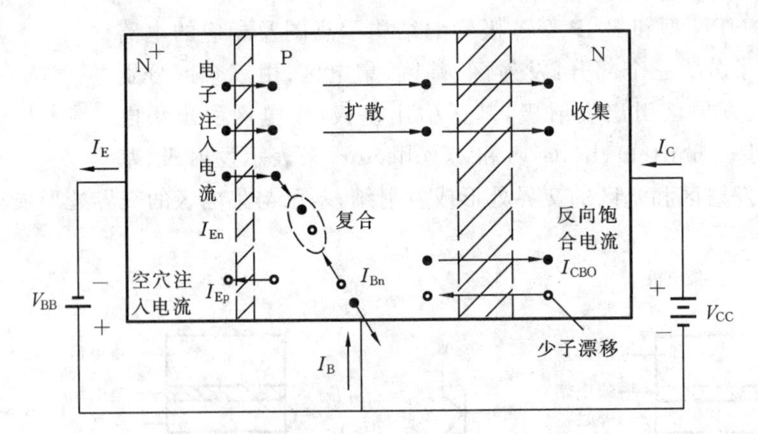

图 4-3　晶体三极管工作原理

(1) 发射结加正向电压，扩散运动形成发射极电流 I_E。

由于发射结加正向电压，有利于发射结两边（发射区和基区）多子的扩散运动，即发射区要向基区持续地注入电子，形成电子注入电流 I_{En}；同时，基区的多子（空穴）也会扩散到发射区形成电流 I_{Ep}，但由于发射区重掺杂，基区轻掺杂，因而这部分空穴电流可忽略不计，所以

发射极电流 $I_E \approx I_{En}$。

(2) 扩散到基区的自由电子与空穴的复合运动形成基极电流 I_B。

发射区电子进入基区后，成为基区的非平衡少子，这些非平衡的自由电子会在基区靠近发射结的边界处积累，从而在基区形成非平衡自由电子的浓度差，这使得非平衡自由电子会继续向集电结方向扩散。非平衡的自由电子在基区的扩散过程中，由于基区掺杂浓度低，且很薄，只有很少部分的自由电子被基区空穴(多子)复合，形成基区复合电流 I_{Bn}，绝大多数扩散中的自由电子都会到达集电结边界。基区复合电流 I_{Bn} 是基极电流 I_B 的主要部分，表示了从基极引线进入基区的空穴电流。

(3) 集电区收集电子。

由于集电结加了较大的反向电压且结面积较大，集电结内电场大大增强，有利于结外边界处少子的漂移。因此，凡是扩散达到集电结边界处的基区的非平衡少子(自由电子)，在电场力的的作用下均漂移到集电区，形成集电极电流的主要部分 I_{Cn}。

(4) 集电结两边少子的漂移。

集电结两边的少子(基区的电子和集电区的空穴)在集电结反向电压的作用下，形成集电结漂移电流，通常称为反向饱和电流 I_{CBO}，它在集电结一边的回路中流通，该电流与发射区无关，对放大作用也没有贡献，是温度的敏感函数，是 I_C 和 I_B 中不可控的分量，只会使三极管工作点不稳定，所以在制造管子的过程中，总是设法尽量减小 I_{CBO}。

2. 电流分配关系

结合上面分析，在三极管发射区重掺杂、基区薄且轻掺杂、集电极面积大的内部条件下，以及发射结处于正向偏置、集电结处于反向偏置的外部条件下，通过发射区多子向基区注入，形成基区非平衡少子向集电区扩散和集电区收集非平衡少子的过程，使发射结的正向电流 I_{En} 基本上转化成集电极电流 I_{Cn}，而基极电流主要是很小的复合电流。三极管各电极的电流关系如下：

$$I_E = I_{En} + I_{Ep} \approx I_{En} \tag{4.1}$$

$$I_C = I_{Cn} + I_{CBO} \approx I_{Cn} \tag{4.2}$$

显然

$$I_{Bn} \ll I_{En} \tag{4.3}$$

$$I_{Cn} \approx I_{En} \tag{4.4}$$

将三极管视为一个节点，利用 KCL 可写出节点电流方程

$$I_E = I_C + I_B \tag{4.5}$$

定义系数 $\bar{\alpha}$ 及 $\bar{\beta}$

$$\bar{\alpha} \approx \frac{I_C}{I_E} \tag{4.6}$$

$$\bar{\beta} \approx \frac{I_C}{I_B} \tag{4.7}$$

式中，$\bar{\alpha}$ 称为共基极直流电流放大系数，通常 $\bar{\alpha}=0.95\sim0.995$；$\bar{\beta}$ 称为共发射极直流电流放大系数，通常 $\bar{\beta}=20\sim200$。

$\bar{\alpha}$ 和 $\bar{\beta}$ 都是三极管的直流参数，对于每个管子，该参数主要取决于管子的构造和工作电流大小。同一个管子在不同的工作电流下，$\bar{\alpha}$ 和 $\bar{\beta}$ 的数值是不同的，近似计算时可以认为是

常数。

结合上面分析可知，当三极管的基极电流有一微小的变化时，集电极电流会相应地发生较大的变化，这就说明了三极管具有电流放大的作用。

4.1.3　三极管放大电路的三种类型

晶体三极管是一个三端口器件，它构成的放大电路有三种基本连接方式：共发射极、共集电极和共基极，这是根据三极管在交流小信号电路中哪个电极作为输入和输出回路的公共端来确定的，如图 4-4 所示。以共发射极放大电路为例，图 4-4(a)表明该电路输入电压为 u_{BE}，输入电流为 i_B，而输出端的电压和电流分别为 u_{CE} 和 i_C。该电路的电流放大倍数可以粗略估算为 $A_i \approx i_C/i_B=\beta>1$，所以具有电流放大作用。用同样的方法，可以简单推知共基极电路无电流放大作用，共集电极电路电流放大倍数为 $A_i=-i_E/i_B=-(1+\beta)$。本小节重点以三极管组成的共射放大电路为例，讨论基本放大电路的组成。

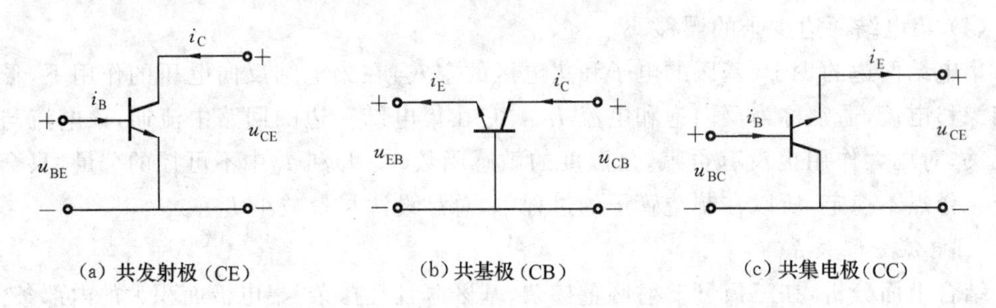

图 4-4　三极管放大器的三种组态示意图

阻容耦合共射放大电路如图 4-5 所示，该放大电路由三极管、集电极电阻 R_c、基极电阻 R_b、基极电源 V_{BB}、集电极电源 V_{CC} 和电容 C_1、C_2 组成，V_{BB} 的接入保证了三极管发射结正偏，发射区有效发射电子；V_{CC} 的接入保证集电结反偏，即 $U_C>U_B$，集电区有效收集电子；输入信号为 u_i，输出信号为 u_o。下面详细说明元器件的作用。

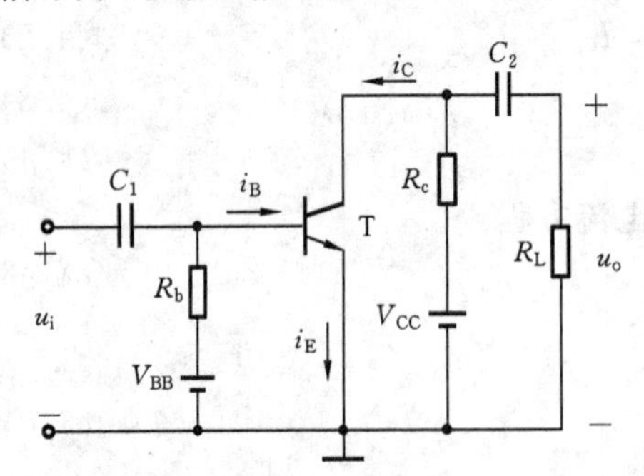

图 4-5　阻容耦合共发射极放大电路

1) 三极管

三极管是放大电路的核心部件，当处于放大工作状态时，它能将输入电流的微小变化转化成输出电流较大的变化。

2) 集电极电阻 R_c

该电阻的作用是将集电极电流 i_c 的变化转化为交变的输出电压 u_o，实现对 u_i 的电压放大作用。R_c 一般取值范围为几千欧至几十千欧。

3) 基极电阻 R_b 及基极电源 V_{BB}

基极电阻 R_b（偏置电阻）及基极电源 V_{BB} 的作用是为三极管发射结提供正向偏置电压，产生基极电流。一般 R_b 的取值范围为几十千欧至几百千欧。

4) 集电极电源 V_{CC}

在输出回路中，集电极电源 V_{CC} 为三极管集电结提供反向偏置，以保证三极管工作在放大状态，并与集电极电阻 R_c 共同确定三极管静态工作点。

5) 电容 C_1 和 C_2

C_1 将信号源与放大电路隔离，C_2 将放大电路与输出端隔离，不影响交流信号的传输。

通过对基本共射极放大电路的简单分析可以总结出组成放大电路的基本原则：放大器工作在放大区时所具有的电流(或电压)控制特性，可以实现放大作用，因此，放大器件是放大电路中必不可少的器件；为了保证器件工作在放大区，必须通过直流电源给器件提供适当的偏置电压或电流，这就需要有提供偏置的电路和电源；为了确保信号能有效地输入和输出，还必须设置合理的输入电路和输出电路。可见，放大电路应由放大器件、直流电源和偏置电路、输入电路和输出电路几部分组成。

共集电极放大电路和共基极放大电路是另外两种常用的基本放大电路，它们同样遵循放大电路的组成原则。具体的电路组成以及详细的分析将在第4.3节、4.4节中予以介绍。

综上所述，基本放大电路有四个组成部分、三种基本电路形式(或称为组态)，在构成具体放大电路时，无论哪一种组态，都应遵从下列原则：

(1) 必须保证三极管工作在放大状态，即发射结正偏，集电结反偏。对NPN三极管而言，$V_B > V_E$，$V_C > V_B$；对PNP三极管而言，$V_E > V_B$，$V_B > V_C$，以实现电流或电压的控制作用；

(2) 电路的设计应保证交流信号能有效地传输，即 u_i 能有效连接到三极管的b极，控制 I_B 和 I_C 的大小，并能有效地输出给负载 R_L；

(3) 元件参数应选择合理，以保证输入信号能不失真的放大，否则，放大将失去意义。

4.1.4　三极管的共射特性曲线

三极管的特性是指三极管各电极电压与电流的关系。把各电极电压与电流之间的相互关系在直角坐标平面上绘成连续的曲线，称为特性曲线。三极管的特性曲线完整地描述了各极电流与电压之间的关系。下面讨论最常用的三极管共发射极电路的输入特性曲线、输出特性曲线。所谓共射极接法是以基极和发射极作为输入端，集电极和发射极作为输出端，即发射极作为输入、输出的公共端，如图4-6(a)所示。

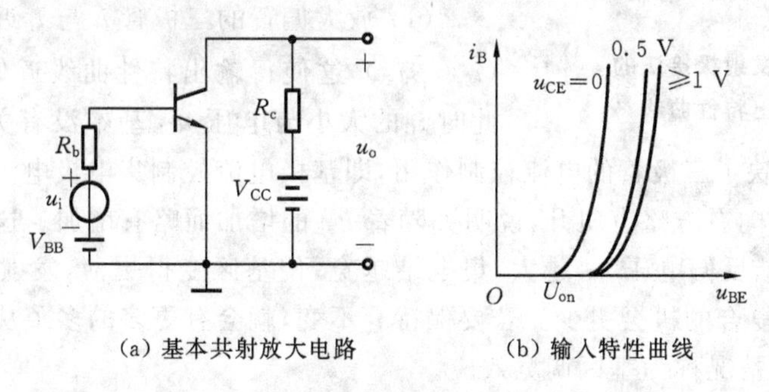

(a) 基本共射放大电路　　(b) 输入特性曲线

图4-6　共发射极接法的输入特性曲线

1. 共射输入特性曲线

共射输入特性曲线是指输出电压 u_{CE}(集电极与发射极输出电压)不变，输入电流 i_B 与输入电压 u_{BE} 之间的关系曲线，它反映了输入端口基极电流 i_B 随发射结电压 u_{BE} 变化而变化的特性，即

$$i_B = f(u_{BE})\mid_{u_{CE}=常数} \tag{4.8}$$

典型的输入特性如图 4-6(b)所示，根据 u_{CE} 的不同取值，输入特性曲线由一簇曲线组成。其特点如下。

(1) $u_{CE}=0$ 时，i_B-u_{BE} 曲线与普通二极管的特性曲线相似。因为集电极和发射极短路，此时三极管相当于两个并联的二极管。

(2) $u_{CE}\geqslant 1$ V 时，与 $u_{CE}=0$ 时的曲线相比，特性曲线右移，且不同取值的 u_{CE} 对应的曲线基本重合。右移是由于此时集电结处于反向偏置，发射区注入到基区的电子大部分扩散到集电区，基区复合减小，因而在相同的 u_{BE} 条件下 i_B 将降低；u_{CE} 继续增大到一定数值后，u_{BE} 不变，集电结的反向电压已将注入到基区的电子基本上收集到集电极，此时再增加 u_{CE}，i_B 基本不变，故曲线重合。通常在器件手册上只画出了 $u_{CE}\geqslant 1$ V 的一条输入特性曲线，因为实际使用时 u_{CE} 常常大于 1 V。

(3) 当 u_{BE} 较小时，$i_B=0$，这段区域称为死区。因为 $u_{BE}<U_{on}$(门限电压)，故发射结处于截止状态。

2. 输出特性曲线

输出特性曲线是指输入基极电流 i_B 不变，输出电流 i_C 与输出电压 u_{CE} 之间的关系曲线，它反映了输出端集电极电流 i_C 随输出端口集射电压 u_{CE} 变化而变化的关系，即

$$i_C = f(u_{CE})\mid_{i_B=常数} \tag{4.9}$$

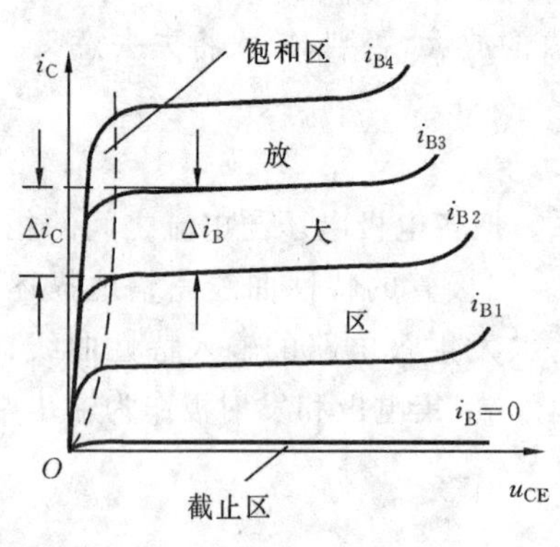

图 4-7　共发射极接法的输出特性曲线

输出特性曲线如图 4-7 所示，根据基极电流 i_B 的取值不同，输出特性曲线也是由多条形状相似的曲线组成的曲线簇，对某一条曲线而言，其形状随 u_{CE} 的变化而变化。按照工作情况，可以把输出特性曲线简单分成三个区域：放大区、饱和区、截止区。

1) 放大区

当发射结正偏，集电结反偏时，三极管处于放大区。放大区特性曲线有如下特点。

(1) 放大偏置的三极管 i_C 与 i_B 近似成正比例变化 ($i_C\approx\bar{\beta}i_B$)，这使得输出特性曲线近似为等间隔曲线。此时 i_C 的大小与电压 u_{CE} 基本没有关系，而由基极电流 i_B 决定，这正反映了三极管的电流控制作用，即基极电流控制集电极电流。

(2) 每条曲线向右方略有斜升，说明 i_C 随着 u_{CE} 的增加而略有增加。这是因为在 i_B 一定时，u_{CE} 越大，集电结反偏电压 u_{CB} 越大，集电结越宽，使基区变得更薄，发射区多子扩散到基区后，与基区多子复合的机会更少。若要保持 i_B 不变，就会有更多的多子从发射区扩散到基区，i_C 将增大，这种情况称为基区调宽效应。

2) 饱和区

当发射结正偏且集电结正偏时，三极管处于饱和状态。饱和区特性曲线有如下特点。

(1) 饱和区各条曲线几乎重合在一起，三极管失去放大作用。此时集电极电流 i_C 随电压 u_{CE} 的增大而迅速增大。也就是说，基极电流 i_B 失去了对集电极电流 i_C 的控制作用，这种现象称为饱和。

(2) 饱和区 u_{CE}的值称为饱和压降，记为 U_{CES}。工程上硅管 U_{CES}典型值可取 0.3 V。图 4-7 中虚线画出的是 $u_{CE}=u_{BE}$，即 $u_{CB}=0$ 时的曲线，称为临界饱和线，它是放大区与饱和区的分界线。

3）截止区

输出特性曲线 $I_B=0$ 以下的区域称为截止区。在该区内发射结和集电结均处于反向偏置。

4.1.5　三极管的主要参数

三极管的参数是表征三极管性能的数据，以及描述管子安全使用范围的物理量，是选用三极管的依据。这里介绍几种主要的参数。

1. 电流放大系数

电流放大系数有直流与交流之分。

1）直流 $\bar{\alpha}$ 和直流 $\bar{\beta}$

共基极直流电流放大系数 $\bar{\alpha}$，共射极直流电流放大系数 $\bar{\beta}$ 及其相互关系见式(4.6)和式(4.7)。

2）交流 α 和交流 β

共基极交流电流放大倍数

$$\alpha=\frac{\Delta i_C}{\Delta i_E}\approx\bar{\alpha}\approx 1 \tag{4.10}$$

共射极交流电流放大倍数

$$\beta=\frac{\Delta i_C}{\Delta i_B}\approx\bar{\beta}\gg 1 \tag{4.11}$$

α 和 β 满足如下关系

$$\alpha=\frac{\beta}{1+\beta},\quad \beta=\frac{\alpha}{1-\alpha} \tag{4.12}$$

2. 极间反向电流

1）集电极-基极极间反向饱和电流 I_{CBO}

I_{CBO}是指发射极开路时，流过集电极和基极的电流；它是少数载流子在集电结反向电压作用下产生的漂移电流。

2）集电极-发射极极间反向饱和电流 I_{CEO}

I_{CEO}是指基极开路时，流过集电极与发射极的电流，又称为穿透电流。

I_{CBO}和 I_{CEO}受温度影响都很大，直接影响电路的稳定性。因此，制造和选用管子时，I_{CBO}和 I_{CEO}越小越好。

3. 极限参数

极限参数是指三极管使用时不得超过的极限值，以保证三极管正常工作和安全使用。

1）集电极最大允许电流 I_{CM}

i_C在一定范围内 β 值基本不变，但是当 i_C过大时，β 要下降。通常把 β 下降到某规定数值时所对应的 i_C称为集电极最大允许电流 I_{CM}，当电流超过此值时，管子性能明显下降，甚

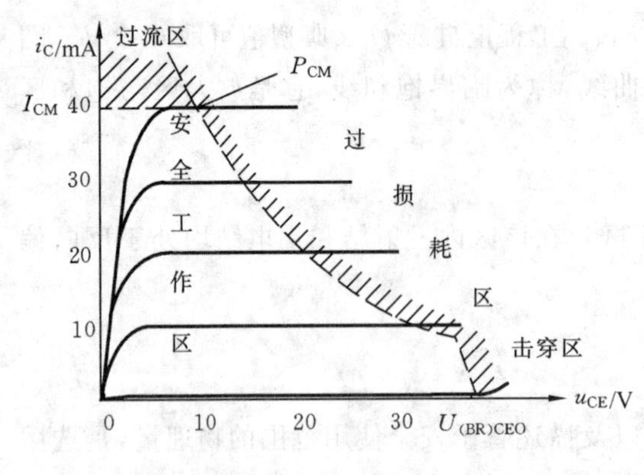

图 4-8 三极管的极限参数

至有烧坏的可能。

2）集电极最大允许功耗 P_{CM}

三极管工作时，集电结上加有较高的电压并有电流通过，因此集电结上要消耗一定的功率，称为集电极功耗，它会使结温升高。为了使管子安全工作，需要给三极管规定一个集电极功耗的限额 P_{CM}，即正常工作中须满足 $P_C \leqslant P_{CM}$。对于确定型号的三极管，P_{CM}是一个确定值，即 $P_C = i_C u_{CE} =$ 常数，在输出特性坐标平面中为双曲线中的一条，如图 4-8 所示，曲线右上方为过损耗区。

3）极间反向击穿电压

三极管的某一电极开路时，另外两个电极间所允许加的最高反向电压即为极间反向击穿电压。常用的反向击穿电压有：

(1) U_{CBO}——发射极开路时，集电结的反向击穿电压；

(2) U_{CEO}——基极开路时，集电极与发射极间的反向击穿电压。

对于不同型号的三极管，U_{CBO}为几十伏到上千伏，U_{CEO}小于 U_{CBO}。

以上可见，三极管工作时的 u_{CE}不应超过 U_{CEO}，i_C不应该超过 I_{CM}，P_C不应该超过 P_{CM}。因此，三极管最好工作在由 U_{CEO}、I_{CM}和 P_{CM}决定的安全工作区，如图 4-8 所示。PNP 型三极管的各种参数含义与 NPN 型三极管的相同。

在实际选用三极管时，必须要依照实际工作条件选择 P_{CM}在安全区工作的三极管，同时要特别注意温度对三极管的影响：

(1) 温度升高，I_{CBO}急剧增大；温度每升高 10℃，硅管的 I_{CBO}约增大 1 倍。

(2) 温度每升高 1 ℃，$|U_{BE}|$下降 2～2.5 mV。

(3) 三极管的 β 值随温度升高而增大，温度每增加 1℃，β 增加 0.5%～1%。

4.2 共射极放大电路分析

放大电路的分析包含两方面的内容：静态分析，即分析信号输入为零时电路各部分的电压和电流；动态分析，即分析有信号输入时电路各部分的电压和电流。本节以基本共射极放大电路为例，介绍放大电路的两种分析方法：图解法和等效电路分析法。

电路的静态分析主要是确定放大电路的静态工作点，即(I_{BQ}、U_{BEQ})、(I_{CQ},U_{CEQ})，它们分别对应三极管输入、输出特性曲线上的一个点，称为静态工作点，用 Q 来表示。要保证电路完成不失真的放大，设置合适的静态工作点是必要条件。静态分析在直流通路上进行。

设置合理的静态工作点后，就可以对放大电路进行动态分析。动态分析主要是在交流通路上完成放大电路电压放大倍数 A_u、输入电阻 r_i、输出电阻 r_o等技术指标的求解及信号传输过程、交流分量变化的分析。

4.2.1　直流通路和交流通路

放大电路的直流通路是指直流电源单独作用（交流小信号源不作用）时，放大电路的等效电路。它反映了放大电路各处的直流偏置电压和电流，是设计和分析放大电路静态工作点的基本电路。画放大电路直流通路的基本原则是：将放大电路中所有的电容开路（电容在直流的情况下相当于开路），电感短路（电感在直流的情况下相当于短路），输入信号源短路，即为放大电路的直流通路。

放大电路的交流通路是指交流小信号源单独作用（直流电源不作用）时，放大电路的等效电路。它反映了放大电路各处交流信号的传输与放大，是设计和分析放大电路交流信号传输问题的基本电路。画放大电路交流通路的原则是：独立恒压源短路（电压恒定不变，故交变电压为零，短路处理）、耦合电容以及旁路电容等大电容短路，而独立恒流源开路（电流恒定不变，故交变电流为零，开路处理），即为放大电路的交流通路。

图 4-5 所示的共发射极放大电路，在实际中并不实用，其原因是一个简单的放大电路需要两组电源供电，很不方便。典型共发射极放大电路如图 4-9 所示，它采用一组电源供电，一般情况下，$R_b > R_c$，这样可保证 $U_C > U_B$，满足集电结反偏的要求。由图 4-9 所示放大电路可画出它的直流通路和交流通路，分别如图 4-10(a)、(b)所示。

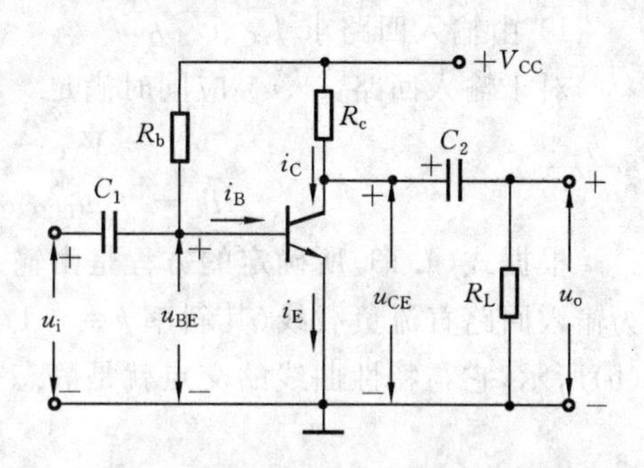

图 4-9　典型共发射极放大电路

图 4-9 中，电容 C_1、C_2 分别串接在输入回路和输出回路上，在电路中起连接作用，称为耦合电容。它们的作用是“隔直流、通交流”，即将输入信号源与放大电路、放大电路与负载之间的直流通路隔开，以免相互影响；同时又保证了交流信号有效接入到 b 极，输出信号有效输出给负载。其中电阻 R_c 的一端与三极管的集电极相连，另一端与直流电压源相连。由于直流电压源在交流通路中是零点，也就是交流地点，因此在交流通路中 R_c 一端与三极管的集电极相连，另一端与交流地点相连，这样就与负载 R_L 并联了。

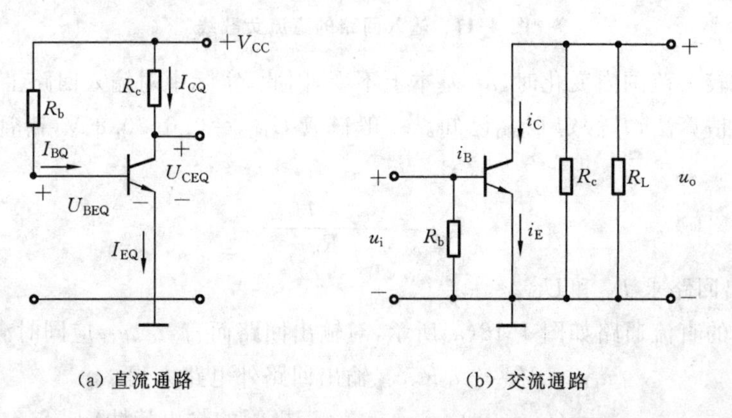

(a) 直流通路　　(b) 交流通路

图 4-10　典型共发射极放大电路的直流通路和交流通路

4.2.2 图解法

所谓图解分析法就是利用三极管的输入、输出特性曲线，通过作图的方法对放大电路的性能指标进行分析。与3.2.2节二极管图解方法类似，静态分析可用于确定静态工作点，动态分析则主要用于定性描述放大电路加上输入信号后的工作状态，包括输出波形、失真以及最大不失真输出信号幅度的确定等。

1. 静态分析

静态分析的目的就是确定静态工作点 Q，即求出三极管各极的直流电压和直流电流（即 I_{BQ}、U_{BEQ}、I_{CQ} 和 U_{CEQ}）。分析方法为：画出直流通路，分别写出输入、输出回路的外特性方程，在输入、输出特性曲线上作出外特性曲线，交点即为静态工作点。分析对象是直流通路，分析的关键是作直流负载线。

以图4-9所示的典型共射放大电路为例，输入回路直流通路如图4-11(a)所示。

1）由输入回路求 I_{BQ}、U_{BEQ}

对于输入回路，i_B、u_{BE} 应同时满足

$$u_{BE} = V_{CC} - i_B R_b \quad \text{（线性电路特性）} \tag{4.13}$$

$$i_B = f(u_{BE}, u_{CE}) \quad \text{（三极管输入特性）} \tag{4.14}$$

根据式(4.13)所确定的方程是由输入端外部电路决定的，称为输入回路特性方程，也称为输入回路直流负载线（其斜率 $k=-1/R_b$）方程。将此方程作于 i_B-u_{BE} 坐标上，如图4-11(b)所示，它与特性曲线的交点就是静态工作点 $Q(U_{BEQ}、I_{BQ})$。

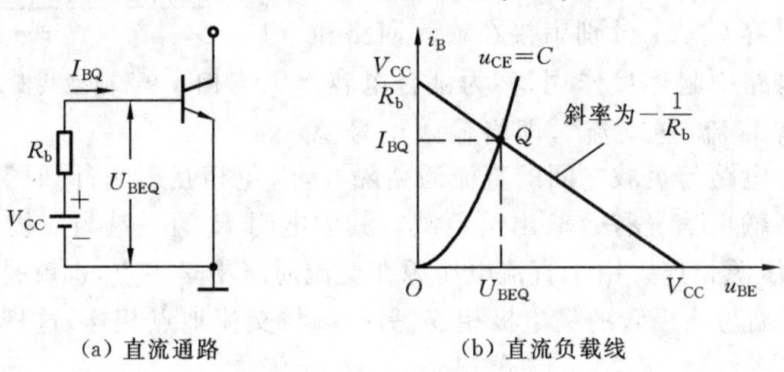

(a) 直流通路　　(b) 直流负载线

图 4-11　输入回路的直流负载线

由于 i_B 在较大范围内变化时，u_{BE} 基本上不变，因此，实际中对输入回路工作点的确定更多地采用近似估算法，并假定 U_{BEQ} 已知。一般硅管 $U_{BEQ}=0.6\sim0.8$ V，锗管 $U_{BEQ}=0.1\sim0.3$ V，可知

$$I_{BQ} = \frac{V_{CC} - U_{BEQ}}{R_b}$$

2）由输出回路求 I_{CQ} 和 U_{CEQ}

输出回路的直流通路如图4-12(a)所示，对输出回路而言，i_C、u_{CE} 应同时满足

$$u_{CE} = V_{CC} - i_C R_c \quad \text{（输出回路外电路方程）} \tag{4.15}$$

$$i_C = f(i_B, u_{CE})\big|_{i_B=\text{常量}} \quad \text{（三极管的输出特性）} \tag{4.16}$$

同理，式(4.15)是由输出端外部电路决定的，称为输出回路外特性方程，也称为输出回

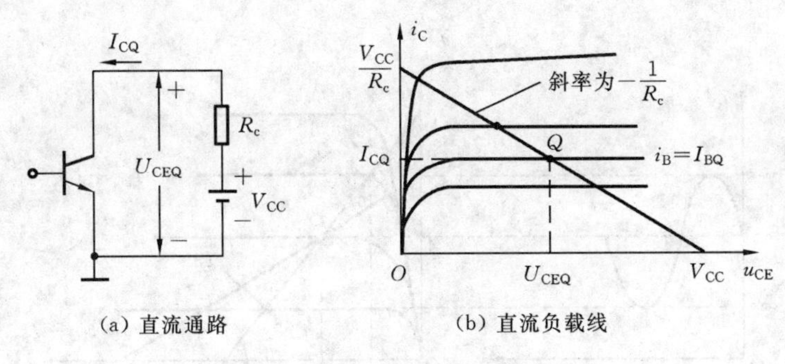

图 4-12　输出回路的直流负载线

路直流负载线(其斜率 $k=-1/R_c$)方程。将此方程作于 i_C-u_{CE} 坐标上，如图4-12(b)所示，它与特性曲线中 $i_B=I_{BQ}$ 对应的直线的交点就是静态工作点 $Q(U_{CEQ}、I_{CQ})$。

由上可知，图解法确定 Q 点的关键在于正确地作出直流负载线。由于负载线是由外电路元件参数决定的，当外电路元件参数(如 V_{CC}、R_c)发生变化时，直流负载线也相应地发生变化，从而工作点也随之变化。因此，用图解法可以清楚地反映出当元件参数发生变化时 Q 点的变化趋势。这也清晰地说明，调整电路中的元件参数，可以改变三极管的静态工作点，而合适的静态工作点对三极管的放大作用至关重要。

2. 动态分析

动态分析的目的是根据已知的输入信号，求出各极电压和电流的波形，研究放大电路的失真情况或估算电压、电流放大倍数。动态分析的对象是交流通路，分析的关键是作交流负载线。

1) 根据输入信号 u_i 在输入特性曲线上求 i_B

在图 4-9 所示的典型共射放大电路中，加上正弦交流信号 $u_i=U_{im}\sin\omega t$，则有

$$u_{BE}=U_{BEQ}+U_{im}\sin\omega t \tag{4.17}$$

将 u_{BE} 的波形画到输入特性曲线上，即可得到 i_B 的波形，如图 4-13 所示。

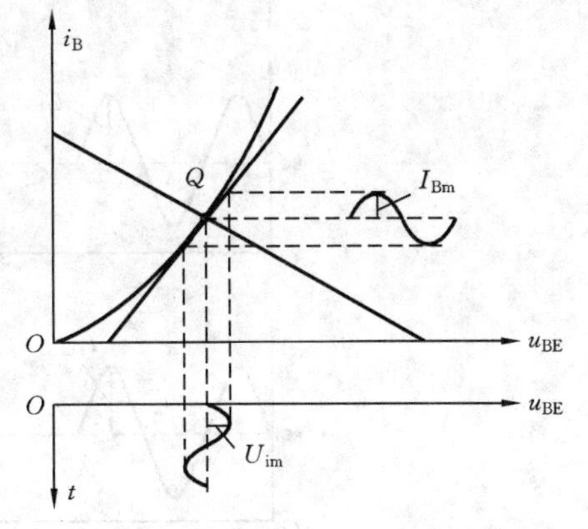

图 4-13　由输入特性画 i_B 的波形

假设输入信号幅度较小，u_{BE} 变化时对应的输入特性曲线可用直线近似，则输入电流 i_B 的波形也为正弦波，有

$$i_B=I_{BQ}+I_{Bm}\sin\omega t \tag{4.18}$$

一般情况下，i_B 的波形也可以通过简单的计算，而不必通过作图得到。

2) 求 i_C、u_{CE} 的波形，作输出回路的交流负载线

由图 4-10(b)有

$$u_{CE}=-i_C(R_c /\!/ R_L)=-i_C R'_L \quad (令\ R'_L=R_c /\!/ R_L) \tag{4.19}$$

式(4.19)就是输出回路的交流负载线方程。交流负载线具备两个特征：第一，过静态工作点 Q(输入电压 $u_i=0$ 时，三极管集电极电流为 I_{CQ}，管压降为 U_{CEQ}，必过 Q 点)；第二，斜率为 $di_C/du_{CE}=-1/R'_L$。画出交流负载线后，可以根据 i_B 的波形画出 i_C、u_{CE} 的波形，如图 4-14

所示。

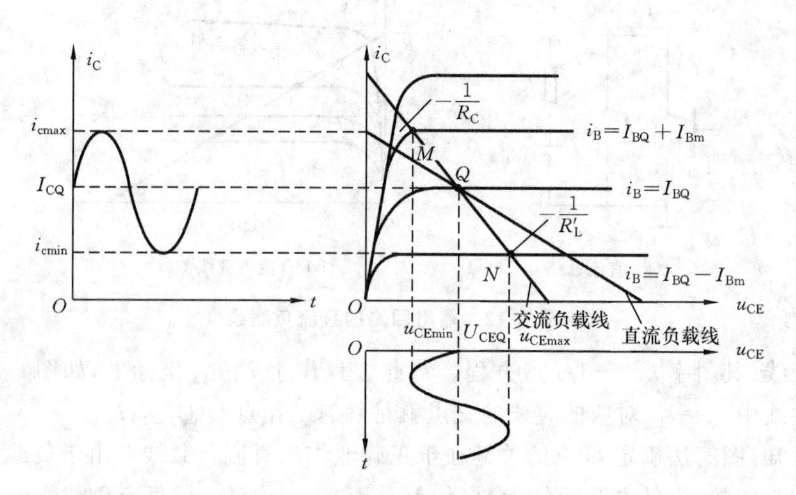

图 4-14　输出回路图解法

由上面的分析可知，当输入信号 u_i 为正弦波时，u_{BE}、i_B、i_C 和 u_{CE} 均为直流分量叠加上一个正弦波，而且输出电压和输入电压为反向，如图 4-15 所示。

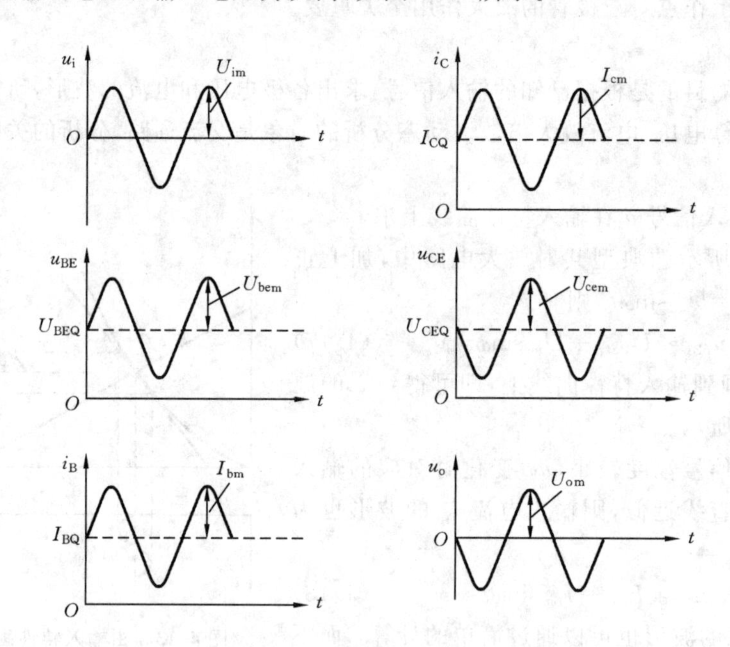

图 4-15　放大器各点波形

3）波形非线性失真的分析

不失真是对放大电路的基本要求，由于三极管是非线性器件，如果工作点不合适或要求输出幅值过大，就会产生失真。当 Q 点偏低，则信号负半周可能进入截止区，造成输出电压的上半周被部分切掉，产生“截止失真”，亦称顶部失真；当 Q 点偏高，信号的正半周可能进入饱和区，造成输出电压波形负半周被部分削掉，产生“饱和失真”，亦称底部失真。由于它们都是三极管的工作状态离开线性放大区进入非线性饱和区和截止区所造成的，因此称为非线性失真，如图 4-16 所示。

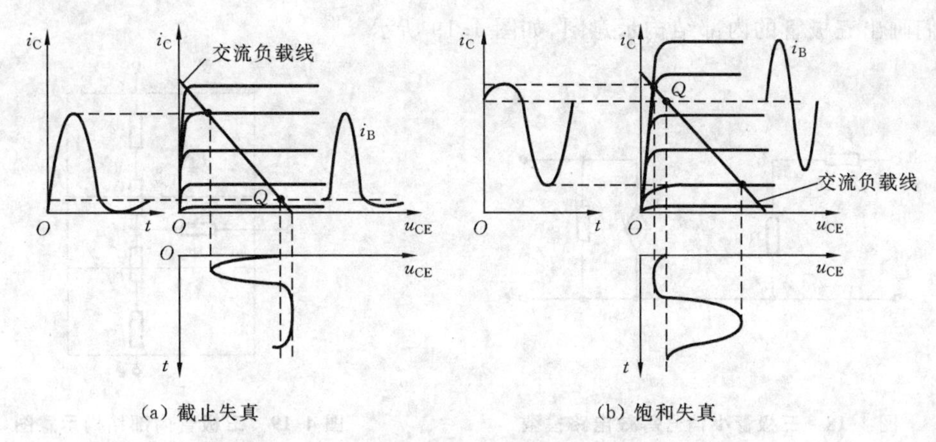

(a) 截止失真　　(b) 饱和失真

图 4-16　静态工作点不合适时产生的失真

4）最大不失真输出电压

最大不失真输出电压是指放大器工作状态一定，逐渐增加输入信号，动态范围还没有进入三极管的截止区或饱和区时，输出所能获得的最大电压，如图 4-17 所示。从图 4-17 可以看出，当静态工作点 Q 取在交流负载线的中间时，可以获得最大的输出电压

$$
\begin{aligned}
U_{om} &= \min(U_{CEQ}-U_{CES},u_{CEmax}-U_{CEQ}) \\
&= \min(U_{CEQ}-U_{CES},I_{CQ}R'_L) \qquad (4.20)
\end{aligned}
$$

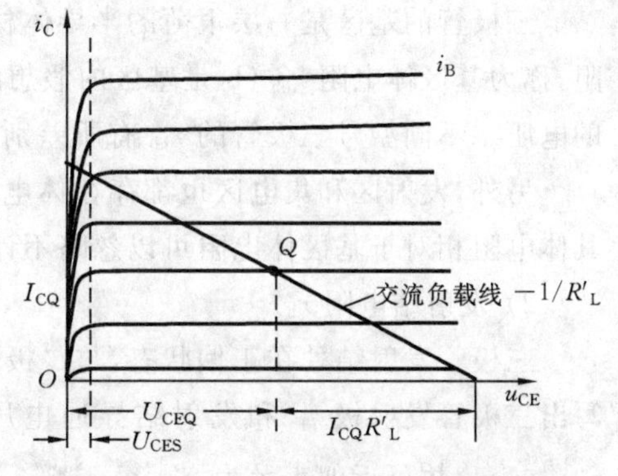

图 4-17　最大不失真输出电压的分析

用图解法进行动态分析可以直观地反映输入电流与输出电流、电压的波形关系，形象地反映工作点不合适所引起的非线性失真，定性分析电路参数变化时对静态工作点的影响。但用该方法计算电压放大倍数等性能指标时，则十分麻烦，有时根本就无能为力。所以，对交流特性的定量分析多采用微变等效电路法。

4.2.3　微变等效电路法

微变等效电路法的主要思路是：当输入信号变化范围很小（微变）时，可以认为三极管的电压、电流变化量之间的关系基本上是线性的，即在一个很小的范围内，输入特性、输出特性均可以近似成一条直线，也就是将三极管视为线性元器件，并用线性元件（如 R、C、L、电压源、电流源、受控源等）组成的网络模型来模拟三极管输入和输出端口小信号电压与电流的关系。因此，可以给三极管建立一个小信号的线性模型，这就是微变等效电路。利用微变等效电路，可以将含有非线性元器件（三极管）的放大电路转化成线性电路，然后利用电路分析中的有关方法求解。

三极管的小信号模型有很多种类，例如，由三极管内部物理过程推导出的物理模型（共射混合 π 模型），由双口网络理论推导出的网络模型（低频 H 参数模型，高频 Y 参数模型）

等。在此仅介绍共射小信号模型，如图 4-18 所示。为了更好地阐述各元器件参数的物理意义，我们画出三极管的内部结构示意图，如图 4-19 所示。

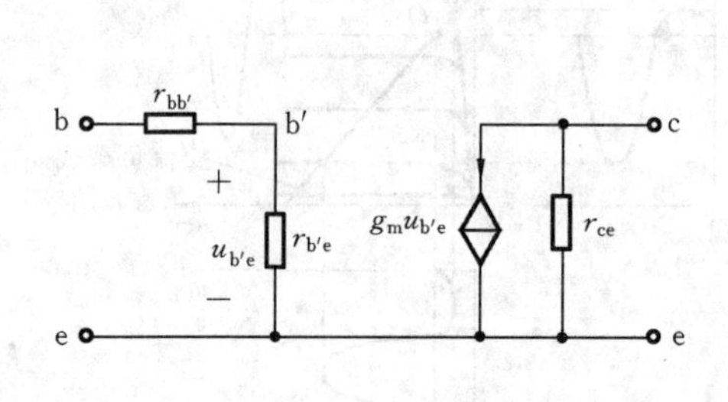

图 4-18　三极管小信号等效电路模型

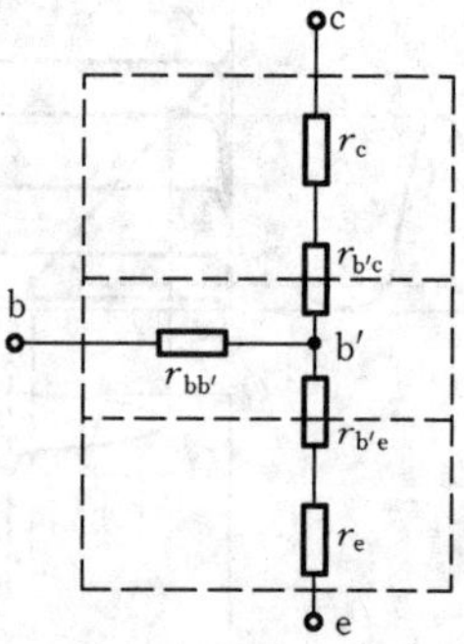

图 4-19　三极管内部结构示意图

1）基区体电阻 $r_{bb'}$

三极管的基区是一层很薄的半导体材料，而且截面积很小，会对基极电流呈现一定的电阻，称为基区体电阻 $r_{bb'}$（b′是基区内假想的一个节点）。$u_{b'e}$ 和 $u_{b'c}$ 是作用于发射结和集电结的电压。不同型号三极管的 $r_{bb'}$ 有所差别。

另外，发射区和集电区也都存在体电阻，即 r_e 和 r_c，但是由于这两个区的截面积较大，其体电阻相对于基区体电阻可以忽略不计。

2）发射结电阻 $r_{b'e}$

三极管发射结处在正偏状态，与二极管导通相似，由二极管电流表达式（见式(3.3)），可写出三极管发射极 i_E 和发射结导通电压 u_{BE} 的关系式：$i_E = I_S(e^{u_{BE}/u_T}-1)$，一般情况下 $e^{u_{BE}/u_T} \gg 1$，故可近似表示为：$i_E \approx I_S e^{u_{BE}/u_T}$

$$r_{b'e} = \left.\frac{du_{BE}}{di_B}\right|_Q \approx (1+\beta)\left.\frac{du_{BE}}{di_E}\right|_Q;\ \left.\frac{di_E}{du_{BE}}\right|_Q = I_S e^{u_{BE}/u_T} \cdot \left.\frac{1}{u_T}\right|_Q = \frac{I_{EQ}}{u_T};\ \left.\frac{du_{BE}}{di_E}\right|_Q = \frac{u_T}{I_{EQ}}$$

在常温(300 K)条件下，$U_T = 26$ mV，所以

$$r_{b'e} = (1+\beta)\frac{26}{I_{EQ}} \quad (\text{mV}) \tag{4.21}$$

由以上分析可知，$r_{b'e}$ 是发射结的正向偏置电阻折合到基极回路的等效电阻，反映了基极电流受控于发射结电压的物理过程，$r_{b'e}$ 越大，$u_{b'e}$ 产生的 i_B 越小，从数值上来看，$r_{b'e}$ 与发射极工作点电流 I_{EQ} 近似成反比。

3）集-射极间电阻 r_{ce}

定义集-射极间电阻 r_{ce}

$$r_{ce} = \left.\frac{\Delta u_{CE}}{\Delta i_C}\right|_{Q,\Delta u_{CE}\to 0} \approx \left.\frac{du_{CE}}{di_C}\right|_Q \tag{4.22}$$

由三极管输出特性曲线可知，r_{ce} 通常是比较大的数值，从三极管内部示意图也可看出，r_{ce} 是 $r_{cb'}$ 和 $r_{b'e}$ 串联之和（r_c 和 r_e 较小，可忽略不计）。由于 $r_{cb'}$ 是集电结电阻，而集电结又处在反偏状态，所以，阻值很大，有时甚至可近似为开路。

4）三极管的跨导 g_m

定义三极管的跨导 g_m 为

$$g_m = \left.\frac{di_C}{du_{BE}}\right|_Q \tag{4.23}$$

在图 4-18 中，$g_m u_{b'e}$ 所表现的物理意义是 $u_{b'e}$ 对 i_c 的控制能力。

但在实际中，常常用共发射极电流放大倍数 β 来反映 i_b 对 i_c 的控制能力，其物理意义清晰，又方便测量。因此，也常用图 4-20 所示的等效电路来描述三极管小信号等效模型。其中

$$r_{be} = r_{bb'} + r_{b'e} = r_{bb'} + (1+\beta)\frac{26(\text{mV})}{I_{EQ}} \tag{4.24}$$

基区体电阻 $r_{bb'}$ 的典型取值为 50 Ω 或 300 Ω。

比较图 4-18 和图 4-20，不难得出：

$$\beta = g_m r_{b'e} \tag{4.25}$$

下面以图 4-9 为例，采用三极管小信号等效电路法来分析放大电路的性能。

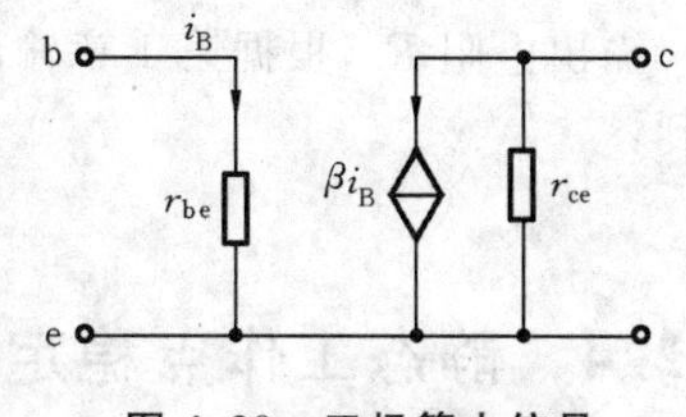

图 4-20　三极管小信号等效电路

(1)静态分析。C_1、C_2 有隔直流的作用，则可画出直流通路如图 4-10(a)所示，假设三极管为硅材料 NPN 管，b、e 之间导通后的电压为 0.7 V，即

$$U_{BEQ} = 0.7\ \text{V}$$
$$I_{BQ} = (V_{CC} - U_{BEQ})/R_b$$
$$I_{CQ} = \beta I_{BQ}$$
$$U_{CEQ} = V_{CC} - I_{CQ}R_c$$

(2) 动态分析。所谓动态分析就是分析该放大电路的性能指标，从第 1 章的内容可知，放大电路的主要性能指标有电压放大倍数 A_u、电流放电倍数 A_i、输入电阻 R_i、输出电阻 R_o 等，这些性能指标都是在输入交流信号的情况下得到的。所以，先画出交流通路。电容 C_1、C_2 选取足够大的，对交流信号而言可看成短路；电源 V_{CC} 可看成理想的电压源，其内阻为 0，对于交流信号也可看成短路。则该放大电路的交流通路如图 4-10(b)所示。利用图 4-20 所示三极管小信号等效电路取代三极管共射电路，可以画出该共射极放大电路的交流等效电路，如图 4-21 所示。

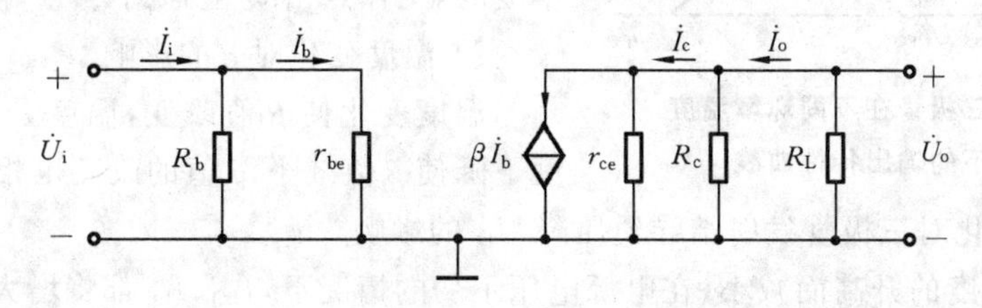

图 4-21　共射放大交流等效电路

电压放大倍数

$$\dot{A}_u = \dot{u}_o / \dot{u}_i$$

在图 4-21 中，考虑到输入电压 u_i、输出电压 u_o、基极电流 i_b 和集电极电流 i_c 均为交流信号，它们之间不仅存在幅度关系，而且还存在相位关系。所以常用相量表示，可得

$$\dot{u}_i = r_{be}\dot{I}_b$$

$$U_o = -\beta\dot{I}_b R'_L \quad (r_{ce}\text{ 很大，相对于 }R_C\text{、}R_L\text{ 可看成是开路})$$

式中：

$$R'_L = R_c /\!/ R_L$$

则

$$\dot{A}_u = \dot{U}_o/\dot{U}_i = -\beta \cdot R'_L/r_{be} \tag{4.26}$$

电流放大倍数 A_i，由图 4-21 可得到：

$$\dot{A}_i = \dot{I}_o/\dot{I}_i \approx \beta \tag{4.27}$$

输入电阻 R_i，由图 4-21 可以得到：

$$R_i = \dot{U}_i/\dot{I}_i = r_{be} /\!/ R_b \tag{4.28}$$

输出电阻 R_o，根据第 1 章输出电阻的定义，输入信号 U_i 为零，R_L 开路，由图 4-21 可以得到：

$$R_o = \dot{U}_o/\dot{I}_o = R_c \tag{4.29}$$

4.2.4 静态工作点稳定的共射放大电路

为了使放大电路不失真地放大信号并具有良好的性能，必须给三极管设置合适的静态工作点，使之工作在放大区。但是工作点选定后还会随外界条件的不同而移动，这样，就使原来合适的工作点变得不合适而出现失真，因此工作点稳定是个重要的问题。

工作点不稳定的原因有很多，如温度的变化、电源电压的波动、元器件参数的变化等都会引起工作点的变化，其中最主要的是温度变化的影响。温度对管子参数的影响主要表现在对 I_{CEO}、β 及发射结导通压降 U_{BE} 的影响。

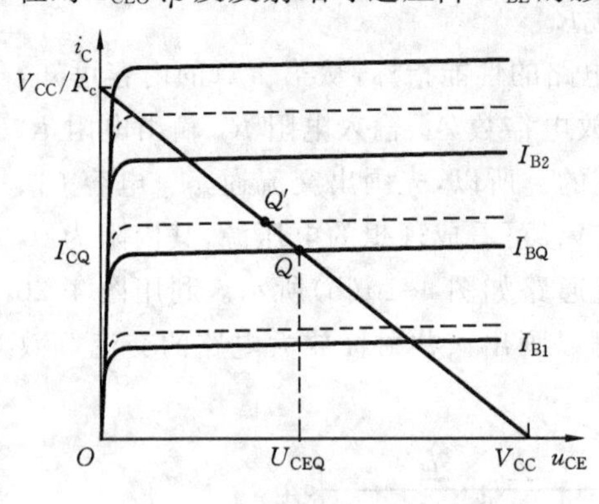

图 4-22 三极管在不同环境温度下的输出特性曲线

1. 温度对三极管参数的影响

1）温度变化对 I_{CEO} 的影响

在 4.1.5 节中已经讨论过，随着温度升高，集电结反向饱和电流 I_{CBO} 上升，而穿透电流 $I_{CEO}=(1+\beta)I_{CBO}$，故 I_{CEO} 上升更显著，三极管输出特性曲线向上移动，如图 4-22 所示。图中实线为升温前的特性曲线，虚线为升温后的特性曲线，可见 I_{BQ} 保持不变时，工作点由 Q 上移到 Q' 点，使 I_{CQ} 上升。

2）温度变化对 β 的影响

温度变化使 β 值改变，温度升高使 β 增大，温度下降使 β 值减小，β 值的改变也相应地改变 I_{CQ}。

3）温度变化对三极管发射结导通压降 U_{BE} 的影响

U_{BE} 随着温度的升高而减小，在电源电压不变的情况下，I_{BQ}、I_{CQ} 都将增大。

综上所述，温度升高对 I_{CEO}、β 及 U_{BE} 的影响都会使 I_{CQ} 增大、静态工作点上升，温度下降时的变化则相反。因此，稳定静态工作点，就是要使温度变化时保持 I_{CQ} 不变。下面介绍的分压偏置共射极放大电路是应用最广泛的工作点稳定电路。

2. 分压式偏置共射放大电路

图 4-23 所示为满足静态工作点稳定的共射放大电路，它通过 R_{b1}、R_{b2} 分压来稳定 U_{BQ}，

从而稳定电流 I_C，所以常称为分压式偏置共射放大电路。

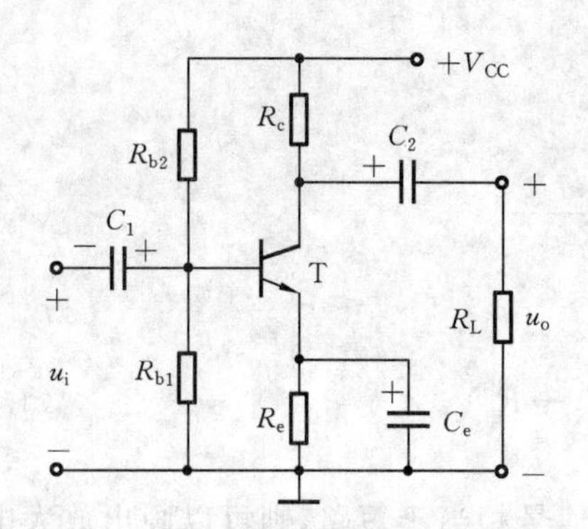

图 4-23　阻容耦合分压偏置共射放大电路

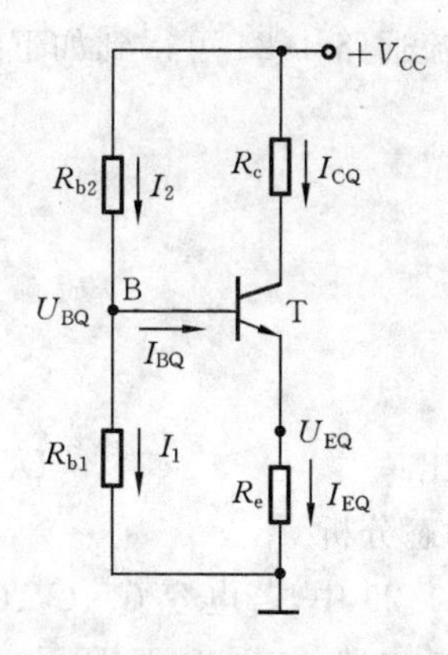

图 4-24　分压偏置共射放大电路的直流通路

1）静态工作点稳定的工作原理

电容 C_1、C_2、C_3 对直流有隔离作用，可以画出图 4-23 的直流通路，如图 4-24 所示。

利用 R_{b1}、R_{b2} 分压来固定基极电位 U_{BQ}，由图 4-24 可得：

$$I_2 = I_1 + I_{BQ} \tag{4.30}$$

当电路满足条件

$$I_1 \gg I_{BQ}$$

则有

$$I_2 \approx I_1 \approx \frac{V_{CC}}{R_{b1} + R_{b2}} \tag{4.31}$$

故

$$U_{BQ} = I_1 R_{b1} = \frac{V_{CC}}{R_{b1} + R_{b2}} R_{b1} \tag{4.32}$$

由上面的分析可知，只要电阻 R_{b1}、R_{b2} 适当选择，就可以使 $I_1 \gg I_{BQ}$，从而使基极电位 U_{BQ} 基本固定不变，即 U_B 由电源电压 V_{CC} 和分压电阻 R_{b1}、R_{b2} 决定，而与三极管的参数无关，保证了三极管静态工作点不随温度变化而变化，处于基本稳定状态。

利用发射极电阻 R_e 产生发射极电位 U_{EQ}，以反馈控制输入回路，自动调整工作点，使 I_{CQ} 基本不变。

因

$$U_{BEQ} = U_{BQ} - U_{EQ} = U_{BQ} - I_{EQ} R_e \tag{4.33}$$

$$I_{CQ} \approx I_{EQ} = \frac{U_{BQ} - U_{BEQ}}{R_e} \tag{4.34}$$

由于 U_{BQ} 是通过 R_{b1}、R_{b2} 分压得到，基本稳定不变，所以当 R_e 固定不变时，I_{CQ}、I_{EQ} 也稳定不变。

由上述可知，只要满足 $I_1 \gg I_{BQ}$、$U_{BQ} > U_{BEQ}$ 两个条件，则 U_{BQ}、I_{CQ}、I_{EQ} 均与三极管参数无关，从而不受温度变化的影响，静态工作点得以保持不变。

电路稳定静态工作点的物理过程表示如下：

$$T\uparrow \rightarrow I_C\uparrow \rightarrow I_E\uparrow \rightarrow U_E\uparrow \rightarrow U_{BE}\downarrow \rightarrow I_B\downarrow \rightarrow I_C\downarrow$$

分压式偏置共射放大电路的性能分析包括静态分析和动态分析。

2）静态分析

由直流通路 4-24 可得到如下结果：

$$U_{BQ}=\frac{V_{CC}}{R_{b1}+R_{b2}}R_{b1}$$

$$I_{CQ}\approx I_{EQ}=\frac{U_{BQ}-U_{BEQ}}{R_e} \tag{4.35}$$

$$I_{BQ}=\frac{I_{CQ}}{\beta} \tag{4.36}$$

即可以得出

$$U_{CEQ}=V_{CC}-I_{CQ}(R_c+R_e) \tag{4.37}$$

3）动态分析

在图 4-23 中，若电容 C_1、C_2、C_e 足够大，对交流信号相当于短路，则可以画出放大电路的交流等效电路，如图 4-25 所示。

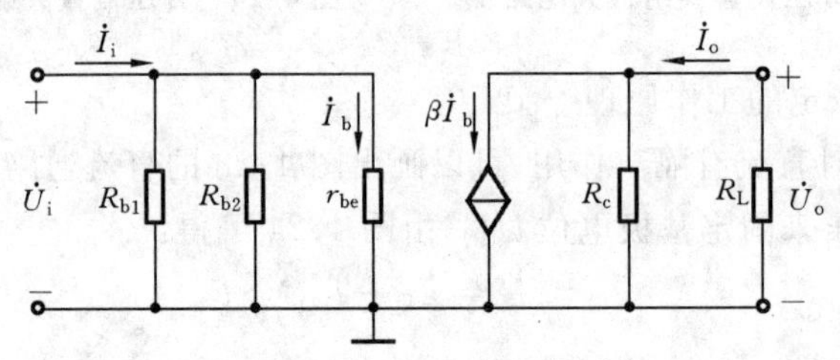

图 4-25　分压偏置共射放大交流等效电路

由图 4-25 可知

$$\dot{A}_u=\frac{\dot{U}_o}{\dot{U}_i}=-\frac{\beta\dot{I}_bR'_L}{\dot{I}_br_{be}}=\frac{-\beta R'_L}{r_{be}} \tag{4.38}$$

式中

$$R'_L=R_c\ /\!/\ R_L$$

$$R_i=\frac{\dot{U}_i}{\dot{I}_i}=r_{be}\ /\!/\ R_{b1}\ /\!/\ R_{b2} \tag{4.39}$$

一般

$$R_{b1}\gg r_{be},\quad R_{b2}\gg r_{be}$$

所以

$$R_i=r_{be} \tag{4.40}$$

$$R_o=\left.\frac{\dot{U}_o}{\dot{I}_o}\right|_{U_s=0}=R_c \tag{4.41}$$

若不接 C_e（俗称旁路电容），不会影响到电路的静态工作点，但会影响到放大电路的交流性能。可以画出放大电路的交流等效电路如图 4-26 所示，由图可知

$$\dot{A}_u=\frac{\dot{U}_o}{\dot{U}_i}=\frac{-\beta\dot{I}_bR'_L}{\dot{I}_b[r_{be}+(1+\beta)R_e]}=\frac{-\beta R'_L}{r_{be}+(1+\beta)R_e} \tag{4.42}$$

$$R_i=\frac{\dot{U}_i}{\dot{I}_i}=[r_{be}+(1+\beta)R_e]\ /\!/\ R_{b1}\ /\!/\ R_{b2} \tag{4.43}$$

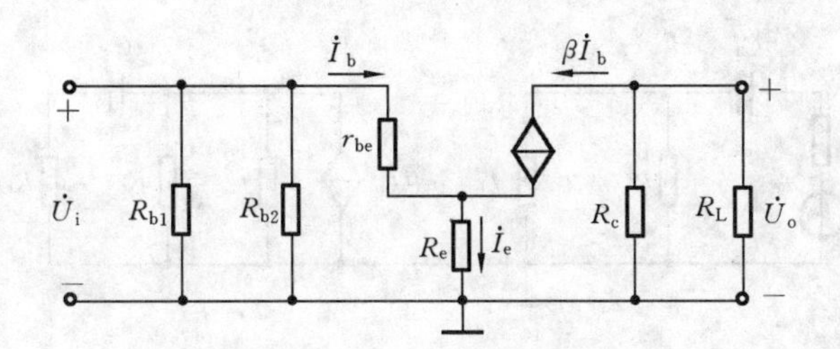

图 4-26　无旁路电容时的分压偏置共射放大交流等效电路

$$R_o = R_C \tag{4.44}$$

由上面的计算可以看出，旁路电容 C_e 是否接入电路会直接影响电压放大倍数和输入电阻的数值，即不接旁路电容 C_e 时，电压放大倍数下降，输入电阻增大；接入旁路电容 C_e 时，电压放大倍数、输入电阻与基本共射极放大电路相同。

4.2.5　放大电路的频率响应

前面分析的放大电路输入及输出信号都是单一频率的正弦波信号，且信号频率局限于中频范围。在此范围内，耦合电容和旁路电容的阻抗很小，可以视为短路，电路中的分布电容与三极管的电容效应都不予考虑，所以放大电路的放大倍数与频率无关。

当信号频率很低（低频信号）时，耦合电容和旁路电容的阻抗不能忽略，也就是不能当作短路来看，这样放大电路的放大倍数受电容阻抗的影响而衰减；当信号频率很高（高频信号）时，三极管内部的电容阻抗也不能忽略，放大电路的放大倍数也会衰减。

复杂信号是由许多不同频率、不同振幅和相位的简谐波迭加而成的。由于放大电路对不同频率的谐波信号放大倍数不同，从而改变了各谐波之间的振幅和相位的比例关系，输出波形将产生失真，故研究放大电路的频率响应很重要。关于频率响应的概念曾在 1.3.3 节中予以介绍。本节以图 4-27 所示分压式偏置共射放大电路为例，对低频、中频以及高频段的幅频特性予以分析。

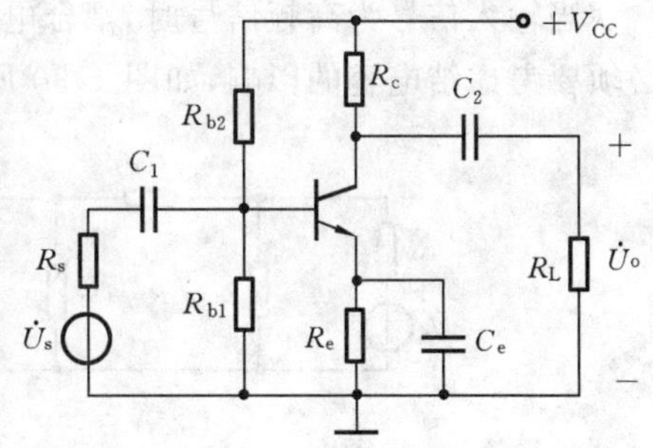

图 4-27　分压式偏置共射放大电路

1. 中频段幅频特性

当输入信号为中频信号时，图 4-27 中的耦合电容 C_1、C_2 和 C_e 的影响可以忽略不计，相当于短路，其中频源电压放大倍数 $\dot{A}_{usm}$ 由式(4.52)可以推导如下

$$\dot{A}_{usm} = \frac{\dot{U}_i}{\dot{U}_s} \cdot \frac{\dot{U}_o}{\dot{U}_i} = \frac{R_i}{R_s + R_i} \cdot \dot{A}_u = -\frac{R_i}{R_s + R_i} \cdot \frac{\beta R'_L}{r_{be}} \tag{4.45}$$

它对应幅频特性曲线上的一条水平线，与频率无关。

2. 低频段幅频特性

当输入信号为低频信号时，假设 C_e 的值较大，仍可视作短路，则原电路的交流等效电路如图 4-28 所示。

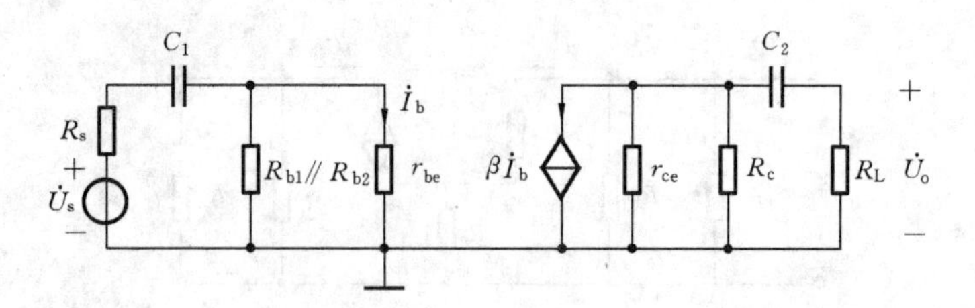

图 4-28　低频段等效电路

从 2.2.2 节中有源滤波电路的分析可知，对于由 RC 电路构成的滤波电路，当输出取自电阻时，是高通滤波；当输出取自电容时，是低通滤波，且截止频率 f_c 与时间常数 τ 成反比，$f_c=1/2\pi\tau$。

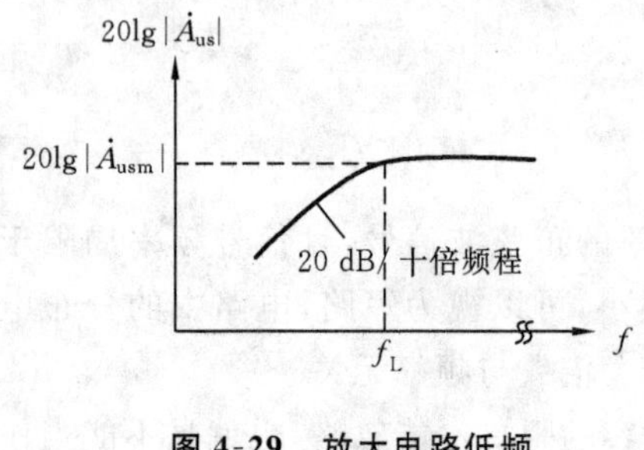

图 4-29　放大电路低频幅频特性曲线

由此，图 4-28 所示电路在低频段呈现高通特性，对应两个时间常数

$$\tau_1=(R_s+R_{b1}/\!/R_{b2}/\!/r_{be})C_1 \tag{4.46}$$

$$\tau_2=(r_{ce}/\!/R_c+R_L)C_2 \tag{4.47}$$

所以，低频段对应的幅频特性曲线如图 4-29 所示，f_L 由 τ_1 和 τ_2 中较小的决定，假设 C_2 很大，则 $f_L=\dfrac{1}{2\pi\tau_1}$。

3. 高频段幅频特性

当输入信号为高频信号时，耦合电容 C_1、C_2 和 C_e 可视作短路，但三极管的等效电路中必须要考虑结电容的影响，如图 4-30 所示电容 $C_{b'e}$ 和 $C_{b'c}$。

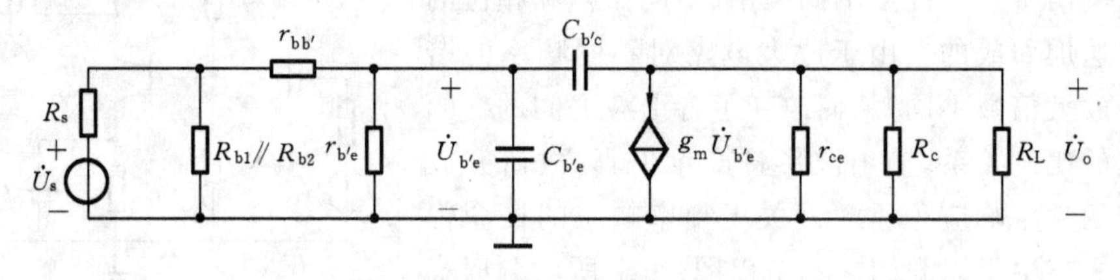

图 4-30　高频段等效电路

利用电路等效原理可将 $C_{b'c}$ 分别等效至输入回路和输出回路，如图 4-31 所示。

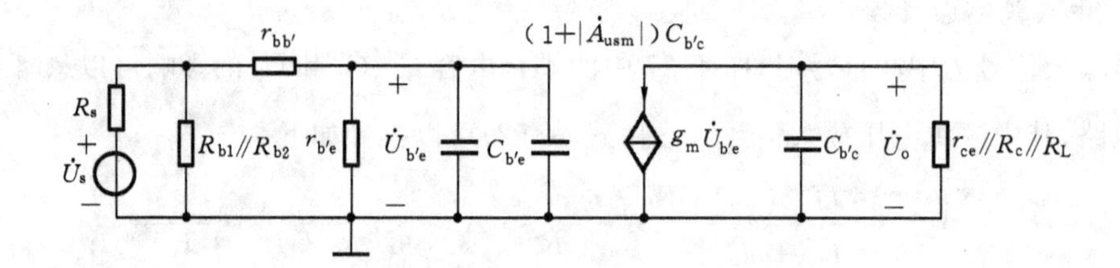

图 4-31　单向化等效电路

同理，输入与输出回路等效为低通滤波，其截止频率由较大时间常数所对应的回路决定。所以

$$f_H = \frac{1}{2\pi[(R_s' + r_{bb'}) \mathbin{/\!/} r_{b'e}]C_i} \tag{4.48}$$

其中 $R_s' = R_s \mathbin{/\!/} R_{b1} \mathbin{/\!/} R_{b2} \approx R_s$，$C_i \approx C_{b'e} + (1 + |\dot{A}_{usm}|)C_{b'c}$。

高频段幅频特性如图 4-32 所示。

将低频、中频及高频段的特性综合在一起，得到如图 4-33 所示幅频特性。

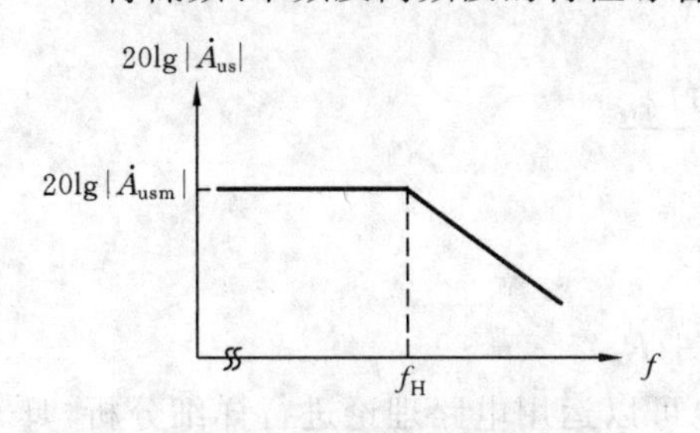

图 4-32　放大电路高频幅频特性

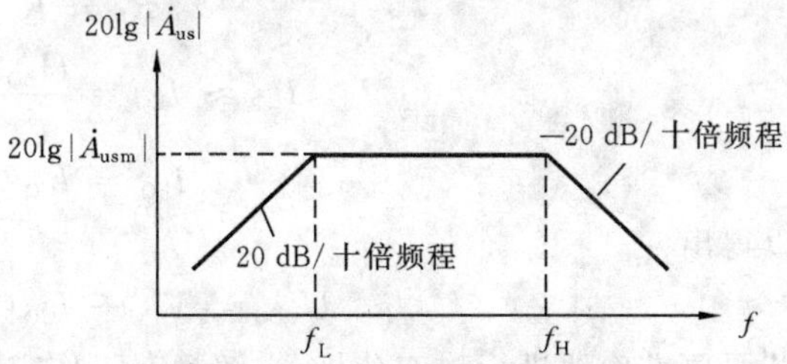

图 4-33　放大电路完整幅频特性

所以，阻容耦合的共射放大电路本质上是一个带通滤波器，其低频端放大倍数的衰减由电路中的耦合电容决定，而高频端放大倍数的衰减是由于三极管本身的电容效应。直接耦合放大电路等效为低通滤波器。

4.3　其他类型放大电路分析

共基放大电路和共集放大电路的分析方法与共射极放大电路相似，下面分别予以介绍。

4.3.1　共基放大电路分析

图 4-34 所示为基本共基放大电路及其交、直流通路。共基放大电路的信号输入端是三极管的射极，信号输出端是三极管的集电极，基极是输入、输出回路的公共端，所以称为共基极放大电路。R_{b1}、R_{b2} 通过分压向发射结提供正偏，R_e 的接入保证了直流电流的正常通路；C_b 的接入是将 b 极的交流信号接地，R_c 的接入是给 c 极提供偏置，保证集电结反偏。C_1 的接入是保证交流信号有效加到输入端，C_2 的接入是保证放大后的交流信号能有效输出给负载 R_L。

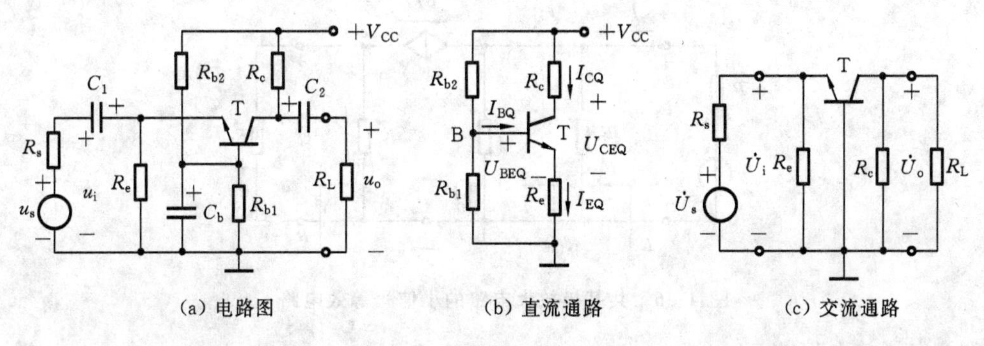

图 4-34　共基极放大电路

1. 静态分析

图 4-34(b)所示为共基极放大电路的直流通路，从图中可以看出，它和前面的分压式偏置共发射极放大电路的直流通路(即图 4-24)完全一样，因此可以采用同样的方法求出各静态工作点。即

$$U_{BQ} \approx \frac{R_{b1}}{R_{b1}+R_{b2}} \cdot V_{CC}$$

$$I_{CQ} \approx I_{EQ} = \frac{U_{BQ}-U_{BEQ}}{R_e}$$

$$I_{BQ} = I_{CQ}/\beta$$

即可以得出

$$U_{CEQ} = V_{CC} - I_{CQ}(R_c + R_e)$$

若要更准确地进行静态分析，求解静态工作点，也可以运用电路理论进行详细分析，具体分析如下。

利用戴维南定理可将图 4-34(b)所示电路变换成图 4-35 所示电路，其中 V_{BB} 是戴维南等效电源，R_b 是戴维南等效电阻，它们分别为

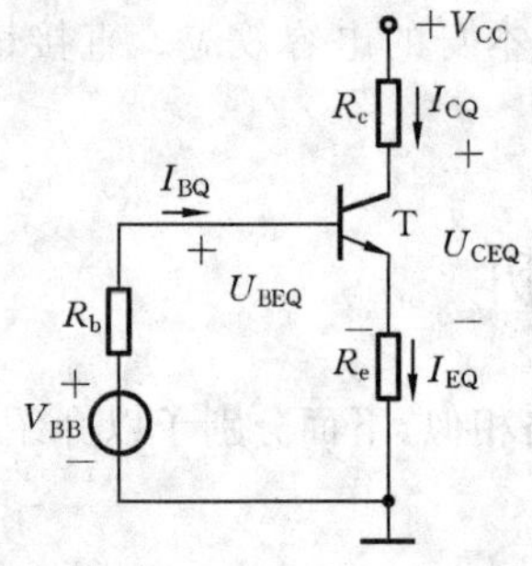

图 4-35 图 4-34 的戴维南等效电路

$$V_{BB} = \frac{R_{b1}}{R_{b1}+R_{b2}} V_{CC} \tag{4.49}$$

$$R_b = R_{b1} /\!/ R_{b2} \tag{4.50}$$

由图 4-35 可得输入回路方程

$$V_{BB} = I_{BQ}R_b + U_{BEQ} + I_{EQ}R_e \tag{4.51}$$

则

$$I_{BQ} = \frac{V_{BB}-U_{BEQ}}{R_b+(1+\beta)R_e} \tag{4.52}$$

$$I_{CQ} = \beta I_{BQ} \tag{4.53}$$

$$U_{CEQ} \approx V_{CC} - I_{CQ}(R_c + R_e) \tag{4.54}$$

2. 动态分析

利用三极管的等效模型代替图 4-34(c)所示交流通路中的三极管，得到共基极放大电路的小信号等效电路，如图 4-36 所示。

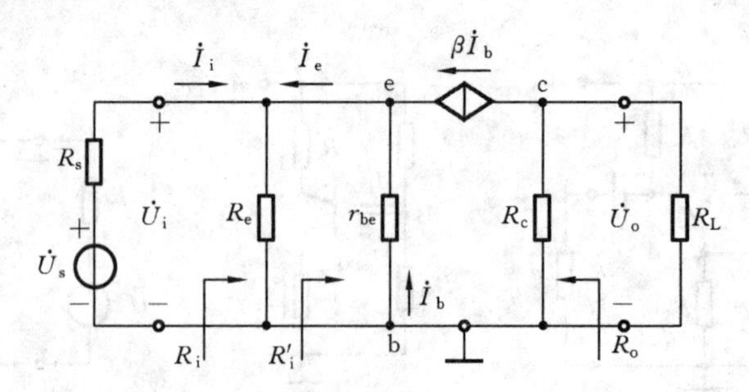

图 4-36 共基极放大电路的小信号等效电路

1) 电压放大倍数

由图 4-36 可得

$$\dot{A}_u = \frac{\dot{U}_o}{\dot{U}_i} = \frac{-\beta \dot{I}_b R'_L}{-\dot{I}_b r_{be}} = \frac{\beta R'_L}{r_{be}} \tag{4.55}$$

式中，$R'_L = R_C /\!/ R_L$。该式表明，共基极放大电路具有电压放大能力，且输出电压与输入电压同相。

2）输入电阻

根据输入电阻的定义，若暂不考虑 R_e，则输入电阻为

$$R'_i = \frac{\dot{U}_i}{-\dot{I}_e} = \frac{-\dot{I}_b r_{be}}{-(1+\beta)\dot{I}_b} = \frac{r_{be}}{1+\beta} \tag{4.56}$$

该式表明三极管共基接法时的输入电阻比共射接法时的输入电阻减小了$(1+\beta)$倍。所以共基接法时，输入电阻是很小的。现考虑 R_e，则从放大电路的输入端看进去的输入电阻为

$$R_i = \frac{\dot{U}_i}{\dot{I}_i} = R_e /\!/ R'_i = R_e /\!/ \frac{r_{be}}{1+\beta} \tag{4.57}$$

3）输出电阻

从放大电路的输出端看进去的输出电阻为

$$R_o \approx R_c \tag{4.58}$$

4.3.2 共集放大电路分析

典型共集放大电路如图 4-37(a)所示，图 4-37(b)和图 4-37(c)分别是它的直流通路和交流通路。由交流通路可见，输入信号从基极与集电极（即地）之间加入，输出信号从发射极与集电极之间取出。集电极是输入、输出回路的公共端，所以称为共集放大电路。

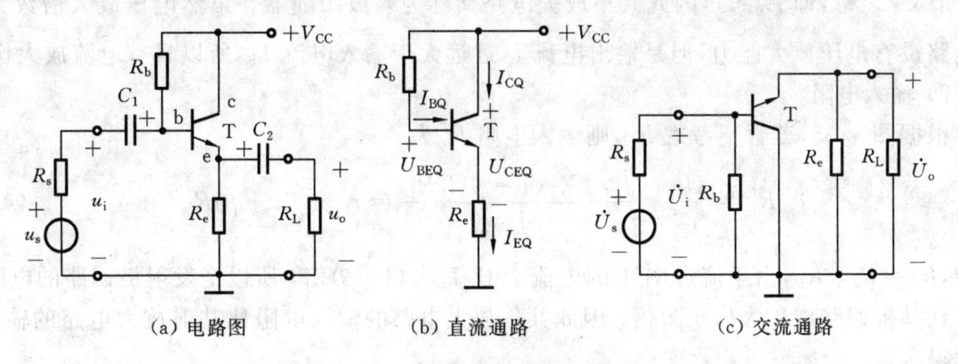

图 4-37 基本共集电极放大电路

1. 静态分析

根据图 4-37(b)的直流通路，可列出输入回路方程

$$V_{CC} = I_{BQ}R_b + U_{BEQ} + I_{EQ}R_e \tag{4.59}$$

由于 $I_{EQ}=(1+\beta)I_{BQ}$，所以

$$I_{BQ} = \frac{V_{CC} - U_{BEQ}}{R_b + (1+\beta)R_e} \tag{4.60}$$

$$I_{CQ} = \beta I_{BQ} \tag{4.61}$$

$$U_{CEQ}=V_{CC}-I_{EQ}R_e\approx V_{CC}-I_{CQ}R_e \tag{4.62}$$

2.动态分析

将图 4-37(c)所示交流通路中的三极管用微变等效电路替换,便得到共集放大电路的小信号等效电路,如图 4-38 所示。

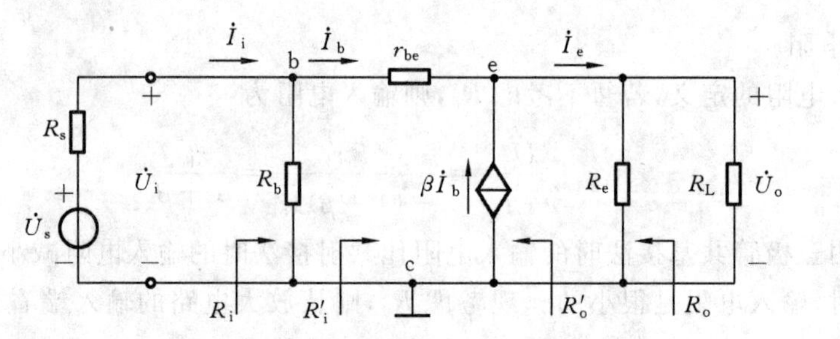

图 4-38 共集电极放大电路的小信号等效电路

1) 电压放大倍数

令 $R'_L=R_e/\!/R_L$,由图 4-38 所示小信号等效电路可得

$$\dot{U}_o=\dot{I}_e(R_e/\!/R_L)=\dot{I}_eR'_L=(1+\beta)\dot{I}_bR'_L \tag{4.63}$$

$$\dot{U}_i=\dot{I}_br_{be}+\dot{I}_eR'_L=\dot{I}_br_{be}+(1+\beta)\dot{I}_bR'_L \tag{4.64}$$

则电压放大倍数为

$$\dot{A}_u=\frac{\dot{U}_o}{\dot{U}_i}=\frac{(1+\beta)R'_L}{r_{be}+(1+\beta)R'_L} \tag{4.65}$$

式(4.65)表明,$\dot{A}_u$大于 0 且小于 1,说明输出电压与输入电压同相,并且$\dot{U}_o<\dot{U}_i$。通常$(1+\beta)R'_L\gg r_{be}$,即 $\dot{A}_u\approx1$,因此共集放大电路又称为射极跟随器。虽然电压放大倍数 $\dot{A}_u<1$,电路没有电压放大能力,但是输出电流 $\dot{I}_e$远远大于输入电流 $\dot{I}_b$,所以具有电流放大作用。

2) 输入电阻

根据图 4-38,若暂不考虑 R_b,则输入电阻 R'_i为

$$R'_i=\frac{\dot{U}_i}{\dot{I}_b}=\frac{\dot{I}_br_{be}+(1+\beta)\dot{I}_bR'_L}{\dot{I}_b}=r_{be}+(1+\beta)R'_L \tag{4.66}$$

式中,$R'_L=R_e/\!/R_L$,由于流过R'_L上的电流 $\dot{I}_e$比 $\dot{I}_b$大$(1+\beta)$倍,所以把发射极回路的电阻R'_L折算到基极回路应扩大$(1+\beta)$倍,因此共集放大电路的输入电阻比共射放大电路的输入电阻大得多。

现将 R_b考虑进去,则共集放大电路的输入电阻为

$$R_i=\frac{\dot{U}_i}{\dot{I}_i}=R_b/\!/R'_i=R_b/\!/[r_{be}+(1+\beta)R'_L] \tag{4.67}$$

3) 输出电阻

根据输出电阻的定义,可采用外加电压求电流的方法来计算输出电阻,即

$$R_o=\left.\frac{\dot{U}}{\dot{I}}\right|_{U_s=0,R_L=\infty} \tag{4.68}$$

将电压源短路、负载开路，在输出端加交流电压 $\dot{U}$，产生电流 $\dot{I}$，如图 4-39 所示。

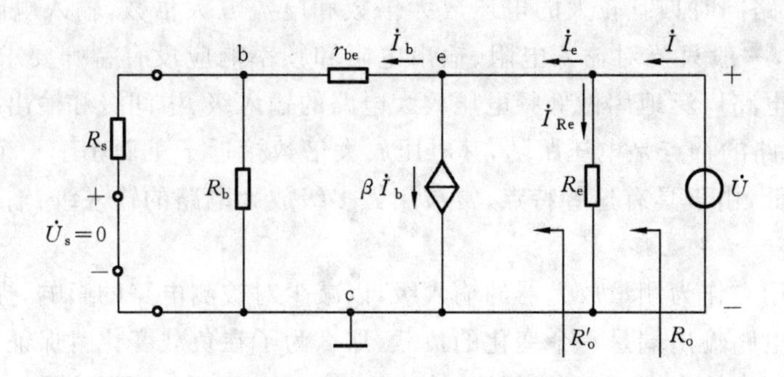

图 4-39 求共集电极放大电路 R_o 的等效电路

这里需要说明的是，虽然电压源 $\dot{U}_s=0$，但是，外加电压 $\dot{U}$ 会在三极管的基极回路产生基极电流 $\dot{I}_b$，所以受控源依然存在，它们的方向如图 4-39 中箭头所示。若暂不考虑 R_e，则输出电阻 R'_o 为

$$R'_o=\frac{\dot{U}}{\dot{I}_e}=\frac{\dot{I}_b(r_{be}+R_s\,/\!/\,R_b)}{\dot{I}_b+\beta\dot{I}_b}=\frac{r_{be}+R'_s}{1+\beta}\tag{4.69}$$

式中：

$$R'_s=R_s/\!/R_b$$

由式(4.64)可知，基极回路的电阻折算到发射极要减小为原来的 $1/(1+\beta)$，所以 R'_o 非常小。

现考虑发射极电阻 R_e，则输出电阻为

$$R_o=\frac{\dot{U}}{\dot{I}}=R_e\,/\!/\,R'_o=R_e\,/\!/\,\frac{r_{be}+R'_s}{1+\beta}\tag{4.70}$$

综上所述，共集放大电路的输入电阻大、输出电阻小，因而从信号源索取的电流小、带负载能力强，故常用于多级放大电路的输入级和输出级。

4.3.3 三种基本组态的比较

前面分别分析了共射、共基、共集三种基本放大电路的性能特点，为便于理解和比较它们之间的异同，现将其性能列于表 4-1 中。

表 4-1 三种基本放大电路的性能特点

	共发射极	共集电极	共 基 极
输入电阻的大小	中等	大	小
输出电阻的大小	较大	小	较大
电压放大能力	有	无($A_u\leqslant 1$)	有
电流放大能力	有	有	无
U_o 与 U_i 的相位关系	反相	同相	同相
应用范围	低频，中间级	输入级，输出级，缓冲级	高频，宽频带放大，恒流源

对于以上三种组态的主要特点和应用范围,简要叙述如下。

(1) 共射电路同时具有较大的电压放大倍数和电流放大倍数,输入电阻和输出电阻值比较适中,所以,一般只要对输入电阻、输出电阻和频率响应没有特殊要求的地方,均常采用。因此,共射电路广泛地用做低频电压放大电路的输入级、中间级和输出级。

(2) 共集电路的特点是电压跟随,其电压放大倍数接近于1而小于1,而且输入电阻很高、输出电阻很低,由于具有这些特点,常被用做多级放大电路的输入级、输出级或作为隔离用的中间级。

首先,可利用它作为测量放大器的输入级,以减少对被测电路的影响,提高测量的精度。其次,如果放大电路输出端是一个变化的负载,那么为了在负载变化时保证放大电路的输出电压比较稳定,要求放大电路具有很低的输出电阻。此时,可以采用共集电路(又称射极跟随器)作为放大电路的输出级,以提高带负载能力。最后,共集电路也可以作为中间级,以减小前后两级之间的相互影响,起到隔离作用。

(3) 共基电路的突出特点在于它具有很低的输入电阻,使三极管结电容的影响不显著,因而频率响应得到很大改善,所以这种接法常用于宽频带放大器中。另外,由于输出电阻高,共基电路还可以作为恒流源。

4.4 多级放大电路分析

在实际应用中,常对放大电路的性能提出多方面的要求,而前面讲过的任何一种放大电路都不可能同时满足,这时,就可以选择多种组态的放大电路,并将它们合理地连接起来,从而构成多级放大电路。

4.4.1 多级放大电路的耦合方式

组成一个多级放大电路,要采用某种方式将信号源与放大电路之间、放大电路与放大电路之间、放大电路与负载之间连接起来,使信号逐级放大,这种连接方式称为耦合方式。级与级耦合时要解决前后级相互影响的问题,因为前级的输出即为后级的信号源,而后级的输入就是前级的负载。为此要根据不同的要求,选择合适的级间耦合方式及电路组态形式。对耦合电路的要求是既要使信号能顺利通过,又要保证各级都有合适的静态工作点,常见的耦合方式有阻容耦合、直接耦合等。

1. 阻容耦合

阻容耦合是级与级之间通过电阻和电容的连接来传递信号,阻容耦合电路如图4-40所示。T_1、T_2 分别构成两级放大电路,前级的输出信号经过电容 C_2 和后级的输入电阻传送给后级。这种耦合方式的特点是:由于前后级是通过电容连接的,所以隔断了级间的直流通路,使得各级放大电路的静态工作点彼此独立、互不影响,便于电路设计和计算;但阻容耦合方式不适合传送直流信号和缓慢变化的信号,且大容量电容在集成制造时比较困难。因此,阻容耦合方式仅适用于分立元件电路中。

2. 直接耦合

直接耦合是级与级之间不经过电抗元件而直接连接的方式,直接耦合电路如图4-41

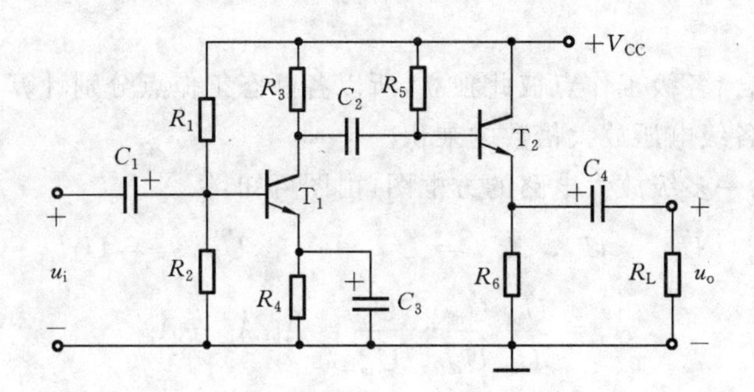

图 4-40　两级阻容耦合放大电路

(a)所示。T_1、T_2 分别构成两级放大电路,第一级的输出信号通过导线直接加到第二级的输入端，但是此时第一级和第二级的直流工作状态互相影响，如何保证各级有合适的工作点是一关键问题。图 4-41(a)中，第二级的发射结正向电压只有0.7 V，钳制了第一级集电极电压，第一级接近饱和状态，从而限制了输出电压幅度；如果将图 4-41(a)中第二级的发射结加上稳压二极管 D_Z,使 T_1 的集电极电位不至于降到 0.7 V，这样就避免了第一级的静态工作点接近饱和,如图 4-41(b)、(c)所示。

稳压管的噪声较大,为了更好地解决直接耦合的静态工作点问题,一般常采用 NPN 管与 PNP 管结合使用的策略,如图 4-41(d)所示。

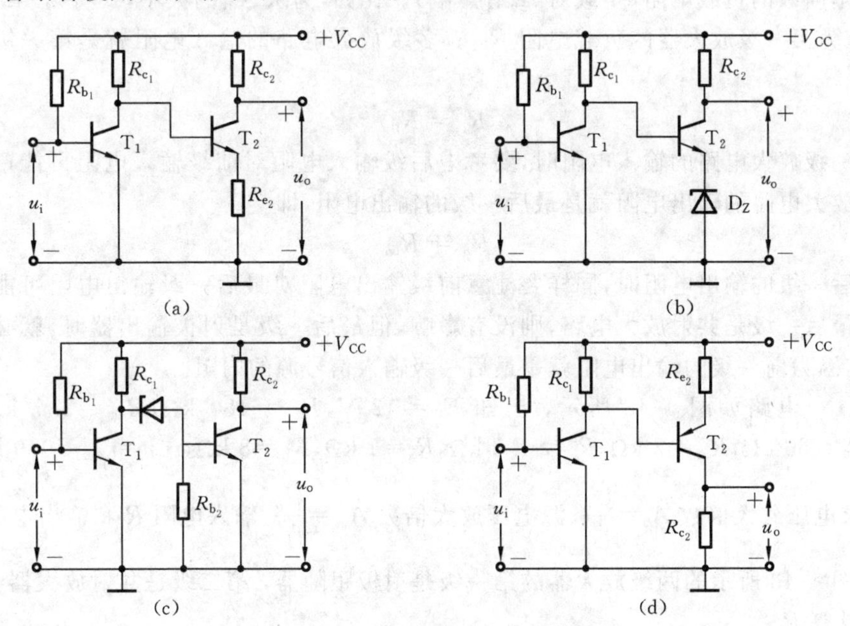

图 4-41　直接耦合放大电路

4.4.2　多级放大电路分析

以图 4-40 所示两级阻容耦合放大电路为例,对多级放大电路进行分析。分析思路为：根据直流通路计算各级静态工作点,利用微变等效电路计算各级电压放大倍数 A_u、输入电

阻 r_i 和输出电阻 r_o。

因为是阻容耦合，各级工作点彼此独立，所以各静态工作点分别计算。多级放大电路总的电压放大倍数是各级电压放大倍数的乘积。

图 4-42 所示为一多级放大电路的方框图，由图可知：

$$\dot{U}_{o1} = \dot{U}_{i2}, \quad \dot{U}_{o2} = \dot{U}_{i3}, \quad \cdots, \quad \dot{U}_{o(n-1)} = \dot{U}_{in}$$

$$\dot{A}_u = \frac{\dot{U}_{o1}}{\dot{U}_i}\frac{\dot{U}_{o2}}{\dot{U}_{i2}}\cdots\frac{\dot{U}_o}{\dot{U}_{in}} = \dot{A}_{u1}\dot{A}_{u2}\cdots\dot{A}_{un} \tag{4.71}$$

即

$$\dot{A}_u = \prod_{j=1}^{n}\dot{A}_{uj} \tag{4.72}$$

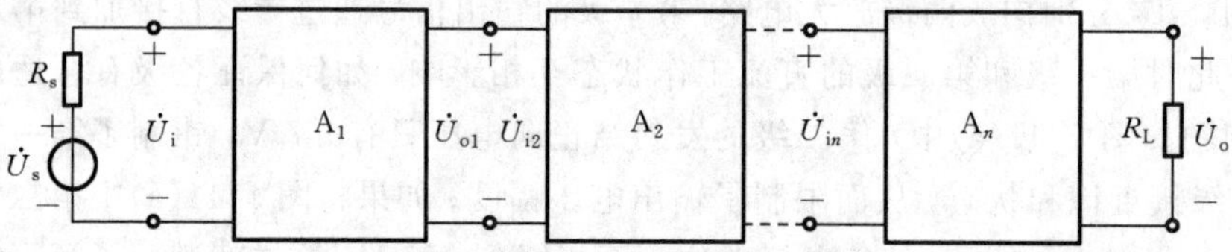

图 4-42 多级放大电路方框图

需要注意的是，在计算各级的电压放大倍数时，必须考虑后级对前级的影响，即后级的输入电阻是前级的负载电阻（负载对 A_u 有影响）。比如，为求 $\dot{A}_{u1}$ 的大小，要将第二级的输入电阻 R_{i2} 作为第一级放大器的负载电阻 R_{L1}。多级放大电路的输入电阻就是第一级的输入电阻，即

$$R_i = R_{i1} \tag{4.73}$$

在计算第一级放大电路的输入电阻时，要考虑后级输入电阻对前级输入电阻可能产生的影响。多级放大电路的输出电阻就是最后一级的输出电阻，即

$$R_o = R_{on} \tag{4.74}$$

在计算最后一级的输出电阻时，同样要注意前级输出电阻对最后一级输出电阻可能产生的影响。若最后一级是共射放大电路，则没有影响，但最后一级是射极输出器时，就必须注意这个问题，因为前一级的输出电阻就是最后一级输入信号源的内阻。

例 4.1 电路如图 4-43 所示，已知 $E_C = 12$ V，$R_{b1} = 180$ kΩ，$R_{e1} = 2.7$ kΩ，$R_1 = 100$ kΩ，$R_2 = 50$ kΩ，$R_{c2} = 2$ kΩ，$R_{e2} = 1.6$ kΩ，$R_s = 1$ kΩ，$R_L = 8$ kΩ，$r_{be1} = r_{be2} = 0.9$ kΩ，$\beta_1 = \beta_2 = 50$，求电压放大倍数 $\dot{A}_u = \frac{\dot{U}_o}{\dot{U}_i}$、源电压放大倍数 $\dot{A}_{us} = \frac{\dot{U}_o}{\dot{U}_s}$、输入电阻 R_i 和输出电阻 R_o。

解 图 4-43 所示的两级放大器的第一级是射极跟随器，第二级是共射放大器。

(1) 计算 R_i

$$R_{i2} = R_1 \mathbin{/\!/} R_2 \mathbin{/\!/} r_{be2} = 100 \mathbin{/\!/} 50 \mathbin{/\!/} 0.9 \approx 0.9\ \text{k}\Omega$$

$$\begin{aligned} R_i &= R_{b1} \mathbin{/\!/} [r_{be1} + (1+\beta_1)(R_{e1} \mathbin{/\!/} R_{i2})] \\ &= 180 \mathbin{/\!/} [0.9 + (1+50) \times (2.7 \mathbin{/\!/} 0.9)] = 29.6\ \text{k}\Omega \end{aligned}$$

(2) 计算 $\dot{A}_u$ 和 $\dot{A}_{us}$

$$\dot{A}_{u1} = \frac{(1+\beta_1)(R_{e1} \mathbin{/\!/} R_{i2})}{r_{be1} + (1+\beta_1)(R_{e1} \mathbin{/\!/} R_{i2})} = \frac{51 \times (2.7 \mathbin{/\!/} 0.9)}{0.9 + 51 \times (2.7 \mathbin{/\!/} 0.9)} = 0.97$$

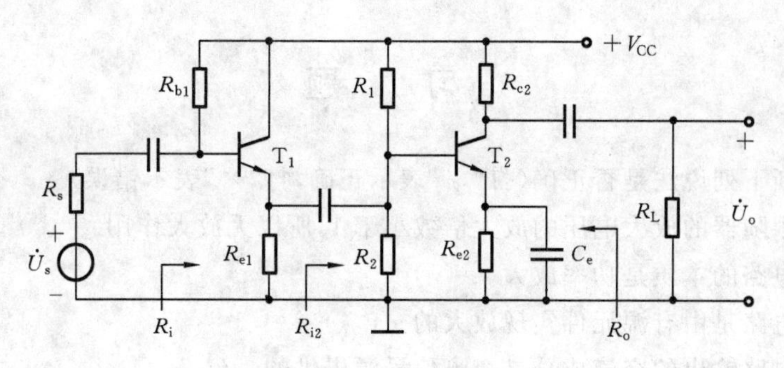

图 4-43 例 4.1 电路

$$\dot{A}_{u2}=-\frac{\beta_2(R_{c2}\ /\!/\ R_L)}{r_{be2}}=-\frac{50\times(2\ /\!/\ 8)}{0.9}=-88.9$$

实际上 T_1 组成射极跟随器，可以认为 $\dot{A}_{u1}\approx1$，而不必计算。由 $\dot{A}_{u1}$，$\dot{A}_{u2}$ 可得

$$\dot{A}_u=\dot{A}_{u1}\dot{A}_{u2}=-0.97\times88.9=-86.2$$

$$\dot{A}_{us}=\frac{R_i}{R_s+R_i}\dot{A}_u=\frac{29.6}{1+29.6}\times(-86.2)\approx-83.4$$

(3) 计算 R_o。

$$R_o=R_{c2}=2\ \text{k}\Omega$$

本章小结

(1) 三极管有 NPN 和 PNP 两种类型，它们都有两个 PN 结（发射结和集电结）、三个区（发射区、基区和集电区）、三个电极（发射极、基极和集电极）。三极管具有电流放大作用的内部条件是基区很薄，且掺杂浓度很低，外部条件是发射结正偏，集电结反偏。

(2) 三极管的性能由输入、输出特性曲线和参数来描述。三极管有三个工作区：放大区、截止区和饱和区。三极管作为电子开关时工作在截止区和饱和区；作为放大器工作在放大区。

(3) 放大电路的基本分析方法有两种：图解法和交流等效电路法。对放大电路进行分析的任务是：静态分析，确定静态工作点；动态分析，计算各项动态指标，如电压放大倍数、输入电阻、输出电阻等。

(4) 三极管参数易受温度影响，导致静态工作点偏移或不稳定，分压偏置式工作点稳定电路能够稳定静态工作点。

(5) 三极管放大电路的三种组态分析。

(6) 将基本放大电路级联或适当组合可以构成各具特点的多级放大电路。多级放大电路的电压放大倍数为每一级放大倍数的乘积，但在计算每级电压放大倍数时应将后级输入电阻作为其负载。多级放大电路的输入电阻为第一级的输入电阻，而输出电阻为末级的输出电阻。多级放大电路的耦合方式主要有阻容耦合和直接耦合，它们各具特点。

(7) 由于三极管存在极间电容，以及有些放大电路中外接电抗元件，因此放大电路的电压放大倍数成为频率的函数，称为频率响应。

习 题

4.1 判断下列说法是否正确(打“√”表示正确,打“×”表示错误)。

(1)射极跟随器的放大电压的放大倍数小于1,所以无放大作用。( )

(2)放大电路的本质是功率放大。( )

(3)放大电路是由有源元件实现放大的。( )

(4)放大电路输出的交流成分是交流信号源提供的。( )

(5)放大电路必须设置合适的静态工作点才能正常工作。( )

(6)由于放大的对象是变化量,所以当输入信号为直流信号时,任何放大电路的输出都毫无变化。( )

(7)共射放大电路发生饱和失真时,输出电压波形的顶部被削。( )

(8) NPN型三极管工作在放大区时,三个极的电位关系是$U_E>U_B>U_C$。( )

(9) 三极管具有电流放大功能,这是由于它在电路中采用共基极接法。( )

(10) 三极管的r_{be}是一个动态电阻,它与静态工作点无关。( )

(11)三极管处于放大状态时,I_C是多子漂移运动形成的。( )

(12)现测得两个共射放大电路空载时的电压放大倍数均为−100,将它们连成两级放大电路,其电压放大倍数应为10 000。( )

(13)阻容耦合多级放大电路各级的Q点相互独立,( )它只能放大交流信号。( )

(14)直接耦合多级放大电路各级的Q点相互影响,( )它只能放大直流信号。( )

(15)只有直接耦合放大电路中三极管的参数才随温度而变化。( )

(16)通常BJT管的集电极和发射极互换时,仍有正常的放大作用。( )

(17)多级放大电路的通频带比组成它的各个单级放大电路的通频带要窄。( )

4.2 有两只三极管,一只的$\beta=200$,$I_{CEO}=200\ \mu A$;另一只的$\beta=100$,$I_{CEO}=10\ \mu A$,其他参数大致相同。你认为应选用哪只管子?为什么?

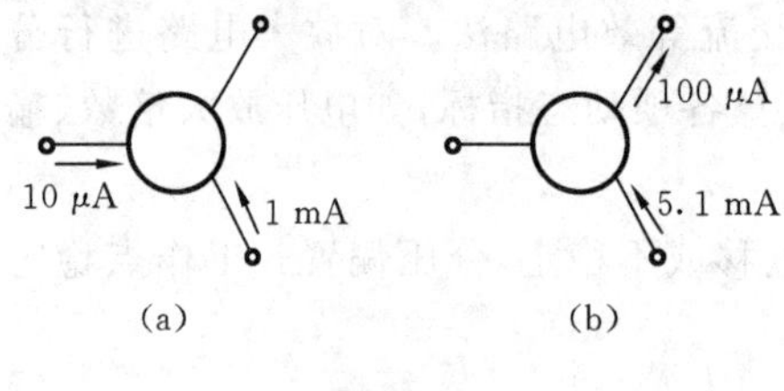

图题 4.3

4.3 测得放大电路中两只三极管两个电极的电流如图题4.3所示。分别求另一电极的电流,标出其实际方向,并在圆圈中画出三极管,求出电流放大系数β。

4.4 测得放大电路中六只三极管的直流电位如图题4.4所示。在圆圈中画出管子,并分别说明它们是硅管还是锗管。

4.5 电路如图题4.5所示,$V_{CC}=15\ V$,$\beta=100$,$U_{BE}=0.7\ V$。试问:

(1)当$R_b=50\ k\Omega$时,u_o为多少?

(2)若T临界饱和,则R_b为多少?

4.6 电路如图题4.6所示,三极管导通时$U_{BE}=0.7\ V$,$\beta=50$。试分析V_{BB}为0 V、1 V、3 V三种情况下T的工作状态及输出电压u_o的值。

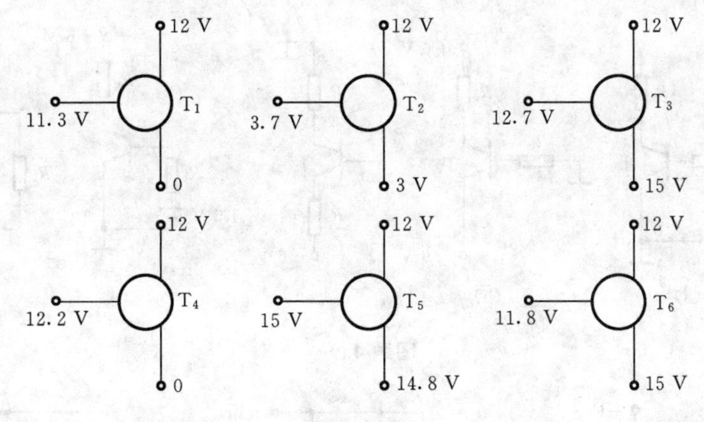

图题 4.4

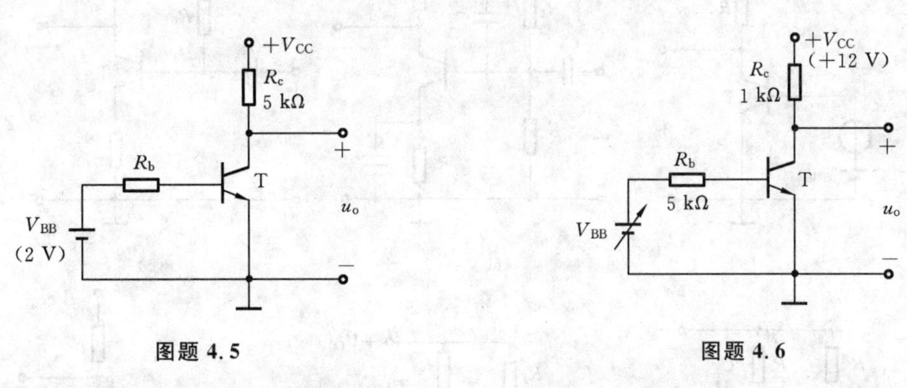

图题 4.5　　　　图题 4.6

4.7　电路如图题 4.7 所示，试问 β 大于多少时三极管饱和？

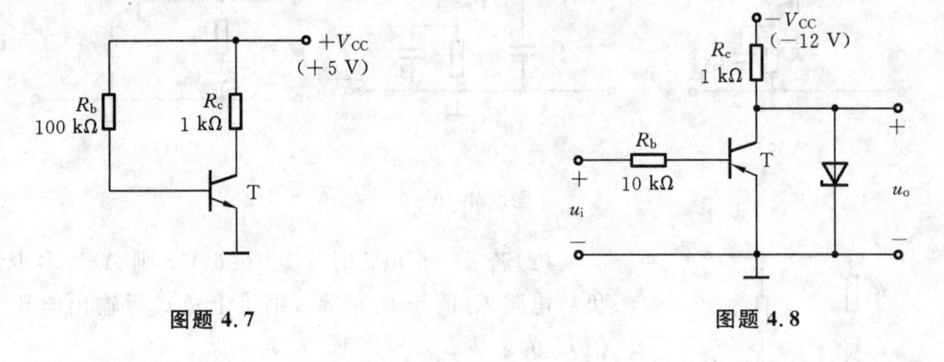

图题 4.7　　　　图题 4.8

4.8　电路如图题 4.8 所示，三极管的 $\beta=50$，$|U_{BE}|=0.2$ V，饱和管压降 $|U_{CES}|=0.1$ V；稳压管的稳定电压 $U_Z=5$ V，正向导通电压 $U_D=0.5$ V。试问：(1) 当 $u_i=0$ V 时，u_o 为多少？(2) 当 $u_i=-5$ V 时，u_o 为多少？

4.9　分别判断图题 4.9 所示各电路中三极管是否有可能工作在放大状态。

4.10　试分析图题 4.10 所示各电路是否能够放大正弦交流信号，简述理由。设图中所有电容对交流信号均可视为短路。

4.11　在图题 4.11 所示电路中，已知 $V_{CC}=12$ V，三极管的 $\beta=100$，$R_b'=100$ kΩ。

(1)当 $u_i=0$ V 时，若 $U_{BEQ}=0.7$ V，$I_{BQ}=20$ μA，$U_{CEQ}=6$ V，求 R_w、R_c 各为多少？

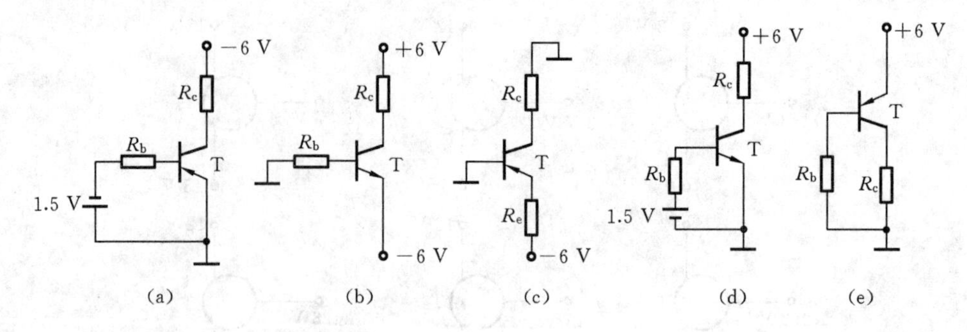

图题 4.9

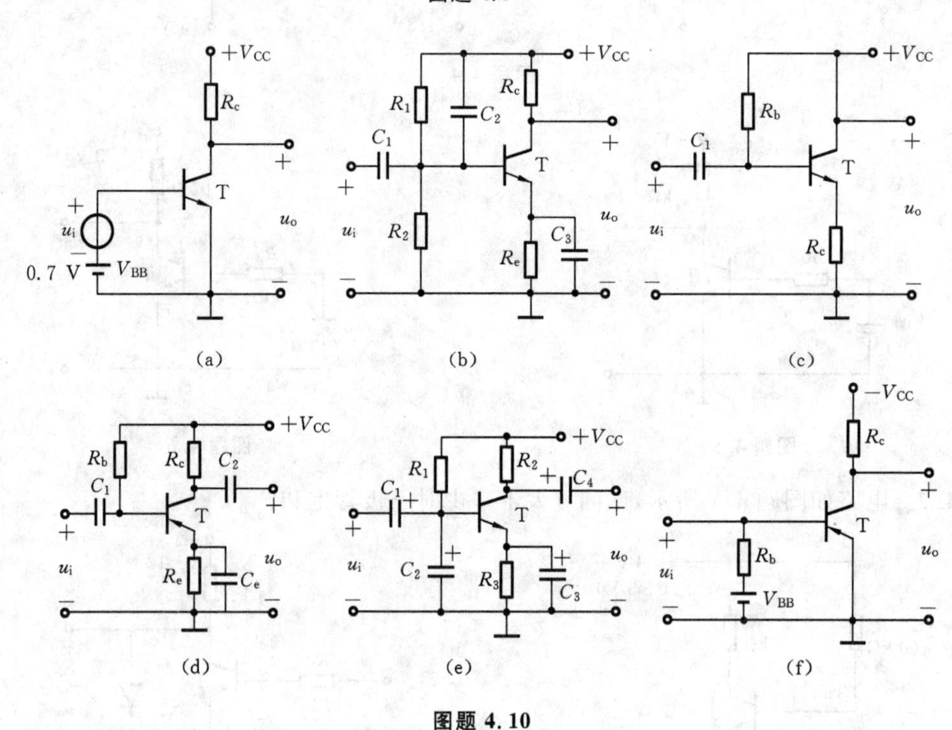

图题 4.10

图题 4.11

(2)若 $u_i=5$ mV 时，$U'_o=0.6$ V，则 $\dot{A}_u$ 为多少？若负载电阻 R_L 值与 R_c 相等，则带上负载后输出电压有效值 U_o 为多少？

4.12 已知图题 4.11 所示电路中 $V_{CC}=12$ V，$R_c=3$ kΩ，静态管压降 $U_{CEQ}=6$ V；并在输出端加负载电阻 $R_L=3$ kΩ。求最大不失真输出电压幅值 U_{om} 为多少？

4.13 画出图题 4.13 所示各电路的直流通路和交流通路，并说明电路的组态。设所有电容对交流信号均可视为短路。

4.14 已知图题 4.14 所示电路中三极管的 $\beta=100$，$r_{be}=1$ kΩ。

(1)现已测得静态管压降 $U_{CEQ}=6$ V，估算 R_b 约为多少千欧？

(2)若测得 u_i 和 u_o 的有效值分别为 1 mV 和 100 mV，则负载电阻 R_L 为多少千欧？

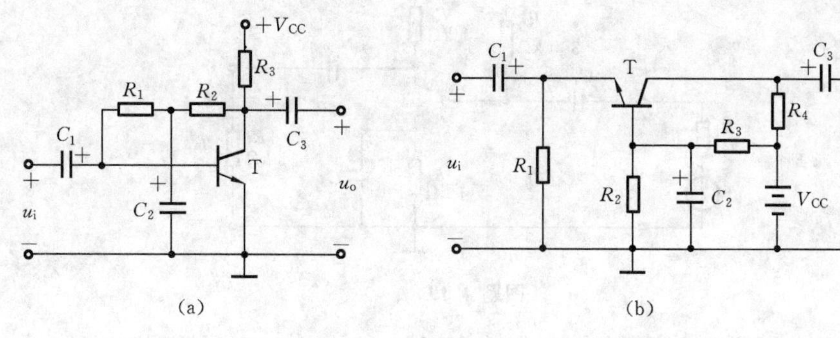

图题 4.13

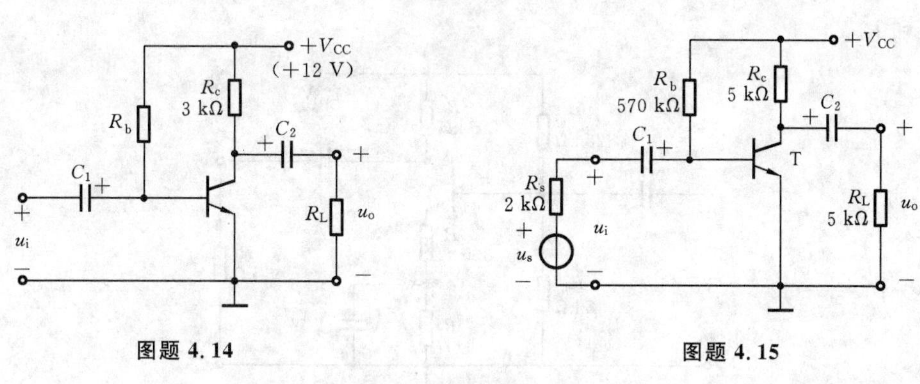

图题 4.14　　　　图题 4.15

4.15　在图题 4.15 所示电路中，已知三极管的 $\beta=80$，$r_{be}=1\ \text{k}\Omega$，$u_i=20\ \text{mV}$，$U_{BEQ}=0.6\ \text{V}$，$V_{CC}=12\ \text{V}$。求：(1)静态工作点；(2)$\dot{A}_u$、R_i、R_o、u_s。

4.16　在图题 4.5 所示电路中，由于电路参数不同，在信号源电压为正弦波时，测得输出波形如图题 4.16(a)、(b)、(c)所示，试说明电路分别产生了什么失真，如何消除。

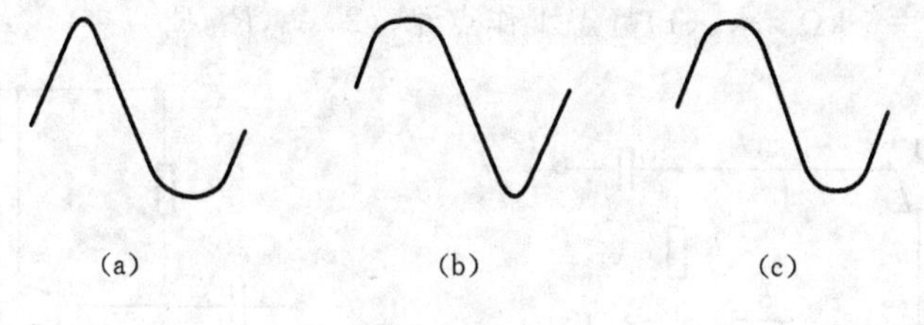

图题 4.16

4.17　若由 PNP 型管组成的共射电路中，输出电压波形如图题 4.16(a)、(b)、(c)所示，则分别产生了什么失真？

4.18　在图题 4.14 所示电路中，设静态时 $I_{CQ}=2\ \text{mA}$，三极管饱和管压降 $U_{CES}=0.6\ \text{V}$。试问：当负载电阻 $R_L=\infty$ 和 $R_L=3\ \text{k}\Omega$ 时，电路的最大不失真输出电压(幅值)各为多少伏？

4.19　电路如图题 4.19 所示，三极管的 $\beta=60$，$r_{bb'}=100\ \Omega$，$U_{BEQ}=0.6\ \text{V}$。

(1)求解 Q 点、$\dot{A}_u$、R_i 和 R_o；

(2)设 $U_s=10\ \text{mV}$(有效值)，求 u_i、u_o。若 C_3 开路，则 u_i、u_o 又为多少？

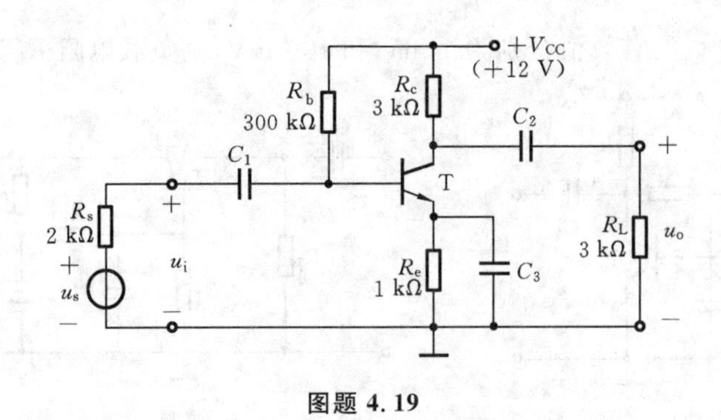

图题 4.19

4.20 电路如图题 4.20 所示，三极管的 $\beta=100$，$r_{bb'}=100\ \Omega$，$U_{BEQ}=0.6$ V。求：Q 点、$\dot{A}_u$、R_i 和 R_o。

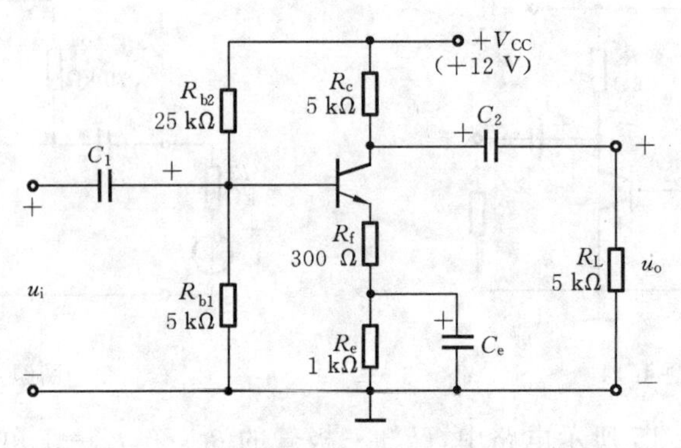

图题 4.20

4.21 电路如图题 4.21 所示，C_1、C_2、C_3 足够大，对交流信号相当于短路，假设三极管的参数：$\beta=100$，$r_{bb'}=300\ \Omega$，$U_{BEQ}=0.6$ V；$V_{CC}=12$ V，$R_1=1.2$ kΩ，$R_2=10$ kΩ，$R_3=30$ kΩ，$R_4=2$ kΩ，$R_L=3$ kΩ。求：(1)静态工作点路；(2)$\dot{A}_u$，R_i，R_o。

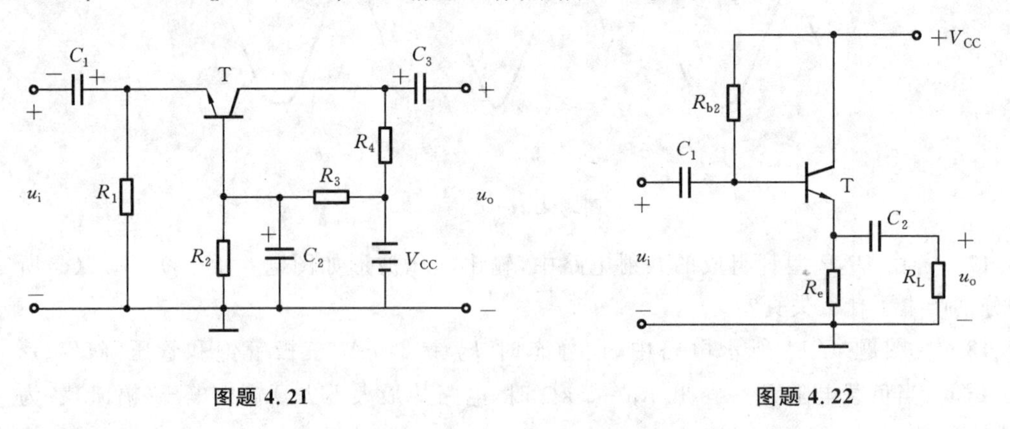

图题 4.21　　　　图题 4.22

4.22 电路如图题 4.22 所示，C_1、C_2 足够大，对交流信号相当于短路，假设三极管的参数：$\beta=100$，$r_{bb'}=300\ \Omega$，$U_{BEQ}=0.6$ V；$V_{CC}=9$ V，$R_b=220$ kΩ，$R_e=2$ kΩ，$R_L=10$ kΩ，求：(1)静态工作点路；(2)$\dot{A}_u$，R_i，R_o。

4.23 电路如图题 4.23 所示，C_1 足够大，对输入信号近似短路，假设二个三极管的参数分别为：$\beta_1=50$，$\beta_2=30$，$r_{bb'1}=r_{bb'2}=300\ \Omega$，$U_{BEQ}$均取0.6 V；$V_{CC}=15$ V，$R_{b1}=360\ \text{k}\Omega$，$R_{c1}=5.6\ \text{k}\Omega$，$R_{c2}=2\ \text{k}\Omega$，$R_{e2}=750\ \Omega$，求：(1)静态工作点路；(2)$\dot{A}_u$，$R_i$，$R_o$。

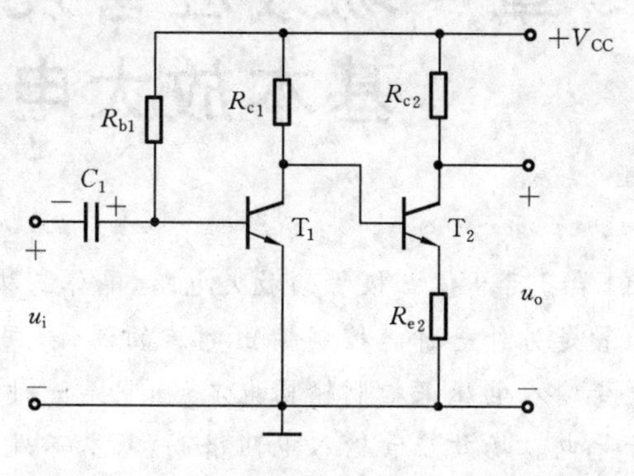

图题 4.23

4.24　如图题4.24所示，电容均足够大，对输入信号近似短路。假设二个三极管的参数分别为：$r_{be1}=6.2\ \text{k}\Omega$，$r_{be2}=1.6\ \text{k}\Omega$，$\beta_1=\beta_2=100$。求：(1) 输入电阻$R_i$和输出电阻$R_o$；(2)电压放大倍数$\dot{A}_u$；(3) 若去掉第二级射极跟随器，将$R_L$直接连到第一级的输出端，此时$\dot{A}_u$又是多少？试与第二问的结果进行比较。

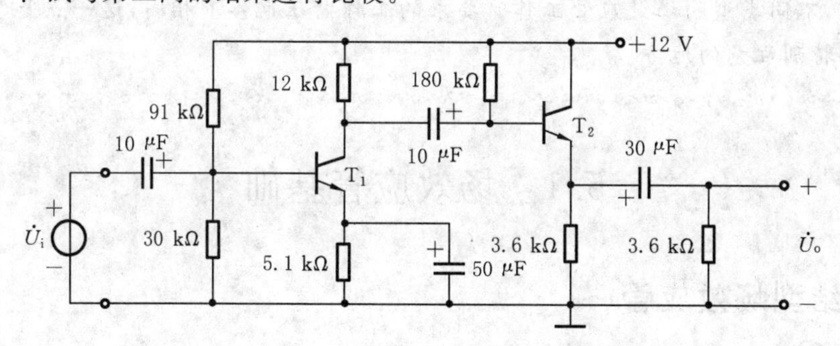

图题 4.24

第5章 场效应管及其基本放大电路

本章提要：前面我们学习了晶体三极管的放大电路，晶体三极管是通过电流控制实现放大作用的。场效应管是另外一种能控制输出电流的器件，同样也可以实现放大功能。场效应管是通过改变输入电压来控制输出电流的，它是一种电压控制器件，工作时只有一种极性的载流子导电。场效应管输入电阻很高，基本不吸收信号源电流，不消耗信号源功率，同时还具有温度特性好、抗干扰能力强、便于集成等优点。

场效应管可以分为多种类型，按照参与导电的载流子极性来划分，可分为电子作为载流子的N沟道器件和空穴作为载流子的P沟道器件；按照其结构来划分，可分为结型场效应管和绝缘栅型场效应管，绝缘栅型场效应管也称为金属-氧化物-半导体三极管，简称MOS管。根据载流子的极性和不同结构进行组合，可以得到多种不同类型的场效应管，不同类型的场效应管工作时要求的工作电压也各不相同，这一点是学习场效应管需要特别注意的地方。

5.1 场效应管基础

5.1.1 结型场效应管

1. 结型场效应管的结构

结型场效应管包括N沟道和P沟道两种类型，我们以N沟道结型场效应管为例，介绍其内部结构。如图5-1(a)所示，N型沟道结型场效应管是在N型半导体硅片的两侧各掺杂出两个P区，制造两个PN结，两个PN结中间夹着一个N型沟道。将两边的P区连在一

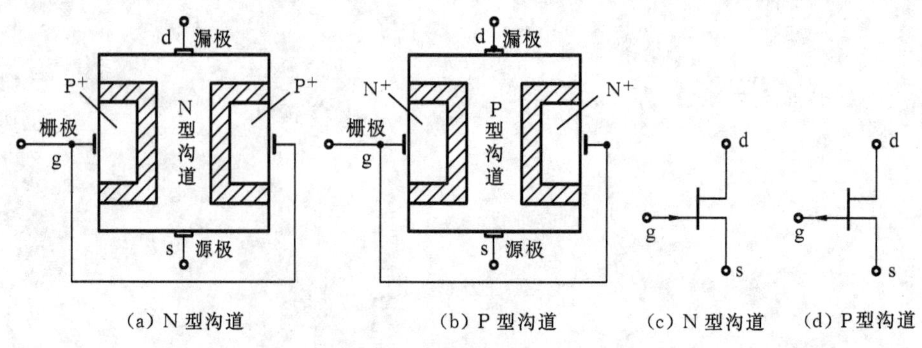

图5-1 结型场效应管结构

起，引出一个电极，称为栅极 g。在 N 型半导体两端各引出一个电极，分别称为源极 s 和漏极 d。夹在两个 PN 结中间的 N 型沟道是电流通过的通道，称为导电沟道，场效应管工作时的主要电流就是流过该导电沟道的电流，它是自漏极流向源极的电流，称为漏极电流。结型场效应管的符号如图 5-1(c)、(d)所示。

2. 结型场效应管的工作原理

场效应管正常工作时，在漏极 d 和源极 s 之间所加的漏源电压 u_{DS} 应使漏极为正，源极为负，在栅极 g 和源极 s 之间所加的栅源电压 u_{GS} 应使栅极为负，源极为正。

由于结型场效应管的漏极 d 和源极 s 之间存在一个导电沟道，如果漏源电压 $u_{DS}>0$，就可以形成自漏极流向源极的电流 i_D，称为漏极电流。在漏源电压 u_{DS} 一定时，电流 i_D 的大小由导电沟道的宽窄决定，导电沟道越宽，电流越大，反之越小。而导电沟道的宽窄由栅极和源极的电压 u_{GS} 控制。当栅源电压 $u_{GS}<0$ 时，其大小可以改变两个 PN 结耗尽层的宽度，相应地就会引起导电沟道宽窄的变化，在漏源电压 u_{DS} 不变的情况下，电流 i_D 将会随之发生变化。下面详细讨论各电压对漏极电流 i_D 的影响。

1) u_{GS} 对导电沟道的影响

为了简化分析，先假设 $u_{DS}=0$，只讨论栅源电压对导电沟道的影响。

栅源电压 $u_{GS}<0$，使结型场效应管中的两个 PN 结反偏，u_{GS} 的绝对值越大，PN 结的耗尽层越厚，沟道相应变窄，沟道电阻增大，如图 5-2 所示。当 u_{GS} 达到一定值，即 $u_{GS}=U_P$（$U_P<0$）时，两个 PN 结的耗尽层相遇，沟道消失，称沟道被“夹断”了，U_P 称为夹断电压，此时导电沟道不复存在，电流无法通过，漏极电流 $i_D=0$。

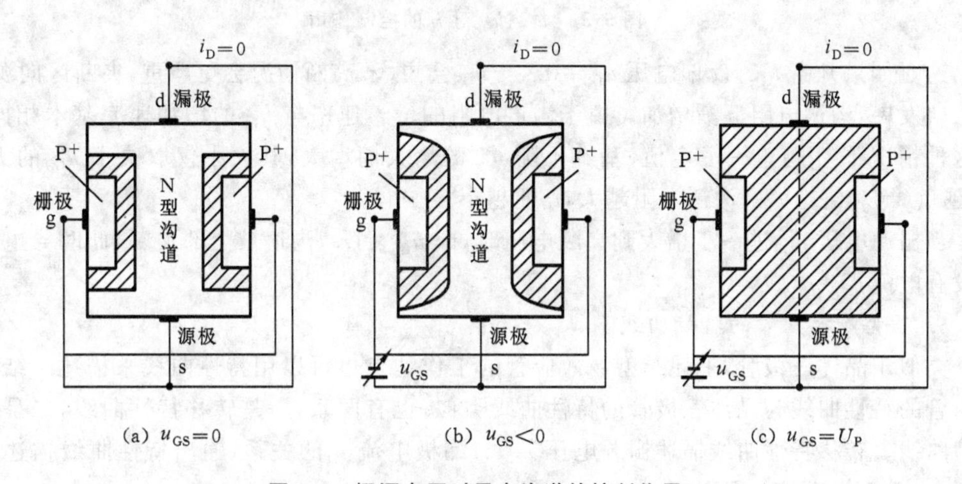

图 5-2 栅源电压对导电沟道的控制作用

2) i_D 与 u_{DS}、u_{GS} 之间的关系

下面我们分析栅源电压 u_{GS} 和漏源电压 u_{DS} 共同作用时，导电沟道的变化以及对漏极电流 i_D 的影响。

先假定漏源电压 u_{DS} 为某个恒定电压（如 $u_{DS}=2$ V），u_{GS} 使两个 PN 结反偏（如 $u_{GS}=-4$ V），但没有使两个耗尽层相碰。这时导电沟道存在，将有电流 i_D 通过导电沟道。该电流沿着沟道方向会产生一个电压降，这样沟道上各点的电位就不同，漏极 d 电位最高，源极

s 电位最低，且沟道内各点与栅极的电位差也不相等，漏极与栅极之间的反向电压最高（$u_{DG}=u_{DS}-u_{GS}=2-(-4)=6$ V），然后沿着沟道向下逐渐降低，源极端为最低（$u_{SG}=-u_{GS}=4$ V）。由于 PN 结反偏电压越大，耗尽层越宽，而栅极和漏极之间的反偏电压最大，这个位置的耗尽层最宽，栅极和源极之间的反偏电压最小，这个位置的耗尽层最窄，所以两个 PN 结的耗尽层就会上面宽、下面窄，形成一个楔形，如图 5-3(a)所示。此时最上面的耗尽层没有碰在一起，导电沟道仍然存在，如果增大漏源电压 u_{DS}，漏极电流 i_D 会随之迅速增加。

当栅源电压 u_{GS} 的绝对值进一步增大时，楔形最上面的反偏电压 u_{GD} 的绝对值变得越来越大，楔形耗尽层的上面就越来越宽，当 $u_{GD}=u_{GS}-u_{DS}=U_P$ 时，楔形最上面（漏极 d 附近）的两个 PN 结耗尽层相遇，称为预夹断，如图 5-3(b)所示。导电沟道出现预夹断时，仍然有电子在漏源电压 u_{DS} 的作用下穿过夹断区的窄缝高速通过，因此导电沟道仍有电流。

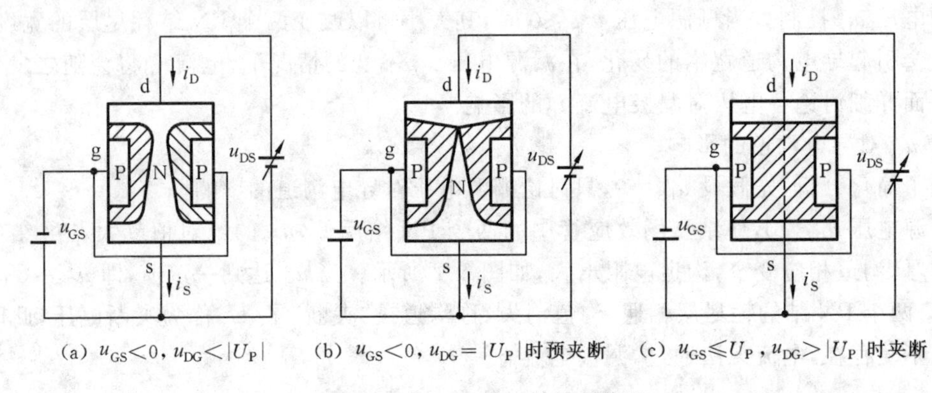

图 5-3　u_{GS}、u_{DS} 对 i_D 的控制作用

这时如果升高 u_{DS}，反偏电压 $u_{DG}=u_{DS}-u_{GS}$ 会更大，夹断情况会更严重，夹断区向源极 s 端方向发展，沟道电阻逐渐增加。由于沟道电阻的增长速率与 u_{DS} 的增加速率基本相同，所以这种情况下 i_D 趋于一恒定值，基本不随 u_{DS} 的增大而增大，其大小仅取决于 u_{GS} 的大小。u_{GS} 越负（绝对值越大），沟道电阻越大，i_D 便越小。

当栅源电压 u_{GS} 进一步增大到夹断电压时，即 $u_{GS}=U_P$，沟道被全部夹断，此时导电沟道中没有电流，$i_D=0$。

3. 结型场效应管的特性曲线

类似于晶体三极管，上述结型场效应管的工作特点也可以用特性曲线来描述。结型场效应管的特性曲线与晶体三极管的特性曲线类似，也有两条，一是转移特性曲线，二是输出特性曲线。转移特性曲线描述栅源电压 u_{GS} 与漏极电流 i_D 的关系，输出特性曲线描述漏源电压 u_{DS} 与漏极电流 i_D 的关系。

N 型沟道结型场效应管的输出特性曲线如图 5-4 所示，转移特性曲线如图 5-5 所示。

1）输出特性曲线

输出特性曲线描述的是以 u_{GS} 为参变量，漏极电流 i_D 与漏源电压 u_{DS} 之间的关系，即

$$i_D = f(u_{DS})\big|_{u_{GS}=\text{常数}} \tag{5.1}$$

从前面的分析我们知道，当栅源电压 u_{GS} 一定时，漏源电压 u_{DS} 的大小会影响漏极电流 i_D。

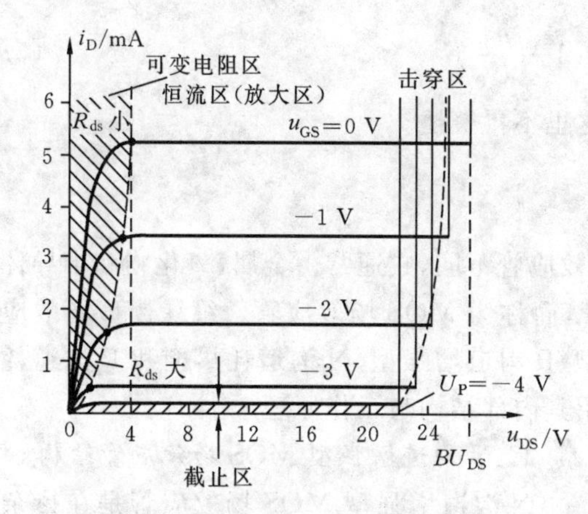

图 5-4　N 型沟道结型场效应管输出特性曲线

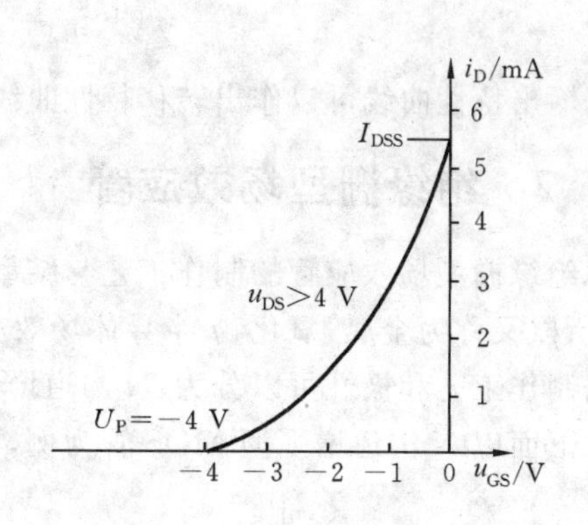

图 5-5　N 型沟道结型场效应管转移特性曲线

(1) 当 u_{DS} 较小时，没有出现预夹断，导电沟道存在，这时 u_{DS} 稍微增大，漏极电流 i_D 就会迅速增大，相当于一个线性电阻 R_{ds}；当 u_{GS} 变化时，特性曲线的斜率变化，相当于电阻的阻值随 u_{GS} 变化而不同，因此该区域称为可变电阻区。

(2) 当 u_{DS} 增大到一定程度，会出现预夹断，漏极电流 i_D 基本不随 u_{DS} 变化而变化，仅取决于 u_{GS} 的值，输出特性曲线趋于水平，因此称为恒流区。恒流区位于输出特性曲线的中部，这个区域是场效应管进行放大时的主要工作区。

(3) 当 u_{DS} 进一步增大到一定程度时，反向偏置的 PN 结被击穿，i_D 将突然增大，这个区域称为击穿区。击穿区位于特性曲线的最右部分。需要说明的是，u_{GS} 愈负时，达到雪崩击穿所需的 u_{DS} 电压 BU_{DS} 愈小。

(4) 当栅源电压满足 $|u_{GS}|\geqslant|U_P|$ 时，导电沟道本身已经完全夹断，无论漏源电压 u_{DS} 如何，都没有漏极电流，即 $i_D=0$，这个区域称为截止区。截止区位于输出特性曲线最下部，场效应管在该区内不导电，处于截止状态。

2) 转移特性曲线

转移特性曲线描述的是当漏源电压 u_{DS} 不变时，漏极电流 i_D 与栅源电压 u_{GS} 的关系，即

$$i_D = f(u_{GS})\big|_{u_{DS}=\text{常数}} \tag{5.2}$$

由于栅源电压 u_{GS} 直接影响导电沟道的宽度，因此在漏源电压一定时，u_{GS} 直接影响漏极电流的大小。

(1) 当 $u_{GS}=0$ 时，PN 结没有反偏，耗尽层较薄，导电沟道最宽，漏极电流 i_D 达到最大，称为饱和漏极电流 I_{DSS}。

(2) 当 u_{GS} 逐渐减小(绝对值增大)时，PN 结反偏，耗尽层变厚，导电沟道逐渐变窄，导电沟道电阻变大，i_D 减小。

(3) 当 u_{GS} 继续减小到一定程度时，即 $u_{GS}=U_P$ 时，导电沟道完全夹断，则没有电流通过，$i_D=0$。

结型场效应管的上述转移特性在 $u_{GS}=0\sim U_P$ 范围内可用下面近似公式表示：

$$i_{\mathrm{D}}=I_{\mathrm{DSS}}\left(1-\frac{u_{\mathrm{GS}}}{U_{\mathrm{P}}}\right)^{2} \tag{5.3}$$

根据输出特性曲线可以作出转移特性曲线，这里不再赘述。

5.1.2 绝缘栅型场效应管

绝缘栅型场效应管的制作工艺与结型场效应管不同，它通常由金属、氧化物和半导体制成，所以又称为金属-氧化物-半导体场效应管，简称为 MOS 场效应管。绝缘栅型场效应管根据制作工艺和极性可以分为：N 沟道增强型、P 沟道增强型、N 沟道耗尽型和 P 沟道耗尽型。下面以 N 沟道增强型 MOS 管为例，介绍其内部结构与工作原理。

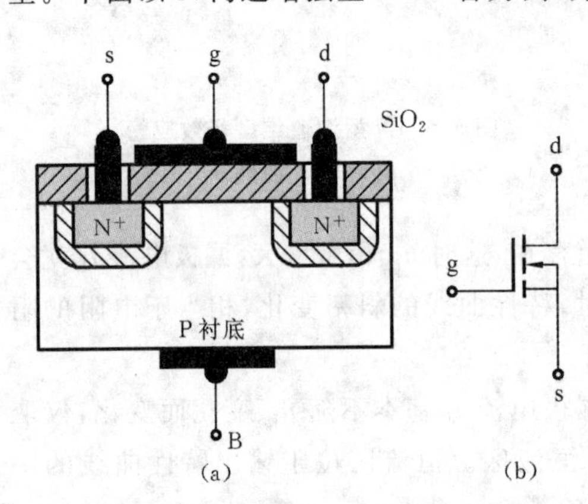

图 5-6 N 沟道增强型 MOS 场效应管的结构示意图和符号

1. N 沟道增强型 MOS 场效应管结构

N 沟道增强型 MOS 场效应管是在掺杂浓度较低的 P 型半导体衬底上生成一层 SiO_2 薄膜绝缘层，然后在 P 型衬底上扩散出两个高掺杂的 N 型区，从其中一个 N 型区引出源极 s，从另一个 N 型区引出漏极 d（漏极和源极可以交换使用），在源极和漏极之间的绝缘层上镀一层金属铝作为栅极 g，如图 5-6(a)所示。由于这个栅极被绝缘层（SiO_2）隔离，所以又称为绝缘栅，该场效应管具有很高的输入电阻，可达 $10^9\ \Omega$ 以上。P 型半导体称为衬底，也引出一根引线，通常情况下将它与源极在内部相连，用符号 B 表示。MOS 场效应管的漏极 d 相当于双极型三极管的集电极 c，栅极 g 相当于基极 b，源极 s 相当于发射极 e。

2. N 沟道增强型 MOS 场效应管工作原理

绝缘栅型场效应管是通过感应电荷在漏极和源极之间形成导电沟道，并通过该导电沟道形成电流。而感应电荷的分布将影响导电沟道的形状，相应地影响漏极电流 i_{D}。绝缘栅型场效应管利用栅极与源极之间的电压 u_{GS} 来控制感应电荷的数量，进而控制导电沟道，也就控制了漏极电流 i_{D}。这种电压控制电流的原理与结型场效应管是不同的。

1）栅源电压 u_{GS} 对漏极电流 i_{D} 的影响

当栅源电压 $u_{\mathrm{GS}}=0$ 时，漏源之间相当于两个背靠背的二极管，漏极与源极之间不存在导电沟道，所以不论漏源电压 u_{DS} 如何，都不会在漏源之间形成电流。

当栅源电压 u_{GS} 逐渐加大时，$u_{\mathrm{GS}}>0$，这时靠近栅极下方的 P 型半导体中产生一个指向衬底的电场，这个电场排斥空穴而吸引电子，在栅极下方会感应出一层薄薄的带负电的耗尽层，这就是感应电荷区。当满足 $u_{\mathrm{GS}}<U_{\mathrm{GS(th)}}$ 时（$U_{\mathrm{GS(th)}}$ 是开启电压），栅源电压 u_{GS} 还不够强，这时感应电荷区的电荷（载流子）数量有限，不足以在漏极和源极之间形成导电沟道，所以仍然不能形成漏极电流 i_{D}。

当栅源电压 u_{GS} 进一步增大，满足 $u_{\mathrm{GS}}>U_{\mathrm{GS(th)}}$ 时，此时栅极下方的感应电荷区中聚集了比较多的感应电荷，可以形成导电沟道将漏极和源极沟通。这时如果在漏极和源极之间加

上漏源电压 u_{DS}，就可以形成漏极电流 i_D。在这个过程中，由于只有当 $u_{GS}>U_{GS(th)}$ 后才会出现漏极电流，所以这种 MOS 管称为增强型 MOS 管。

2）漏源电压 u_{DS} 对漏极电流 i_D 的影响

为了分析漏源电压 u_{DS} 对漏极电流 i_D 的影响，我们假设栅源电压不变，且满足 $u_{GS}>U_{GS(th)}$。

当 u_{DS} 较小时，栅极与漏极之间的电压 $u_{GD}=u_{GS}-u_{DS}$，因为 u_{DS} 较小，栅极与漏极之间的电压也大于开启电压，即 $u_{GD}>U_{GS(th)}$，故这时在漏极端仍然存在导电沟道。而由于源极 s 的电位比漏极更低，这样栅极与源极之间的电压比 u_{GD} 还大，导电沟道相对漏极更宽。由于漏源电压 u_{DS} 基本均匀降落在沟道中，在 u_{DS} 和 u_{GS} 的共同作用下，使沟道厚度不均匀，是在漏极窄、源极宽的一个斜坡形状，如图 5-7(a)所示。尽管这时导电沟道是一个斜坡，但仍能将漏极和源极连接起来，漏源之间可以有电流通过。

当 u_{DS} 继续增大，漏极电位 u_D 逐渐增高，则栅极和漏极之间的电压 u_{GD} 逐渐减小，当满足 $u_{GD}=U_{GS(th)}$ 时，沟道倾斜得更严重，在紧靠漏极 d 处，沟道变窄到刚刚开启的状态，这时称为预夹断，如图 5-7(b)所示。当 u_{DS} 增大到使 $u_{GD}<U_{GS(th)}$ 时，在靠近漏极 d 处沟道已经消失，预夹断区域向源极 s 伸展，如图 5-7(c)所示。这时增大的 u_{DS} 基本降落在夹断沟道上，流过导电沟道的漏极电流 i_D 基本饱和，并趋于不变。

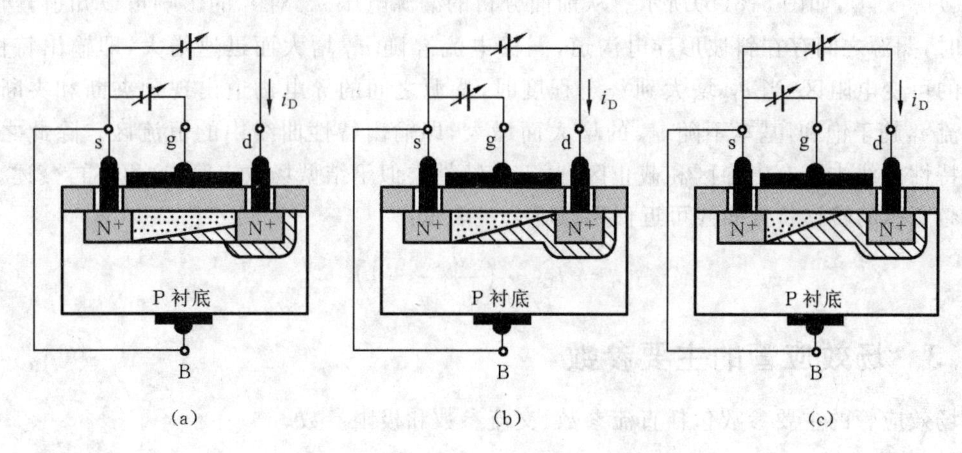

图 5-7　漏源电压 u_{DS} 对沟道的影响

N 沟道耗尽型 MOS 场效应管在栅极下方的 SiO_2 绝缘层中掺入了大量的金属正离子，在正离子作用下 P 型衬底表层也存在电荷区，所以当 $u_{GS}=0$ 时已经形成了沟道，只要有漏源电压 u_{DS}，就有漏极电流 i_D 存在。其他特性与 N 沟道增强型 MOS 场效应管类似。P 沟道 MOS 场效应管的工作原理与 N 沟道 MOS 场效应管完全相同，只不过导电的载流子不同，供电电压极性不同而已。这如同双极型三极管有 NPN 型和 PNP 型一样。

3. N 沟道增强型 MOS 场效应管的特性曲线

类似于结型场效应管，MOS 场效应管的外部电压与电流关系也可以用转移特性曲线和输出特性曲线描述。

转移特性曲线描述了栅源电压 u_{GS} 对漏极电流的控制关系 $i_D=f(u_{GS})|_{u_{DS}=\text{常数}}$，如图 5-8(a)所示，它表示了在漏源电压 u_{DS} 恒定时漏极电流 i_D 随栅源电压 u_{GS} 的变化趋势。从前

面分析的栅源电压 u_{GS}对漏极电流 i_D的影响可以知道，u_{GS}越大，在漏极和源极之间形成的感应电荷区越宽，导电沟道越大，流过的电流就越大。所以转移特性曲线整体表现出漏极电流随栅源电压 u_{GS}单调上升的特性。当 u_{GS}较小时（小于开启电压），漏极电流很小；当 u_{GS}大于开启电压后，漏极电流随栅源电压迅速增大。

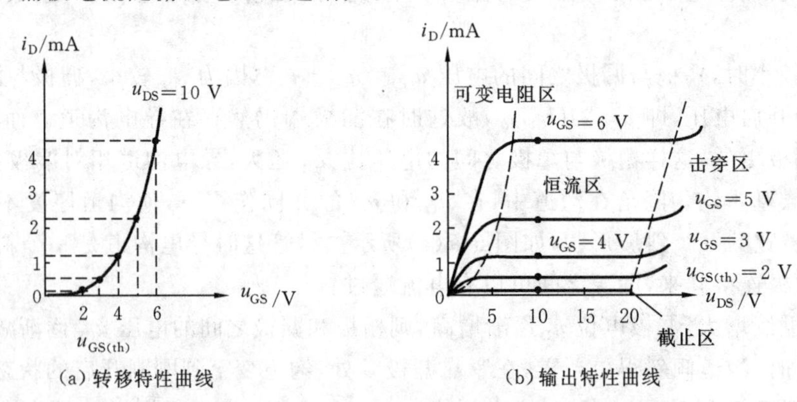

图 5-8　漏极转移特性曲线和输出特性曲线

输出特性曲线描述了当 u_{GS} 取某个恒值时，漏源电压 u_{DS} 与 i_D 的关系 $i_D = f(u_{DS})|_{u_{GS}=\text{常数}}$，如图 5-8(b)所示。从前面分析的漏源电压 u_{DS}对 i_D的影响可以知道，当 u_{DS}较小时，漏源之间存在斜坡形导电沟道，漏极电流 i_D随 u_{DS}增大而迅速增大，即输出特性曲线中的可变电阻区；当 u_{DS}增大到一定程度时，漏源之间的导电沟道出现预夹断和夹断，漏极电流 i_D趋于饱和，基本不随 u_{DS}的增大而增大，即输出特性曲线中的恒流区。除此之外，输出特性曲线中还有击穿区和截止区，其工作特性类似于结型场效应管，这里不再赘述。图 5-8(a)所示的转移特性曲线可近似用以下公式表示：

$$i_D = I_{DSS} \cdot \left(\frac{u_{GS}}{u_{GS(th)}} - 1\right)^2 \tag{5.4}$$

5.1.3　场效应管的主要参数

场效应管的主要参数包括直流参数、交流参数和极限参数。

1. 直流参数

1）饱和漏极电流 I_{DSS}

当栅源电压 $u_{GS}=0$ 时，漏源电压 u_{DS}大于夹断电压 U_P时对应的漏极电流。对于结型场效应管，就是栅源电压 $u_{GS}=0$ 时出现预夹断对应的漏极电流。

2）夹断电压 U_P

当漏源电压 u_{DS}一定时，使漏极电流 i_D减小到某一个微小电流（如 1 μA、50 μA）时所需的栅源电压 u_{GS}的值。对于结型和耗尽型 MOS 场效应管，夹断电压 U_P大致就是转移特性曲线与横轴交点对应的 u_{GS}值。夹断电压可以理解为场效应管工作时栅源电压 u_{GS}的门限值。

3）开启电压 $U_{GS(th)}$

当 u_{DS}一定时，漏极电流 i_D达到某一数值（如 10 μA）时所需加的 u_{GS}值。对于增强型场效应管，开启电压 $U_{GS(th)}$ 大致就是转移特性曲线与横轴交点对应的 u_{GS} 值。$U_{GS(th)}$ 是增强型场效应管工作时栅源电压 u_{GS} 的门限电压，它和夹断电压 U_P 都是场效应管工作时要求的栅源电压的门限值，两者的区别在于开启电压是针对增强型 MOS 管而言的，而夹断电压是针对结型和耗尽型 MOS 管而言的。

4）直流输入电阻 R_{GS}

R_{GS} 是栅源电压 u_{GS} 与产生的栅极电流之比，由于场效应管的栅极几乎没有电流，因此输入电阻很高，结型管的 R_{GS} 为 10^6 Ω 以上，MOS 管的 R_{GS} 可达 10^9 Ω 以上。

2. 交流参数

1）低频跨导 g_m

低频跨导 g_m 描述栅源电压 u_{GS} 对漏极电流 i_D 的控制作用，它是描述场效应管转移特性曲线的参数，其定义是当 u_{DS} 一定时，i_D 与 u_{GS} 的变化量之比，即

$$g_m = \left.\frac{\partial i_D}{\partial u_{GS}}\right|_{u_{DS}=\text{常数}} \tag{5.5}$$

跨导 g_m 的单位是 S（西门子）或 mS。跨导越大，表明相同栅源电压变化量 Δu_{GS} 将会产生较大的漏极电流变化量 Δi_D，这个 Δi_D 会在负载上产生较大的输出电压变化量，也就是会产生一个较大的输出交流电压。所以跨导越大，场效应管的放大能力越强。g_m 可从输出特性或转移特性上求得。

2）极间电容

场效应管包含三个等效的极间电容：C_{gs}、C_{gd} 和 C_{ds}。极间电容愈小，则管子的高频性能愈好。场效应管的极间电容一般为几个皮法。

3. 极限参数

1）漏极最大允许耗散功率 P_{Dm}

场效应管的耗散功率 P_D 等于漏极电流 i_D 与漏源电压 u_{DS} 的乘积，即 $P_D = i_D u_{DS}$。P_{Dm} 是可允许的最大耗散功率。这个参数类似于三极管中集电极允许的耗散功率，它决定了管子允许的温升。在输出特性曲线上可以画出这条功率线，场效应管在工作时不能超出这条功率线，否则可能将管子烧坏。

2）漏源间击穿电压 BU_{DS}

在场效应管输出特性曲线上，当漏源电压 u_{DS} 大到一定程度时，漏极电流 i_D 会急剧上升，这时就产生了雪崩击穿，此时的 u_{DS} 就是漏源击穿电压 BU_{DS}。场效应管在工作时，外加漏源极电压不得超过此值。

3）栅源间击穿电压 BU_{GS}

结型场效应管正常工作时，栅源之间的 PN 结处于反偏状态，若反偏电压 u_{GS} 过高，PN 结将被击穿。结型场效应管正常工作时，外加栅源电压不能超过此值。而对于 MOS 管，栅源极被击穿后，栅极与沟道间的 SiO_2 层被击穿，这属于破坏性击穿，是不能恢复的。

表 5-1 列出了不同场效应管的伏安特性曲线，图中⊕、⊖分别表示该场效应管各极偏置电压的正负极性。从伏安特性曲线中，可以了解不同类型场效应管正常工作时需要外加的电压情况，以及该场效应管的门限电压和交流参数。

表 5-1　各类场效应管的符号及特性曲线

类　型	符　号	转移特性曲线	输出特性曲线
N 沟道绝缘栅型增强型	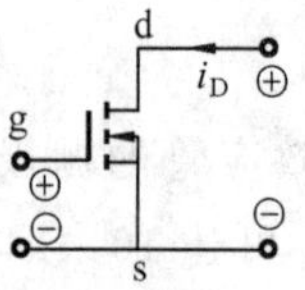 d, g, s, i_D	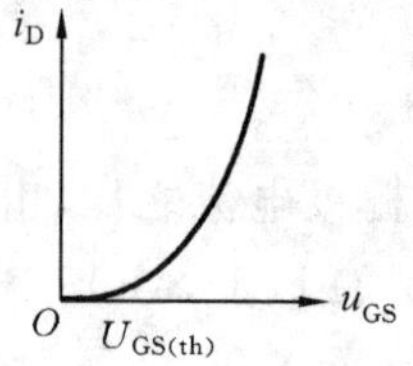 i_D, u_{GS}, O, $U_{GS(th)}$	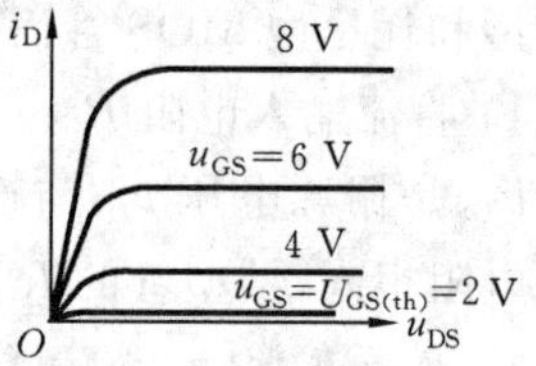 i_D, u_{DS}, O, 8 V, $u_{GS}=6$ V, 4 V, $u_{GS}=U_{GS(th)}=2$ V
P 沟道绝缘栅型增强型	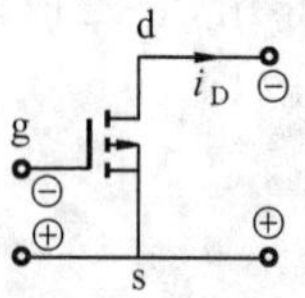 d, g, s, i_D	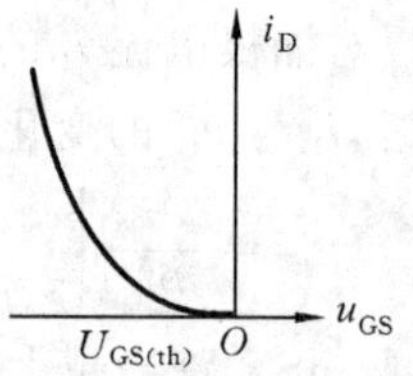 i_D, u_{GS}, O, $U_{GS(th)}$	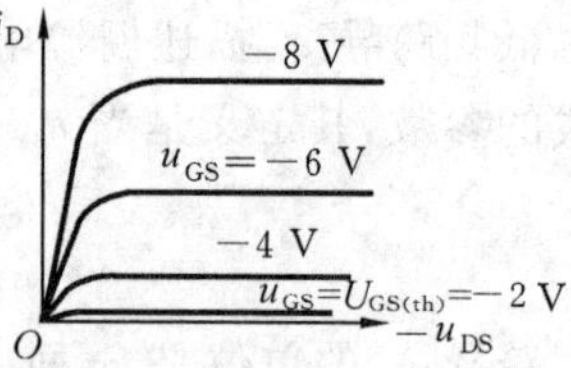 i_D, $-u_{DS}$, O, -8 V, $u_{GS}=-6$ V, -4 V, $u_{GS}=U_{GS(th)}=-2$ V
N 沟道绝缘栅型耗尽型	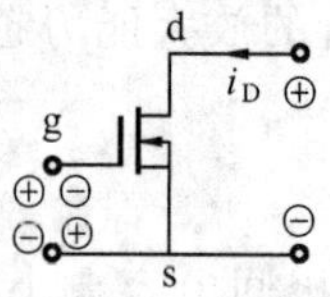 d, g, s, i_D	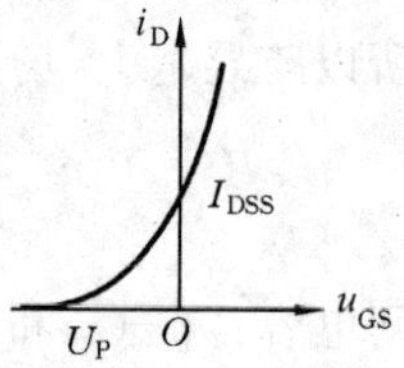 i_D, u_{GS}, O, I_{DSS}, U_P	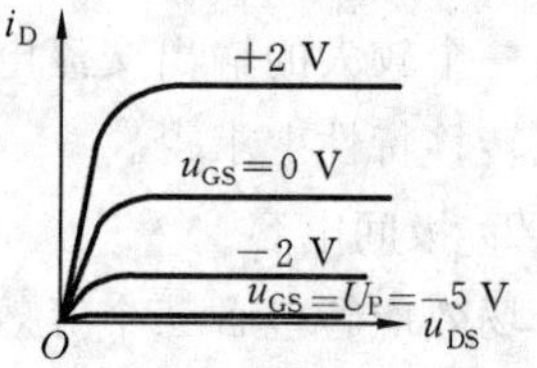 i_D, u_{DS}, O, $+2$ V, $u_{GS}=0$ V, -2 V, $u_{GS}=U_P=-5$ V
P 沟道绝缘栅型耗尽型	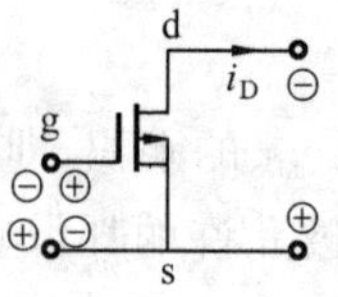 d, g, s, i_D	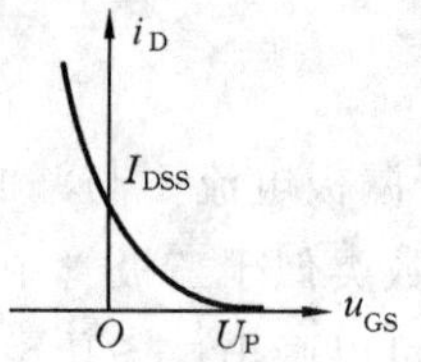 i_D, u_{GS}, O, I_{DSS}, U_P	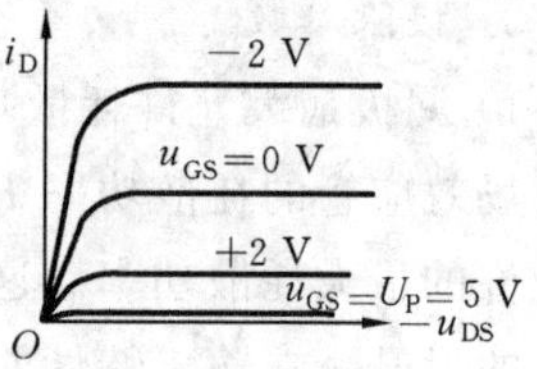 i_D, $-u_{DS}$, O, -2 V, $u_{GS}=0$ V, $+2$ V, $u_{GS}=U_P=5$ V
N 沟道结型	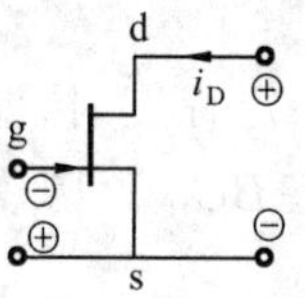 d, g, s, i_D	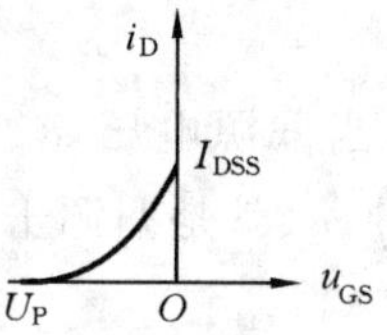 i_D, u_{GS}, O, I_{DSS}, U_P	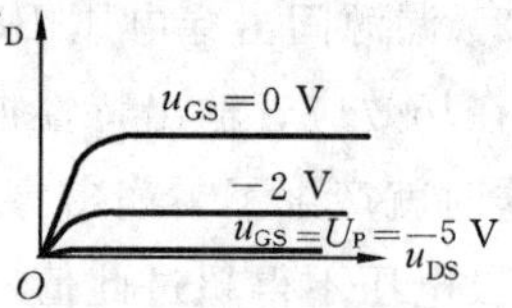 i_D, u_{DS}, O, $u_{GS}=0$ V, -2 V, $u_{GS}=U_P=-5$ V
P 沟道结型	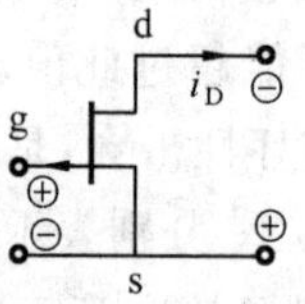 d, g, s, i_D	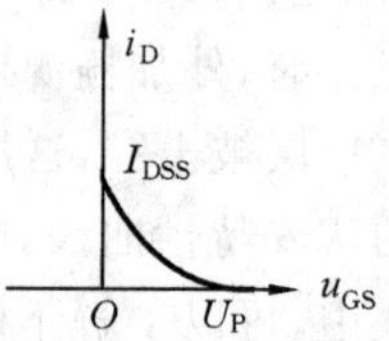 i_D, u_{GS}, O, I_{DSS}, U_P	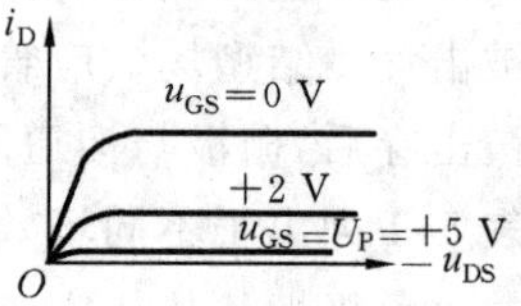 i_D, $-u_{DS}$, O, $u_{GS}=0$ V, $+2$ V, $u_{GS}=U_P=+5$ V

5.1.4　场效应管与三极管的比较

场效应管利用电压控制电流，它同样具有放大作用，可以组成各种放大电路。与双极型三极管相比，场效应管具有以下几个特点。

(1) 场效应管是一种电压控制器件。

场效应管是通过电压 u_{GS} 来控制电流 i_D 的，是电压控制器件；而双极型三极管是通过基极电流 i_B 来控制集电极电流 i_C 的，是电流控制器件。

(2) 场效应管输入电阻大。

结型场效应管工作时，栅、源极之间的PN结处于反向偏置状态，栅极几乎没有电流；绝缘栅型场效应管的栅极与其他极是绝缘的，栅极也几乎没有电流。所以场效应管的直流输入电阻和交流输入电阻都非常高。而双极型三极管的发射结处于正偏状态，总是存在输入电流，所以基极和射极之间的输入电阻较小。

(3) 场效应管稳定性好。

场效应管工作时是多数载流子参与导电，因此与双极型三极管相比，具有噪声小、受幅射的影响小、热稳定性好等特性，同时场效应管还存在零温度系数工作点，该工作点不受外界温度影响。

(4) 场效应管种类多、使用灵活。

场效应管有结型、MOS增强型、MOS耗尽型，不同的场效应管需要的栅源电压不同，特别是耗尽型场效应管的栅源电压可正可负，都可以用于控制漏极电流，因此在组成放大电路时有更多选择的余地。场效应管的结构对称，有时漏极与源极可以互换使用，使用时比较方便、灵活。对于有的绝缘栅型场效应管，制造时源极已与衬底连在一起，则源极与漏极不能互换。

(5) 场效应管的制造工艺简单，便于大规模集成。

每个MOS场效应管在硅片上所占的面积只有双极型三极管的5%，因此集成度更高。

(6) 场效应管放大能力小。

在放大电路中，管子的跨导越大，放大能力越强。场效应管的跨导比晶体三极管的跨导小，因此在相同负载电阻下，场效应管的电压放大倍数比双极型三极管低。

表5-2对比了晶体三极管和场效应管的性能特点。

表5-2　双极型三极管和场效应管性能比较

	双极型三极管	场效应管
类　型	NPN型/PNP型	N沟道结型/P沟道结型
		N沟道绝缘栅增强型/P沟道绝缘栅增强型
		N沟道绝缘栅耗尽型/P沟道绝缘栅耗尽型
各极对应关系	发射极e	源极s
	集电极c	漏极d
	基极b	栅极g

续表

	双极型三极管	场效应管
使用方法	集电极 c、发射极 e 不可倒置使用	漏极 d、源极 s 一般可倒置使用
载流子	两种载流子参与导电	一种载流子参与导电
控制特性	基极电流控制集电极电流，用 β 描述控制关系	栅源电压控制漏极电流，用跨导 g_m 描述控制关系
噪声	较大	较小
温度特性	受温度影响较大	较小，具有零温度系数点
输入电阻	较小，几十到几千欧姆	很大，几兆欧姆以上
静电影响	不受静电影响	易受静电影响
集成工艺	不易大规模集成	适宜大规模和超大规模集成

5.2 场效应管基本放大电路

场效应管利用栅源电压控制漏极电流，因此同样具有放大作用，它的栅极 g 对应着双极型三极管的基极 b，源极 s 对应着发射极 e，漏极 d 对应着集电极 c。类似于双极型三极管放大电路，场效应管也可以组成不同组态的放大电路，包括共源放大电路、共漏放大电路和共栅放大电路，其中共栅放大电路很少使用。下面分别介绍场效应管的静态工作点偏置电路以及共源、共漏放大电路。

5.2.1 直流偏置电路与静态分析

场效应管放大电路类似于双极型三极管放大电路，首先必须设置合适的静态工作点，才能使场效应管工作在放大区，从而使电路正常放大。场效应管的静态工作点主要考虑设置合适的极间电压，下面给出两种常用的场效应管偏置电路。

1. 自给偏压偏置电路

图 5-9 所示是自给偏压偏置电路，电路中使用的是 N 沟道耗尽型场效应管，结型场效应管也同样适用。下面分析这个电路中的栅源电压。

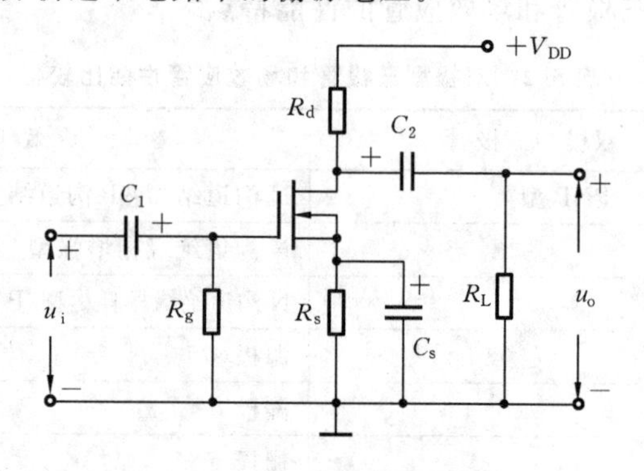

图 5-9 自给偏压偏置电路

在静态时，场效应管的栅极没有电流，则栅极电压 $U_{GQ}=0$。电容 C_2 和 C_s 在静态时都是开路状态，漏极电流自漏极流向源极，由于栅极电流为零，源极电流与漏极电流大小相同，源极电压是电阻 R_s 上产生的电压，即 $U_{SQ}=I_{DQ}R_s$。故栅源电压 $U_{GSQ}=U_{GQ}-U_{SQ}=-I_{DQ}R_s<0$，满足 N 沟道耗尽型场效应管的工作电压要求。

场效应管的静态工作点 I_{DQ} 和 U_{GSQ} 可以采用估算的方法确定。漏极电流 I_{DQ} 和栅源电压 U_{GSQ} 同时满足下面两个方程：

$$I_{DQ}=I_{DSS}\left(1-\frac{U_{GSQ}}{U_P}\right)^2 \tag{5.6}$$

$$U_{GSQ}=-I_{DQ}R_s \tag{5.7}$$

联立这两个方程可以解出 I_{DQ} 和 U_{GSQ}。图解法也可确定静态工作点，这里不再赘述。

2. 分压式偏置电路

分压式偏置电路也是一种常用的偏置电路，该电路适用于所有类型的场效应管，电路如图 5-10 所示。栅极电阻 R_g 是为了提高输入电阻，一般都很大。R_1、R_2 是分压电阻，它们对电源 V_{DD} 进行分压，形成栅极电压 U_G。源极电压是源极电阻 R_s 上产生的电压。

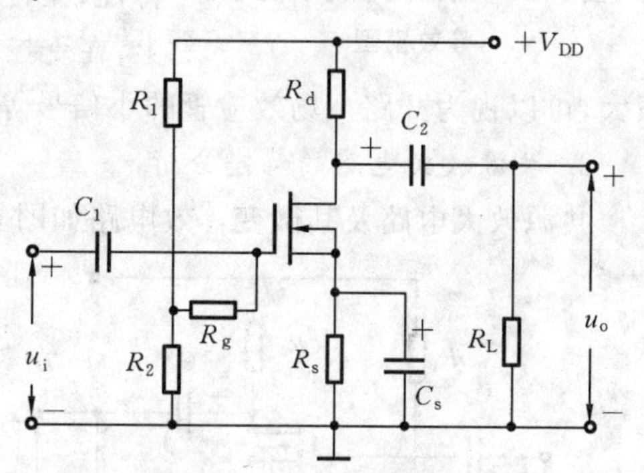

图 5-10　分压式偏置电路

静态工作点的确定可以通过联立解下面的方程组：

$$\begin{cases} U_{GSQ}=U_G-U_S=\dfrac{R_2}{R_1+R_2}V_{DD}-I_{DQ}R_s & (5.8)\\ I_{DQ}=I_{DSS}\left(1-\dfrac{U_{GSQ}}{U_P}\right)^2 & (5.9)\end{cases}$$

例 5.1　求解图 5-10 的静态工作点。已知 $R_1=50\ \text{k}\Omega$，$R_2=150\ \text{k}\Omega$，$R_g=1\ \text{M}\Omega$，$R_d=R_s=10\ \text{k}\Omega$，$R_L=1\ \text{M}\Omega$，$C_s=100\ \mu\text{F}$，$V_{DD}=20\ \text{V}$，场效应管的夹断电压 $U_P=-5\ \text{V}$，$I_{DSS}=1\ \text{mA}$。

解　电路中采用的是 N 沟道耗尽型场效应管，栅源电压要求 $u_{GS}>U_P$。

$$\begin{cases} U_{GSQ}=\dfrac{150}{50+150}\times 20-10I_{DQ}\\ I_{DQ}=1\times\left(1+\dfrac{U_{GSQ}}{5}\right)^2\end{cases}$$

解方程组得 $I_{DQ}=0.61\ \text{mA}$，$U_{GSQ}=-1.1\ \text{V}$（另一组解因不合理而舍弃），则漏极对地电压为 $U_D=V_{DD}-I_{DQ}R_d=13.9\ \text{V}$。

5.2.2　动态分析

1. 小信号等效电路

场效应管是一个两端口网络，由于其输入电阻极大，输入端基本没有电流，所以输入端可视为开路。因此需要分析输出端的电流、电压关系。

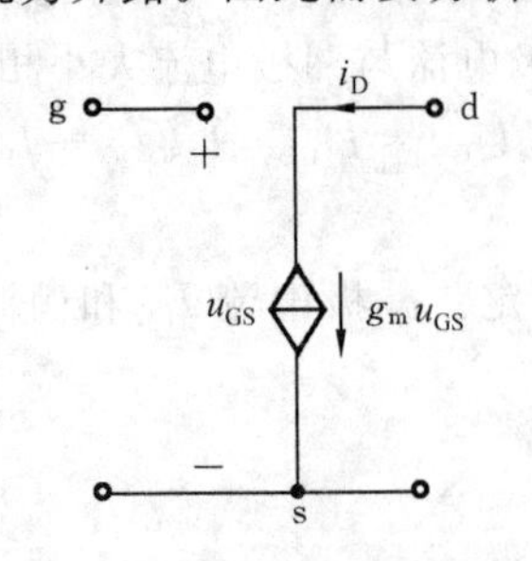

图 5-11　场效应管的小信号等效模型

从前面的分析我们知道，场效应管是电压控制器件，其漏极电流 i_D 受栅源电压 u_{GS} 控制，所以在场效应管的小信号等效电路中，可以将输出端的漏极电流 i_D 表示成受控电流源

$$i_D = g_m u_{GS} \tag{5.10}$$

其中 g_m 是输出电流 i_D 与控制量栅源电压 u_{GS} 的比，即场效应管的交流参数跨导 g_m。它描述了场效应管的电压控制特性，在转移曲线中 g_m 是静态工作点处切线的斜率。实际上，在受控电流源的旁边还并联一个电阻 r_D，这个电阻一般很大，可以视为开路。场效应管的小信号等效电路如图5-11所示。

2. 共源放大电路的动态分析

共源放大电路及其微变等效电路如图 5-12 所示。

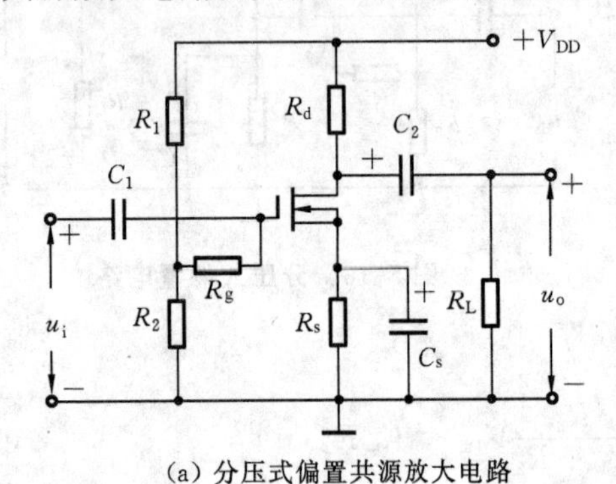

(a) 分压式偏置共源放大电路

g　d　i_D　R_g　u_i　u_{GS}　$g_m u_{GS}$　R_d　R_L　u_o　R_1　R_2　s

(b) 共源放大电路微变等效电路

图 5-12　共源极放大电路

由等效电路可知 $u_o = -g_m u_{GS} R'_L$，$R'_L = R_d // R_L$，又从输入端可知 $u_i = u_{GS}$，根据电压放大倍数的定义 $\dot{A}_u = \dot{U}_o / \dot{U}_i$，则电压放大倍数为

$$\dot{A}_u = -g_m R'_L$$

输入电阻

$$R_i = R_g + R_1 // R_2$$

输出电阻

$$R_o = R_d$$

3. 共漏放大电路的动态分析

共漏放大电路及其等效电路如图 5-13 所示。

从等效电路可知，输出电压 $u_o = g_m u_{GS} R'_L$，$R'_L = R_s // R_L$，输入电压 $u_i = u_{GS} + u_o$，则 $u_{GS} = u_i - u_o$，所以

$$u_o = g_m (u_i - u_o) R'_L = g_m R'_L u_i - g_m R'_L u_o$$

可推出

$$u_o = \frac{g_m R'_L u_i}{1 + g_m R'_L}$$

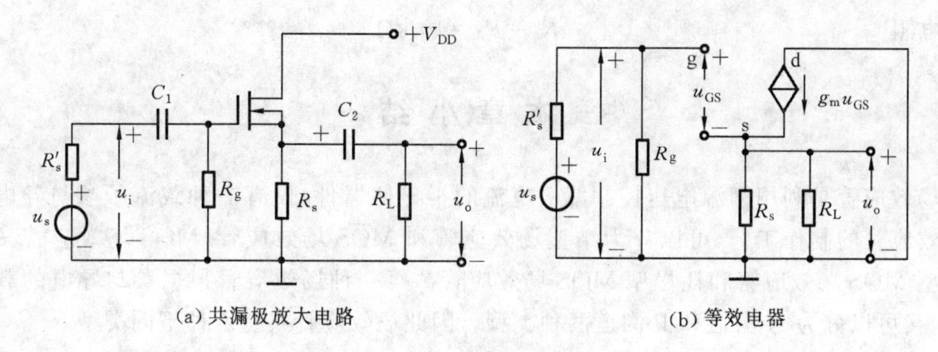

(a) 共漏极放大电路　　(b) 等效电器

图 5-13　共漏极放大电路

根据电压放大倍数的定义 $\dot{A}_u=\dot{U}_o/\dot{U}_i$，则电压放大倍数为

$$\dot{A}_u=\frac{\dot{U}_o}{\dot{U}_i}=\frac{g_m R_L'}{1+g_m R_L'}\approx 1$$

输入电阻　　$R_i=R_g$

根据求输出电阻的方法，令 $u_s=0$，并在输出端加一信号 u_2，如图 5-14 所示。则

$$i_2=\frac{u_2}{R_s}-g_m u_{GS}$$

$$u_{GS}=-u_2$$

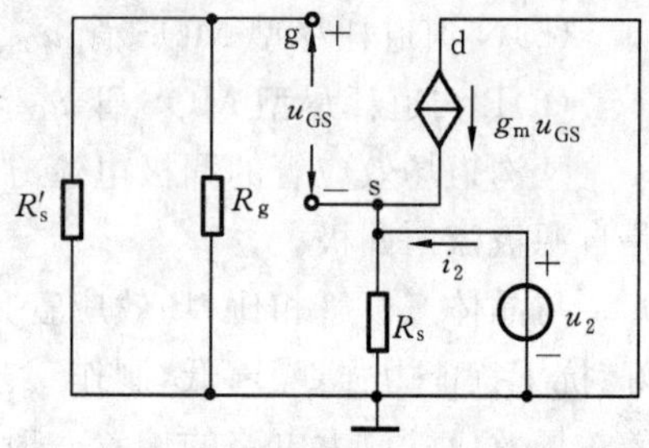

图 5-14　共漏极放大电路输出电阻计算电路

所以　　$i_2=\dfrac{u_2}{R_s}+g_m u_2=\left(g_m+\dfrac{1}{R_s}\right)u_2$

输出电阻　　$R_o=\dfrac{u_2}{i_2}=\dfrac{1}{g_m+\dfrac{1}{R_s}}=\dfrac{1}{g_m}/\!/R_s$

例 5.2　计算如图 5-12(a)所示电路的电压放大倍数、输入电阻和输出电阻。电路参数为：$R_1=50\ \text{k}\Omega$，$R_2=150\ \text{k}\Omega$，$R_g=1\ \text{M}\Omega$，$R_d=R_s=10\ \text{k}\Omega$，$R_L=1\ \text{M}\Omega$，$C_s=100\ \mu\text{F}$，$V_{DD}=20\ \text{V}$，场效应管的夹断电压 $U_P=-5\ \text{V}$，$I_{DSS}=1\ \text{mA}$。

解　由图 5-12(a)所示电路图可画出该电路的微变等效电路，如图 5-12(b)所示。对于耗尽型场效应管而言，漏极电流 i_D 与栅源电压 u_{GS} 满足

$$i_D=I_{DSS}\left(1-\frac{u_{GS}}{U_P}\right)^2$$

则可推出跨导 g_m 的表达式

$$g_m=\frac{\partial i_D}{\partial u_{GS}}=-\frac{2I_{DSS}}{U_P}\left(1-\frac{u_{GS}}{U_P}\right)$$

由前面的静态工作点分析可知，$U_{GSQ}=-1.1\ \text{V}$，$I_{DQ}=0.61\ \text{mA}$，故

在静态工作点的跨导　　$g_m=-\dfrac{2I_{DSS}}{U_P}\left(1-\dfrac{U_{GSQ}}{U_P}\right)=0.312\ \text{mS}$

电压放大倍数　　$\dot{A}_u=-g_m R_L'=-3.12$

输入电阻　　$R_i=R_g+R_1/\!/R_2=1\ 038\ \text{k}\Omega$

输出电阻 $R_o = R_d = 10\ \text{k}\Omega$

本章小结

场效应管是利用栅源电压控制漏极电流的半导体器件，仅有一种载流子参与导电。根据场效应管的制作工艺，可以分为结型场效应管和 MOS 场效应管，MOS 场效应管又分为增强型 MOS 场效应管和耗尽型 MOS 场效应管。每一种场效应管根据参与导电的载流子类型，又可以分为 N 沟道和 P 沟道两种类型。因此场效应管共有六种不同类型。

不同类型的场效应管需要的偏置电压不同。

(1)N 沟道结型场效应管栅源电压 $u_{GS} \leqslant 0$。

(2)P 沟道结型场效应管栅源电压 $u_{GS} \geqslant 0$。

(3)N 沟道增强型 MOS 管 $u_{GS} \geqslant U_T$，$U_T > 0$。

(4)P 沟道增强型 MOS 管 $u_{GS} \leqslant U_T$，$U_T < 0$。

(5)N 沟道耗尽型 MOS 管 $u_{GS} \geqslant U_P$，$U_P < 0$。

(6)P 沟道耗尽型 MOS 管 $u_{GS} \leqslant U_P$，$U_P > 0$。

N 沟道场效应管的漏极电流方向是自漏极流向源极，P 沟道场效应管的漏极电流方向是自源极流向漏极。

与晶体三极管相比，场效应管具有很大的输入电阻，可以达到上百兆欧，其温度稳定性好，抗干扰能力强，噪声低，制作工艺相对简单，易于集成。

场效应管放大电路的偏置一般采用自给偏压偏置和分压偏置，其主要目的是保证不同类型的场效应管得到合适的静态栅源电压以及静态漏极电流。场效应管的小信号等效模型的核心是跨导 g_m，跨导 g_m 可以通过图解法估算，也可以利用场效应管的电流电压方程求导解得。场效应管的跨导 g_m 相对晶体三极管较小，因此在相同负载电阻下，场效应管的电压放大能力相对晶体三极管小。

常用的场效应管放大电路包括共源放大电路和共漏放大电路，共源放大电路类似于晶体三极管的共射组态，共漏放大电路类似于晶体三极管的共集组态。利用小信号微变等效电流可以分析场效应管放大电流的交流性能。

习　　题

5.1 场效应管是通过什么来控制输出电流的？晶体三极管又是通过什么来控制输出电流的？

5.2 场效应管参与导电的载流子与晶体三极管的有什么不同？

5.3 场效应管的输入电阻与晶体三极管的相比有什么不同？

5.4 N 沟道绝缘栅增强型场效应管与 N 沟道耗尽型场效应管有什么不同？

5.5 图题 5.5 所示是场效应管的转移特性曲线，请标出对应的场效应管类型。

5.6 已知一个 N 沟道增强型 MOS 场效应管的开启电压 $U_{GS(th)} = +3\ \text{V}$，$I_{DSS} = 4\ \text{mA}$，画出其转移特性曲线。

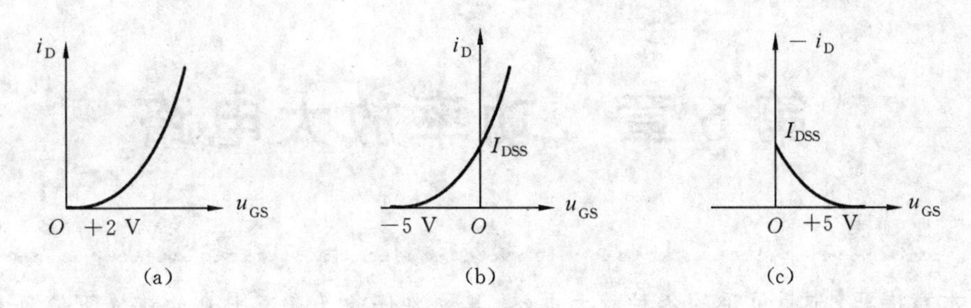

图题5.5

5.7　某场效应管输出特性曲线如图题 5.7 所示，请判断场效应管的类型。

5.8　结型场效应管的特性曲线如图题 5.8 所示，求(1)该管的夹断电压 U_P；(2) 该管的饱和漏极电流；(3) 当 $u_{DS}=10$ V，$i_D=4$ mA 时的跨导 g_m。

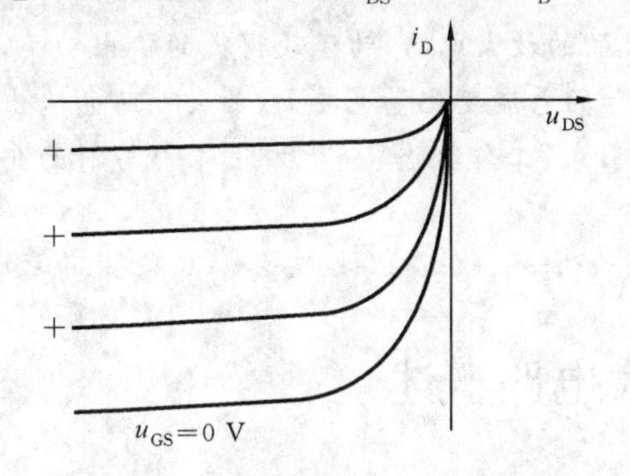

图题5.7

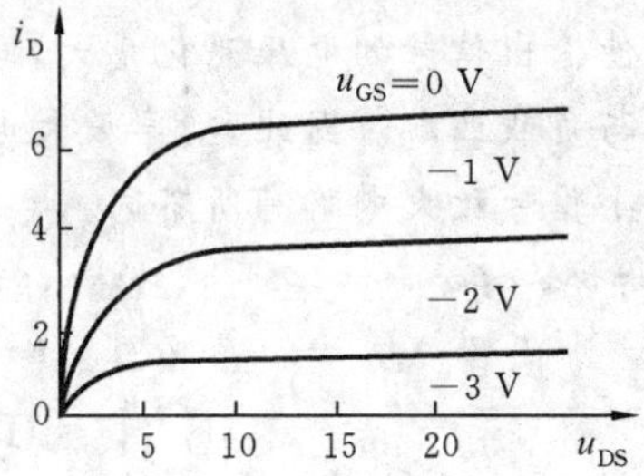

i_D / $u_{GS}=0$ V / −1 V / −2 V / −3 V / 6 / 4 / 2 / 0 / 5 / 10 / 15 / 20 / u_{DS}

图题5.8

5.9　图题 5.9 所示是场效应管放大电路，$R_1=200$ kΩ，$R_2=62$ kΩ，$R_g=2.2$ MΩ，$R_d=10$ kΩ，$R_s=10$ kΩ，$R_L=5$ kΩ，$V_{DD}=15$ V，$U_P=-2$ V，$I_{DSS}=1$ mA。(1)估算静态工作点 Q；(2)假设 Q 点的跨导 $g_m=0.65$ mS，计算 $\dot{A}_u$、R_i和 R_o。

5.10　图题 5.10 所示是源极跟随器放大电路，已知 $U_P=-2$ V，$I_{DSS}=1$ mA，$R_1=2$ MΩ，$R_2=500$ kΩ，$R_s=12$ kΩ，$R_L=12$ kΩ，$V_{DD}=15$ V。(1)估算静态工作点和 g_m；(2)计算 $\dot{A}_u$、R_i和 R_o。

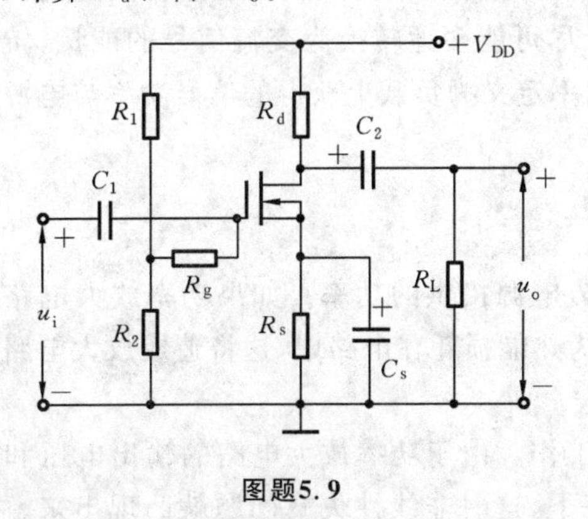

图题5.9

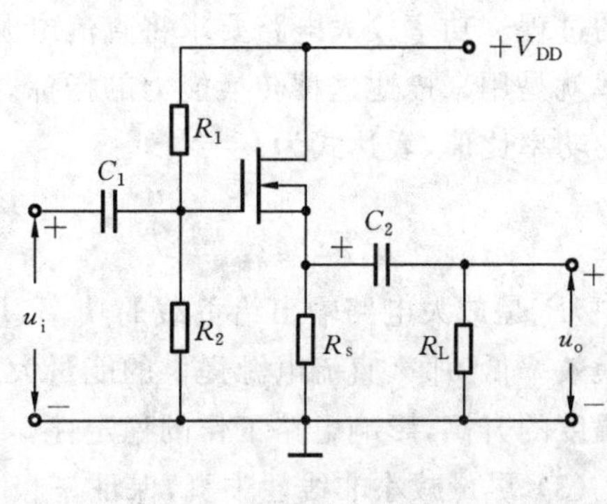

图题5.10

第6章　功率放大电路

本章提要：前面讨论的各种放大电路，其主要任务是在不失真的前提下使负载上获得尽可能大的电压信号或电流信号，它们的主要指标是放大倍数。而在实际应用中，常常需要放大电路的输出能带动某种负载，如使电表偏转、使扬声器发声，以及驱动自控系统中的执行机构等，这时往往要求放大电路输出足够大的功率，这种放大电路称为功率放大电路。

功率放大电路是一种以输出较大功率为目的的放大电路，为了获得大的输出功率，必须使输出信号的电压变化量大，同时输出信号的电流变化量也要大，放大电路的输出电阻与负载匹配。因此，功率放大电路的电路形式、工作状态、分析方法等都与前面介绍的小信号放大电路有所不同。

6.1　功率放大电路概述

6.1.1　功率放大电路的基本要求

与前面介绍的电压放大电路相比，功率放大电路有如下基本要求。

(1) 输出功率大。电路输出功率 $P_o=U_oI_o$，U_o和 I_o都是负载上输出电压和输出电流的有效值。为了获得尽可能大的输出功率，要求功率放大电路的输出电压高、输出电流大。最大输出功率是指在正弦输入信号下，输出波形不失真时，放大电路最大输出电压和最大输出电流有效值的乘积。

(2) 转换效率要高。信号放大的过程本质上就是将直流电源提供的能量转换为交流能量的过程。功率放大电路要求将直流电源的能量尽可能多地转换为交流信号的能量，转换效率就是用来描述这种转换能力的指标。转换效率定义为负载上获得的信号功率与电源供给的功率比值，表达式为

$$\eta=\frac{P_o}{P_D} \tag{6.1}$$

其中，P_o是放大电路输出给负载的功率，P_D是直流电源提供的功率。如果功率放大电路的转换效率低，那么直流电源提供的能量大多数变为热能损耗在电路中，这将造成放大电路内部温度的升高，影响电路工作的稳定性。

(3) 尽量减小非线性失真，保证三极管安全工作。由于功率放大电路的输出电压和输出电流都较大，因此，三极管往往工作在极限状态下，这时非线性失真问题就凸现出来。这种非线性失真比小信号放大电路要严重得多，所以使用时应注意三极管的非线性失真问题。

另外，由于功率放大电路的输出电压和输出电流都较大，故三极管的集电极电压、集电极电流和集电极耗散功率都会较大，三极管的安全工作问题就必须考虑，要保证这些参数不要超过三极管规定的极限参数。因此，选择功率放大电路的三极管时其极限参数要留有余地。

6.1.2　功率放大电路的分类

功率放大电路按放大信号的频率可以分为低频功率放大电路和高频功率放大电路。低频功率放大电路用于放大音频范围，信号频率为几十赫兹到几十千赫兹；高频功率放大电路用于放大射频范围，信号频率为几百千赫兹到几十兆赫兹。

功率放大电路按三极管导通时间的不同，可分为甲类、乙类、甲乙类和丙类四种。甲类功率放大电路是在输入信号的整个周期内，三极管均导通；乙类功率放大电路是在输入信号的整个周期内，三极管仅在半个周期内导通；甲乙类功率放大电路是在输入信号周期内，三极管导通时间大于半周小于全周；丙类功率放大电路是管子的导通时间小于半个周期。

图 6-1 列出了这四种功率放大电路导通时间的差异。本章我们主要介绍甲类、乙类和甲乙类功率放大电路。

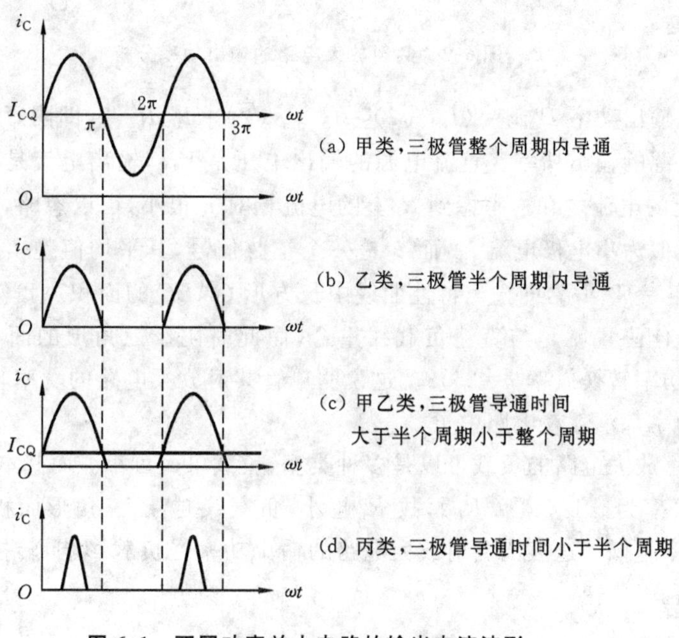

i_C
I_{CQ}
π
2π
3π
ωt
O
(a) 甲类，三极管整个周期内导通
(b) 乙类，三极管半个周期内导通
(c) 甲乙类，三极管导通时间
大于半个周期小于整个周期
(d) 丙类，三极管导通时间小于半个周期

图 6-1　不同功率放大电路的输出电流波形

6.2　甲类功率放大电路

6.2.1　共射放大电路用做功率放大电路的缺点

我们在前面的基本放大电路中已经学习了各种放大电路，这些放大电路作为功率放大电路有什么缺点呢？下面以共射放大电路为例来解释这个问题。

图 6-2(a)所示是一个单管共射放大电路，假设该电路的静态工作点为 I_{BQ}，I_{CQ}，U_{CEQ}，

如图 6-2(b)中的 Q 点所示。该电路的直流负载线在输出特性曲线上与横轴 u_{CE} 交于 V_{CC}，与纵轴 i_C 交于$\frac{V_{CC}}{R_C}$，交流负载线的斜率是$-\frac{1}{R_C /\!/ R_L}=-\frac{1}{R'_L}$，并且过 Q 点，它是比直流负载线更陡的一条直线。当输入交流信号 u_i 时，放大电路的工作点沿着交流负载线上下移动，当工作点向下移动时，最大可以接近横轴 E 点（忽略截止区），也就是交流电流的最大峰值 $I_{cm}=I_{CQ}$，而这时交流电压的峰值 U_{cem} 是 DE 的长度，即 $I_{CQ}R'_L$。

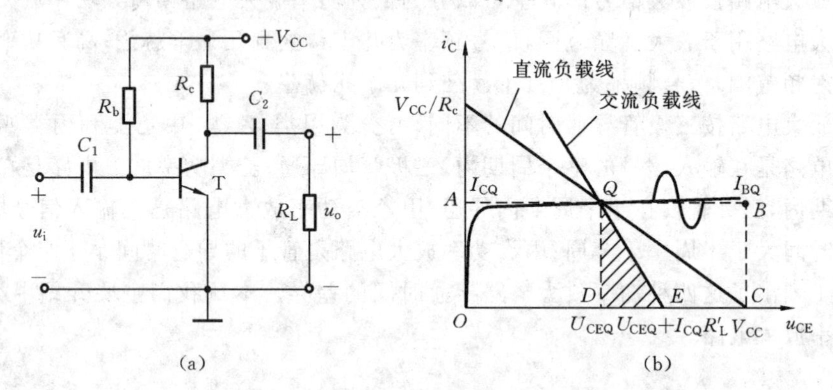

图 6-2　共射放大电路的输出功率分析

最大交流输出功率 $P_{omax}=(I_{cm}/\sqrt{2})\cdot(U_{cem}/\sqrt{2})=I_{CQ}^2R'_L/2$，即阴影三角形的面积。下面分析直流电源的输出功率。直流电源的输出电压是 V_{CC}，输出电流是三极管集电极电流 i_C 与电阻 R_b 上的电流之和。考虑到 R_b 上的电流相对 i_C 很小，可以忽略，这样直流电源的输出电流可以近似为集电极电流 i_C，而 i_C 是一个正弦信号，其平均值是 I_{CQ}。因此，直流电源的输出功率 $P_D=V_{CC}I_{CQ}$，即输出特性曲线中长方形 $OABC$ 的面积。我们可以想象一下，交流负载线的最佳位置就是与直流负载线重合，而此时阴影三角形的面积是长方形面积的 25%，即最大功率转换效率 $\eta=25\%$。这说明单管共射放大电路的功率转换率很低，直流电源大部分的功率都消耗在电路中了。

另外，功率放大电路的负载可以是多种类型，负载可大可小。而基本共射放大电路的交流负载线的斜率为 $-1/(R_C /\!/ R_L)$，故 R_L 越小，负载线越陡，三角形面积越小，转换效率越低，即输出功率越低。这表明共射放大电路的输出功率受负载影响，转换效率低，不宜作为功率放大电路。

6.2.2　甲类功率放大电路组成及原理

为了克服负载对输出功率的影响，可以引入一个阻抗变换装置将负载调整到使输出功率最大的值即可，变压器就是这样一个阻抗变换装置。变压器的初级可以作为共射放大电路的负载，变压器的次级接负载 R_L，则变压器初级等效电阻 $R'_L=n^2R_L$（其中 n 为变压比），这样只要确定了使输出功率达到最大的 R'_L，就可以确定变压比 n。换句话说，不论负载 R_L 如何，只要调整合适的变压比 n，使等效电阻 R'_L 达到最优（最优 R'_L 对应的输出功率最大），就可以得到最大的输出功率。这就是阻抗变换要达到的目的，甲类功率放大电路的思想也就基于此。

图 6-3(a)所示是一个甲类单管功率放大电路，其中共射组态放大电路的集电极电阻被一个变压器替代，输出接到变压器的初级，变压器的次级连接负载 R_L。变压器的作用就是进行阻抗变换，使放大电路获得最佳负载，从而提高输出效率。

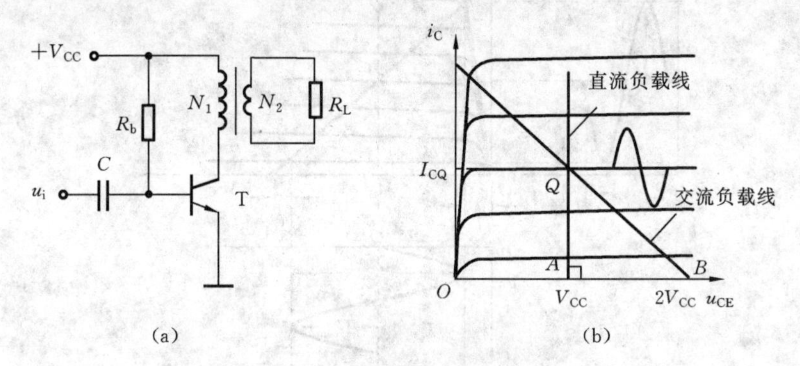

图 6-3 甲类功率放大电路

变压器初级绕线的直流电阻很小(类似于电感在直流时的情况)，可以视为短路。这样三极管的集电极电位近似等于 V_{CC}，放大电路的直流负载线方程近似为

$$u_{CE} \approx V_{CC} \tag{6.2}$$

上式表明直流负载线是过(V_{CC},0)且与纵轴几乎平行的直线，如图 6-3(b)所示。直流负载线与 I_{BQ} 对应的那条输出特性曲线的交点即为静态工作点 Q。

1. 最大交流输出功率

放大电路的交流负载就是变压器的初级等效电阻，即$R_L' = n^2 R_L$。过静态工作点 Q 作斜率为 $-1/R_L'$ 的交流负载线。当忽略 U_{CES} 和 I_{CEO} 时，假设放大电路的交流负载已经调整到了最优(即输出功率最大，也就是交流负载线与 u_{CE} 横轴的交点是 $2V_{CC}$)，这时集电极电压 u_{CE} 向左变小的最大幅值可以达到 $U_{cem} = V_{CC}$，向右变大的最大幅值也是 V_{CC}，集电极电流向下变化的最大幅值 $I_{cm} = I_{CQ}$，向上变化的最大幅值也是 I_{CQ}。此时三极管的最大交流输出功率

$$P_{omax} = U_o I_o = \frac{U_{cem}}{\sqrt{2}} \cdot \frac{I_{cm}}{\sqrt{2}} \approx \frac{1}{2} V_{CC} I_{CQ} \tag{6.3}$$

2. 电源功率

直流电源的输出电压是 V_{CC}，输出电流近似为集电极的瞬时电流，集电极瞬时电流由静态电流 I_{CQ} 和交流电流 $I_{cm}\sin\omega t$ 组成。根据图 6-4 中的交流负载线可以知道，交流电流的最大幅值 $I_{cm} = I_{CQ}$，所以集电极瞬时电流

$$i_C(t) = I_{CQ} + I_{CQ}\sin\omega t$$

直流电源供给的功率为

$$P_D = \frac{1}{T}\int_0^T V_{CC} i_C(t)\,dt = V_{CC} I_{CQ} \tag{6.4}$$

直流电源的输出功率 P_D 是一个常数，它与信号大小、信号有无无关。

在输出功率达到最大的情况下，最大转换效率为

$$\eta_{max} = \frac{P_{omax}}{P_D} = \frac{\frac{1}{2} V_{CC} I_{CQ}}{V_{CC} I_{CQ}} = 50\% \tag{6.5}$$

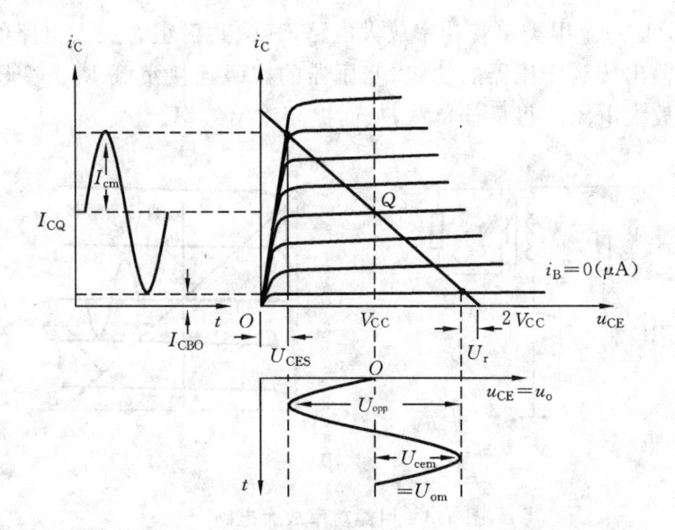

图 6-4 单管甲类功率放大电路图解分析

上式表明甲类单管功率放大电路在理想情况下的转换效率为 50%。实际应用中,为了避免输出信号失真过大,交流动态范围不能太大,应留有余地,同时考虑到变压器功率损耗,实际的效率一般为 25%~35%。

3. 集电极损耗功率

直流电源供给的功率最多只有 50%转换为输出功率,其他的功率主要消耗在三极管的集电结上,即三极管的损耗功率近似为

$$P_C = P_D - P_o \tag{6.6}$$

当输入信号为零时,输出功率 $P_o=0$,此时三极管功耗 $P_C=P_D$,即没有输入信号时,直流电源的所有功率都转换为三极管的功耗,三极管的功耗达到最大;当输入信号增大时,P_o逐渐变大,P_C变小,三极管的功耗反而变小。

从上面的分析可以看出,甲类功率放大电路中的晶体三极管不论输入信号是否存在,都要消耗直流电源的功率,因此其功率转换的能力不理想。另外,甲类功率放大电路为了实现阻抗匹配,需要用变压器,而变压器体积庞大、不宜集成,同时在低频和高频部分存在相移,容易产生自激振荡。

如果能设计一种功率放大电路,在没有输入信号时三极管不消耗直流电源功率,同时不要变压器这种设备,其功率转换效率就会更高且更容易集成。乙类功率放大电路就是在这种思想下产生的。

6.3 乙类互补推挽功率放大电路

6.3.1 电路组成及工作原理

一个简单的乙类互补功率放大电路如图 6-5 所示。晶体三极管 T_1 为 NPN 型三极管,T_2 为 PNP 型三极管,T_1 和 T_2 特性对称,采用双电源工作,并且正负电源对称。两管的基

极和发射极相互连接在一起，信号从基极输入，从射极输出，R_L为负载。

乙类互补功率放大电路中由于两个三极管对称，T_1 和 T_2 的射极电压为零，当没有信号输入时，T_1、T_2 均处于截止状态，输出电压为零。

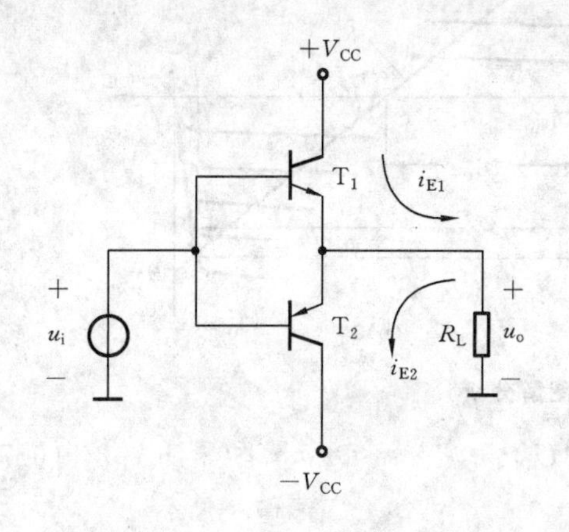

图 6-5　乙类互补功率放大电路

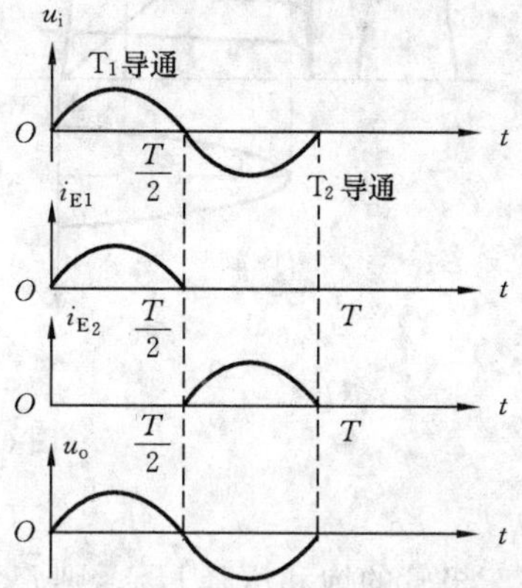

图 6-6　乙类互补推挽功率放大电路输入输出波形

当输入正弦电压信号时（为简化分析，忽略三极管正偏结的开启电压），在信号的正半周，由于射极电压为零，使 T_1 的发射结正偏，T_2 的发射结反偏，则 T_1 导通，T_2 截止。T_1 管的集电极电流自 T_1 的射极流过负载 R_L，在负载上自上而下流过。这时的 T_1 工作在射极跟随器的状态，这样负载上的输出电压与输入电压是跟随关系，即输出波形与输入波形（正半周）近似相等。而当信号处于负半周时，T_1 截止，T_2 导通，负载 R_L上的电流自下而上流入 T_2的射极。这时的 T_2 工作在射极跟随器的状态，负载上的输出电压与输入电压是跟随关系，即输出波形与输入波形（负半周）近似相等。这样，在正弦信号的一个完整周期中，一个管子在正半周导通，另一个管子在负半周导通，两个管子交替工作，在负载上合成完整的输出电压（电流）波形，如图 6-6 所示。

6.3.2　性能分析

利用图解法来分析乙类互补推挽功率放大电路的性能参数。图 6-7(a)表示图 6-5 所示电路在 u_i为正半周时 T_1 的工作情况，图 6-7(b)画出了 T_1 和 T_2 的合成输出特性曲线，其中 NPN 型三极管 T_1 的输出特性曲线是左上方的曲线组，PNP 型三极管 T_2 的输出特性曲线是右下方的曲线组。两个纵轴分别表示两个三极管的集电极电流，横坐标表示集电极与射极之间的电压 u_{CE}。

静态时，两管集电极电流均为零，$U_{CEQ1}=V_{CC}$，$U_{CEQ2}=-V_{CC}$，所以两管的静态工作点均位于图 6-7(b)中所示 Q 点处。

过 Q 点画斜率为$-\frac{1}{R_L}$的直线 AB，即为交流负载线。忽略三极管导通电压，在输入信号的正半周，T_1 导通，工作点从 Q 点上移至 QA 段某点再回到 Q 点；在输入信号的负半周 T_2 导通，工作点从 Q 点下移至 QB 段某点再回到 Q 点。如此周而复始。显然，为使工作点不进入饱和区，输出波形不失真，最大输出电压幅值

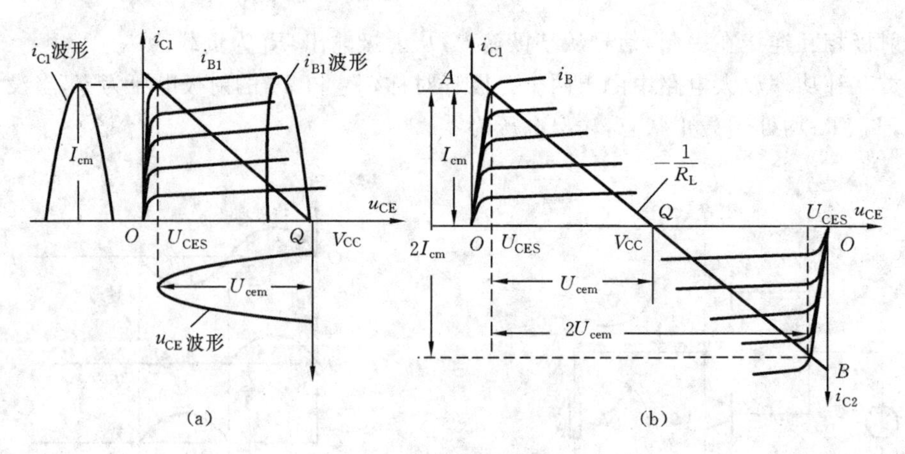

图 6-7　OCL 电路图解分析

$$U_{omax}=V_{CC}-U_{CES} \tag{6.7}$$

若忽略三极管的饱和压降 U_{CES}，则 $U_{omax}\approx V_{CC}$。

根据以上分析，可以求出工作在乙类互补推挽电路的输出功率、管耗以及直流电源供给的功率和转换效率。

1）最大不失真输出功率 P_{omax}

定义电源利用系数 ξ 为

$$\xi=\frac{U_{cem}}{V_{CC}} \tag{6.8}$$

则输出功率为

$$P_o=\frac{U_o^2}{2R_L}=\frac{(V_{CC}-U_{CES})^2}{2R_L}=\frac{1}{2}\cdot\frac{\xi^2V_{CC}^2}{R_L} \tag{6.9}$$

当忽略三极管的饱和压降时，$\xi=1$，则有

$$P_{omax}=\frac{V_{CC}^2}{2R_L} \tag{6.10}$$

2）电源功率 P_D

乙类推挽功率放大电路中的两个三极管交替工作，所以直流电源提供的功率是两组电源各自为三极管工作提供功率之和。由于三极管对称，所以只需求出单个三极管的直流电源功率即可。

对单管而言，集电极电流为半个周期的正弦波，所以集电极电流的平均值为

$$I_{av1}=\frac{1}{T}\int_0^T i_{C1}\,dt=\frac{1}{2\pi}\int_0^\pi I_{cm}\sin\omega t\,d(\omega t)=\frac{1}{\pi}I_{cm} \tag{6.11}$$

直流电源在半个周期内的功率为

$$P_{D1}=I_{av1}V_{CC}=\frac{1}{\pi}I_{cm}V_{CC} \tag{6.12}$$

由于 $I_{cm}=\dfrac{U_{cem}}{R_L}$，则

$$P_{D1}=\frac{\xi}{\pi}\cdot\frac{V_{CC}^2}{R_L} \tag{6.13}$$

电源的总功率为

$$P_D = 2P_{D1} = \frac{2\xi}{\pi} \cdot \frac{V_{CC}^2}{R_L} \tag{6.14}$$

静态时，$U_{cem}=0$，$\xi=0$，有

$$P_{Dmin} = 0 \tag{6.15}$$

当 $\xi=1$ 时，有

$$P_{Dmax} = \frac{2}{\pi} \cdot \frac{V_{CC}^2}{R_L} \tag{6.16}$$

由此可见，乙类工作时，电源提供的直流功率不是恒定不变的，而是随输入信号的改变而改变。输入信号小时，P_D 也小；输入信号大时，P_D 也大。所以，乙类工作时效率高。

3）三极管的管功耗 P_C

直流电源提供的功率 P_D 一部分转换为输出功率 P_o，一部分消耗在三极管内部，即三极管的管功耗 P_C，这部分功耗将使三极管发热。由于乙类功放两个三极管交替工作，所以当没有信号时，两个三极管不导通，也就是集电极电流都接近于零，此时管功耗也接近于零；当输入信号达到最大时，三极管集电极电压的峰值达到最大，$U_{omax}=V_{CC}-U_{CES}\approx V_{CC}$，此时三极管的管压降 u_{CE} 达到最小即 U_{CES}，而集电极电流达到最大即 $(V_{CC}-U_{CES})/R_L$，这时直流电源大部分的功率都转换为输出功率，三极管的管功耗也不是最大。实际上，只有当输出电压的峰值处在零与最大值 $V_{CC}-U_{CES}$ 的中间，三极管的功耗才能达到最大。

当输出电压(或输出功率)为多少时，三极管的功耗最大呢？

由乙类功率放大电路可以写出：

$$P_{C(总)} = P_D - P_O \tag{6.17}$$

若忽略三极管的饱和压降 U_{ces}，在输出电压 U_{om} 为任意值时，两只三极管消耗的总功耗可表示如下：

$$P_{C(总)} = \frac{2V_{CC}U_{om}}{\pi R_L} - \frac{U_{om}^2}{2R_L} \tag{6.18}$$

将式(6.18)对 U_{om} 求导数，令其等于 0，得到：

$$U_{om} = 2V_{CC}/\pi \approx 0.64V_{CC} \tag{6.19}$$

将式(6.19)代入式(6.18)中，可得到：

$$P_{C(总)max} = \frac{2V_{CC}^2}{\pi^2 R_L} \tag{6.20}$$

则每只三极管的最大管功耗：

$$P_{Cmax} = \frac{V_{CC}^2}{\pi^2 R_L} \approx 0.2P_{omax} \tag{6.21}$$

4）转换效率 η

根据上面的分析，转换效率为

$$\eta = \frac{P_o}{P_D} = \frac{\pi\xi}{4} \tag{6.22}$$

当忽略三极管饱和压降 u_{CES}，即 $\xi=1$ 时，转换效率的最大值为

$$\eta_{max} = \frac{\pi}{4} \approx 78.5\% \tag{6.23}$$

很明显，乙类功率放大电路的最大集电极转换效率要高于甲类功率放大电路。在没有信号输入时，三极管的集电极电流为零，直流电源的功率为零。也就是说，当功率放大电路不工作时，直流电源不提供功率，电路工作时，直流电源才提供功率，这说明在乙类功率放大电路中直流电源的功率大多转化为输出功率，三极管的功耗较甲类功率放大电路的小，因此转换效率较高。

甲类工作时，电源提供的直流功率与有无信号无关，当无输入信号时，电源功率全部转化为集电极耗散功率；乙类工作时，电源提供的直流功率随输入信号的增大而增大，但集电极损耗功率最大只为 $0.2P_{omax}$，所以乙类功放效率高。

6.3.3 交越失真及其克服

乙类互补对称电路的主要优点是效率高，在没有正弦信号输入时，两个三极管的集电极电流均为零，电路的静态功耗为零。但是该电路存在输出信号波形失真的问题，即交越失真。

在前面的分析中，我们假设三极管的导通电压为零。实际上，晶体三极管有一个导通电压，当输入信号小于导通电压时，三极管不导通，集电极电流为零，输出电压也为零。

另外，三极管的电压、电流关系并不是线性关系，在输入电压较低时，输入的基极电流很小，故输出电流也十分小。因此当输入电压较低不足以抵消三极管的导通电压时，存在一小段死区，此时的输出电压与输入电压不存在线性关系，即产生了失真。由于这种失真出现在输入电压很小的过零处，故称为交越失真，如图 6-8 所示。

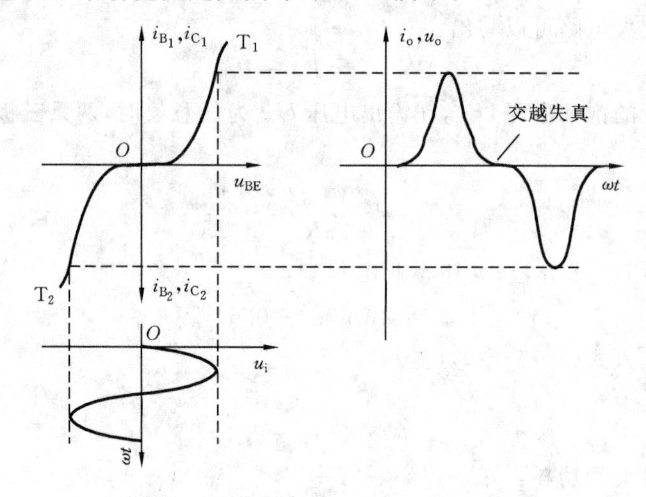

图 6-8 乙类功率放大电路的交越失真

克服交越失真的措施就是给三极管加适当的正向偏置，使三极管避开死区电压区，处于微导通状态。当输入信号一旦加入，三极管立即进入线性放大区。

图 6-9 所示是克服交越失真的几种电路。图 6-9(a)利用电阻 R_1 上的电压为对称管 T_1 和 T_2 提供导通电压，$U_{BE1}+U_{BE2}=I_{CQ3}R_1$，使 T_1 和 T_2 处于微导通状态，由于 C_1 的作用，对交流输入信号而言，T_1 和 T_2 的输入端(基极)相当于同电位；图6-9(b)利用两个导通的二极管为 T_1 和 T_2 提供导通电压，$U_{BE1}+U_{BE2}=U_{D1}+U_{D2}$，交流时二极管可近似短路；图6-9(c)是 U_{BE} 倍压电路，假设 T_1 和 T_2 的基极压降为 $U_{BB'}$，在忽略 T_3 管基极电流的前提下，可以得到

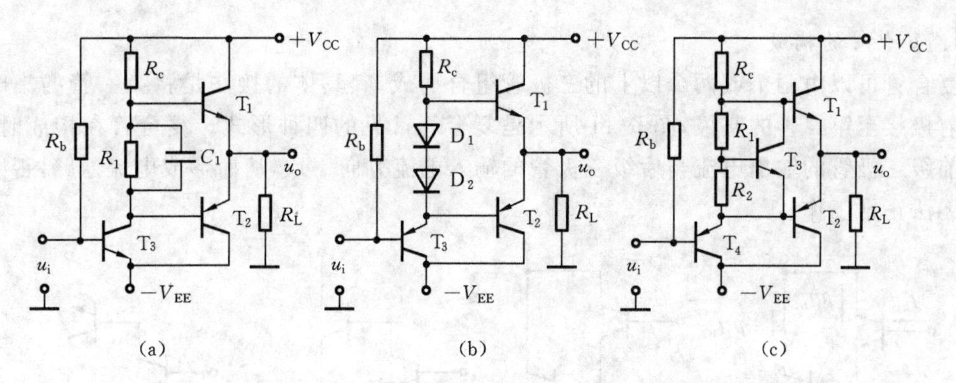

图 6-9　克服交越失真的电路

$$U_{BB'} = U_{BE1} + U_{BE2} = \frac{R_1 + R_2}{R_2} U_{BE3} = \left(1 + \frac{R_1}{R_2}\right) U_{BE3} \tag{6.24}$$

这样可以通过三极管 T_3 的导通电压 U_{BE3} 为 T_1 和 T_2 提供导通电压。调整 R_1 和 R_2 的比值，可获得任意倍数 U_{BE3} 的 $U_{BB'}$。所以称该电路为 U_{BE} 倍压电路。

6.4　单电源互补推挽功率放大电路

6.4.1　单电源供电的互补推挽电路

前面介绍的双电源乙类互补对称电路需要两个正负独立电源，有时使用起来不方便，这时可采用单电源互补对称电路，其原理电路如图 6-10 所示，它由一个 NPN 管和一个 PNP 管组成。输入电压同时加在三极管 T_1 和 T_2 的基极，两个管子的发射极连在一起。输出端通过一个大电容连接负载，电路中只有一个电源 V_{CC}。当电路对称时，输出端的静态电位等于 $V_{CC}/2$。这个电路中的电容一般都足够大，可以认为电容两端的电压保持 $V_{CC}/2$ 基本不变。所以，T_1 和 T_2 两管的等效电源电压是 $V_{CC}/2$。也就是说，6.3 节中关于互补推挽功率放大电路的有关分析在这里同样适用，只是在计算中将 V_{CC} 换为 $V_{CC}/2$，即可得到

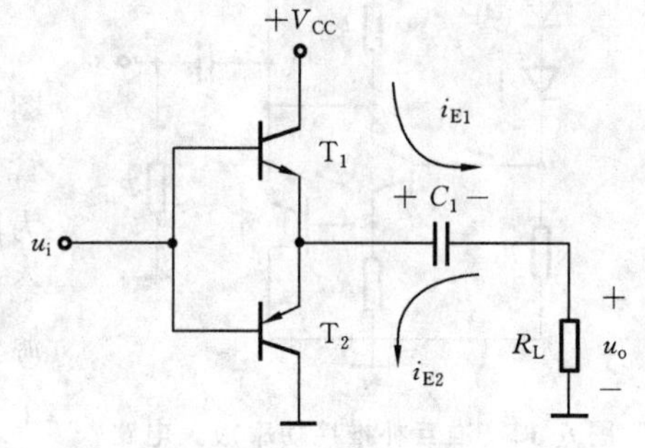

图 6-10　单电源 OTL 互补功率放大电路的原理电路

$$P_{omax} = \frac{\left(\frac{V_{CC}}{2}\right)^2}{2R_L} = \frac{V_{CC}^2}{8R_L}, \quad P_{Dmax} = \frac{2}{\pi} \cdot \frac{\left(\frac{V_{CC}}{2}\right)^2}{R_L} = \frac{V_{CC}^2}{2\pi R_L}, \quad \eta = \frac{P_{omax}}{P_{Dmax}} = \frac{\pi}{4}$$

6.4.2　准互补推挽功率放大

无论是双电源供电还是单电源供电的互补推挽功率放大电路，都要求两个不同类型三极管的特性完全对称，这在实际应用时常常难以满足，尤其是要求放大器的输出功率很大时，于是人们提出用复合管来解决这个问题。

1. 复合管的构成

复合管可以由两个或两个以上的三极管组合而成，其具体的接法是将第一管的集电极或发射极接至第二管的基极，图 6-11 所示是复合管常见的四种形式。复合管在构成时，要保证前级三极管的输出电流与后级三极管的输入电流方向一致，从而形成电流通路，否则复合管无法正常工作。

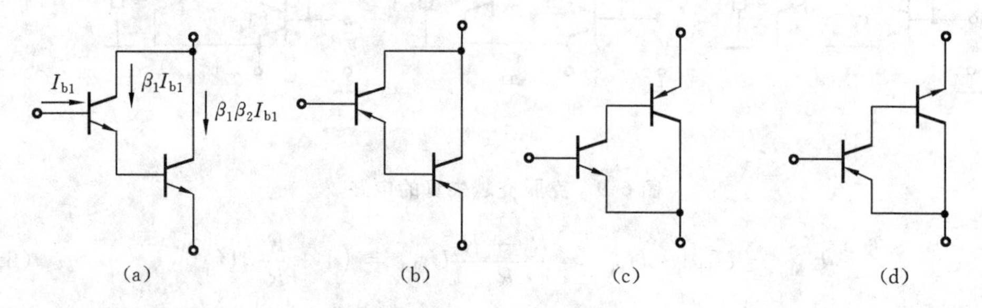

图 6-11 复合管的几种接法

不难看出，复合管的类型由第一级三极管的类型决定，复合管的共射极电流放大系数 β 约为两管各自共射极电流放大系数之乘积，即

$$\beta \approx \beta_1 \beta_2 \tag{6.25}$$

复合管的另一个好处是，由于大功率的 PNP 型管和 NPN 型管很难做到对称，因此可以把第二个管子选为同类型的，通过复合管的接法实现互补。

2. 准互补推挽功放电路

如图 6-12 所示为一准互补推挽功率放大电路。图 6-12 所示电路中，T_1、T_3 和 T_2、T_4 分别组成复合管，T_1 和 T_2 是不同型号管子，特性互补；而 T_3 和 T_4 为同型号管子，容易实现特性完全一致，由于它和完全的互补存在差异，故称为准互补。该电路采用单电源供电，所以输出端串接有电容 C_2，其作用相当于一个 $V_{CC}/2$ 的直流电压源。该电路的工作原理与前述互补推挽功率放大电路完全相同，这里不再赘述。

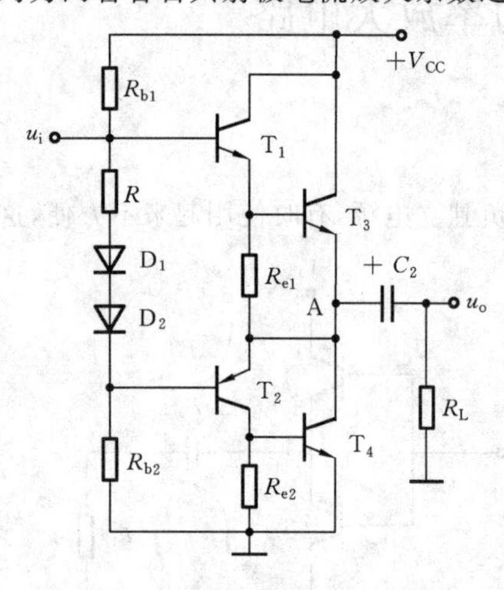

图 6-12 准互补推挽功率放大电路

6.5 集成功率放大器

利用集成电路工艺可以生产出不同类型的集成功率放大电器，集成功率放大器和分立元件功率放大器相比，具有体积小、重量轻、调试简单、效率高、失真小、使用方便等优点，因此得到迅猛发展。集成功率放大器的种类很多，从用途划分，有通用型功放和专用型功放；从芯片内部的构成划分，有单通道功放和双通道功放；从输出功率划分，有小功率功放和大功率功放等。例如，音响功率放大电路就是音响系统中不可缺少的重要部分，其主要任务是将音频信号放大到足以推动外接负载（如扬声器、音响等）。

集成功放使用时不能超过规定的极限参数，主要有功耗和最大允许电源电压。另外，集成功放还要有足够大的散热器，以保证在额定功耗下温度不超过允许值。下面以LM386集成功放为例，介绍其内部电路以及应用电路。

LM386是通用型集成音频功率放大器，其内部电路原理图如图6-13所示。与通用型集成运放相类似，它是一个三级放大电路。第一级为差分放大电路，其中T_1、T_3组成复合管，T_2、T_4组成对称的复合管，作为差分放大管，T_5、T_6组成镜像电流源，作为差分放大电路的有源负载，差分放大后的信号自T_2的集电极输出至第二级（这部分内容将在第8章详细介绍）；第二级为共射放大电路，T_7组成共射放大电路；第三级是乙类推挽功率放大电路，T_8、T_9组成PNP复合管，与T_{10}构成准互补对称电路，两个二极管D_1和D_2的作用是为了克服交越失真而提供静态偏置电压。

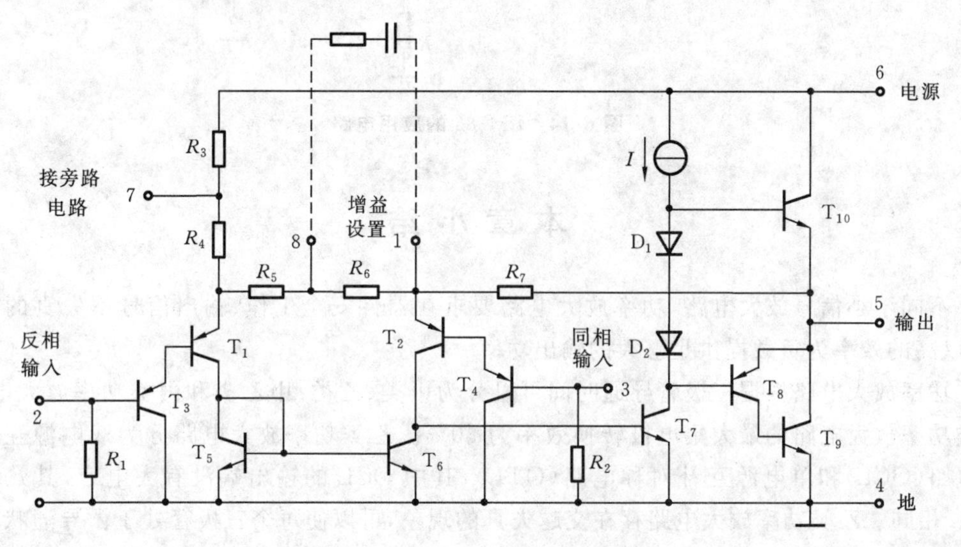

图6-13　LM386内部电路原理图

引脚2为反相输入端，3为同相输入端，引脚1和引脚8之间进行增益设定。在引脚1和引脚8之间可以直接跨接一个电容，这时电压增益达到最大，大约为200；如果引脚1和引脚8开路，电压增益达到最小，大约为20；如果在引脚1和引脚8之间串接一个电阻和电容，可以对增益进行调整，使电压增益在20～200之间。引脚6和引脚4分别为电源和地，引脚5为输出端，引脚7和地之间接旁路电容，一般取为10 μF。由于采用单电源供电，引脚5的输出端必须外接大电容。

图6-14所示是LM386外接元件最少的一种应用，其中C_1为输出电容，R和C_2串联构成校正网络用来进行相位补偿，引脚1和引脚8开路，电压放大倍数为20。可调电阻R_W对输入电压进行调节，以调整扬声器的音量。静态时输出电容上电压为$V_{CC}/2$，最大输出功率表达式为

$$P_{omax} \approx \frac{\left(\frac{V_{CC}}{2\sqrt{2}}\right)^2}{R_L} = \frac{V_{CC}^2}{8R_L}$$

此时输入电压有效值的表达式为

$$U_i = \frac{V_{CC}/2\sqrt{2}}{A_u}$$

当 $V_{CC}=16$ V、$R_L=32$ Ω 时，$P_{omax}\approx 1$ W，$U_i\approx 283$ mV。

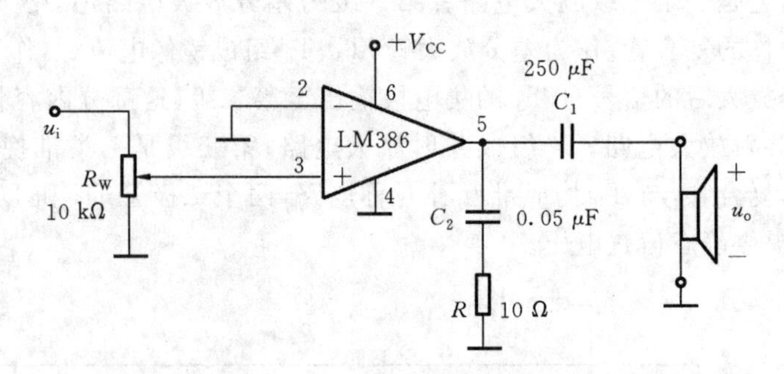

图 6-14 LM386 的应用电路

本章小结

不同于小信号放大电路，功率放大电路要求在器件安全工作、输出信号不失真的前提下，以高的效率为负载提供足够大的输出功率。

功率放大电路根据三极管导通时间可以分为甲类、乙类、甲乙类和丙类功率放大电路。甲类功率放大电路的最大集电极转换效率为 50%。乙类功率放大电路分为双电源互补对称电路(OCL)和单电源互补对称电路(OTL)，其中 OCL 的输出端没有大电容，其效率与 OTL 相同。乙类功率放大电路存在交越失真的现象，可以使每个三极管处于微导通状态来避免交越失真，这种电路又称为甲乙类功率放大电路。为了获取较大的输出电流，可以利用复合管来代替三极管。

习　题

6.1 功率放大电路的最大输出功率是多少？

6.2 甲类功率放大电路、乙类功率放大电路的转换效率哪个高，为什么？

6.3 什么是交越失真，如何克服交越失真？

6.4 功率放大电路与电压放大电路、电流放大电路的区别是什么？

6.5 指出图题 6.5 中哪些复合管是正确的？是 NPN 型还是 PNP 型？标出复合三极管的电极。

6.6 功率放大电路如图题 6.6 所示，已知电源电压 $V_{CC}=6$ V，$V_{EE}=6$ V，负载 $R_L=4$ Ω。

(1) 说明该功率放大电路的类型；

(2) 忽略三极管的饱和压降 U_{CES}，求负载获得的最大不失真功率；

(3) 若 $U_{CES}=2$ V，求负载获得的最大不失真功率；

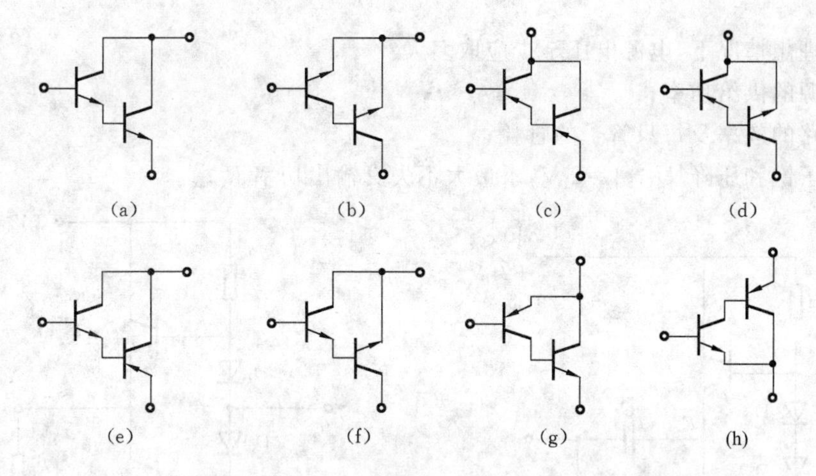

图题6.5

(4) 试求最大不失真输出功率 $P_{omax} \geqslant 9$ W(不考虑交越失真)时，电源电压 V_{CC} 和 V_{EE}(要求 $V_{CC}=V_{EE}$)至少应为多大？

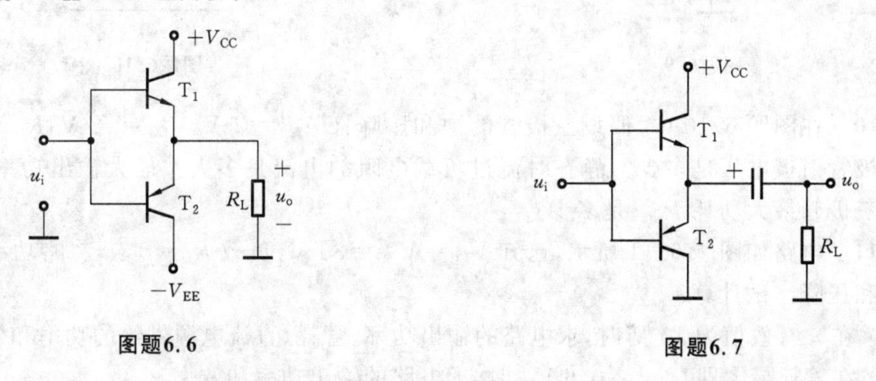

图题6.6　　图题6.7

6.7 功率放大电路如图题 6.7 所示，已知电源电压 $V_{CC}=6$ V，负载 $R_L=4$ Ω。

(1) 说明该功率放大电路的类型；

(2) 忽略三极管的饱和压降 U_{CES}，求负载获得的最大不失真功率；

(3) 若 $U_{CES}=2$ V，求负载获得的最大不失真功率。

6.8 图题 6.8 是一个 OCL 功率放大电路，已知电源 $V_{CC}=12$ V，负载阻抗$R_L=8$ Ω。

(1) 说明功率放大电路的类型及 D_1、D_2 的作用；

(2) 求最大不失真输出功率；

(3) 若三极管的饱和压降 $U_{CES}=2$ V，输入信号幅度足够大，求电路的最大不失真输出功率及效率。

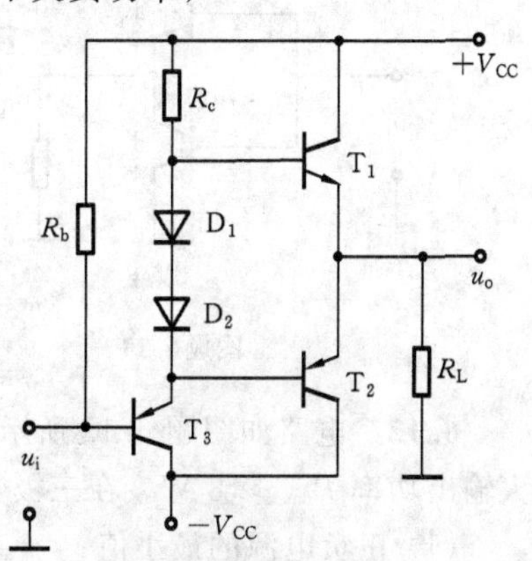

图题6.8

6.9 OTL 功率放大电路如图题 6.9 所示，$V_{CC}=24$ V，$R_L=8$ Ω，要求最大不失真输出功率为 8 W。

(1) 说出电路的名称及电容 C 的作用；

(2) $u_i=0$ 时，若 T_1、T_2 完全对称，指出 E 点的电位

是多少？

(3) 求理想情况下，电源电压至少应取多大？

(4) 电源的供给功率；

(5) 电路的效率及每只管子的管耗；

(6) 管子饱和压降 $|U_{CES}|=2$ V，求最大不失真输出功率 P_{omax}。

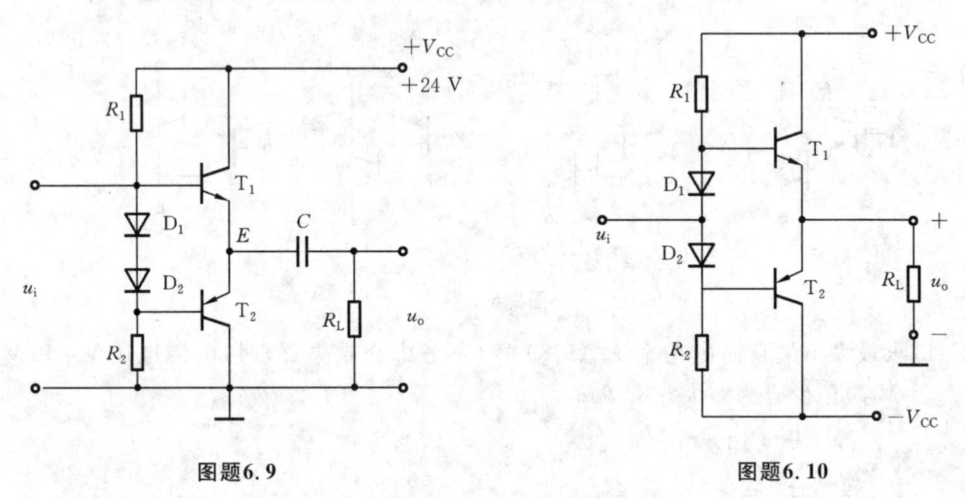

图题6.9　　图题6.10

6.10 在图题 6.10 中，假设三极管的饱和压降 $|U_{CES}|=2$ V，$V_{CC}=12$ V，$R_L=8\ \Omega$，静态时三极管射极电压是多少？静态时流过负载电阻的电流是多大？最大输出功率 P_{omax} 是多少？三极管最大功耗 P_{cmax} 是多少？

6.11 电路如图题 6.11 所示，已知 $V_{CC}=V_{EE}=20$ V，负载 $R_L=8\ \Omega$，忽略功率管导通时的饱和压降。试计算：

(1) 在 u_i 有效值为 10 V 时，求电路的输出功率、管耗、直流电源供给的功率和效率；

(2) 在管耗最大即 $U_{omax}=0.6\ V_{CC}$ 时，求电路的输出功率和效率。

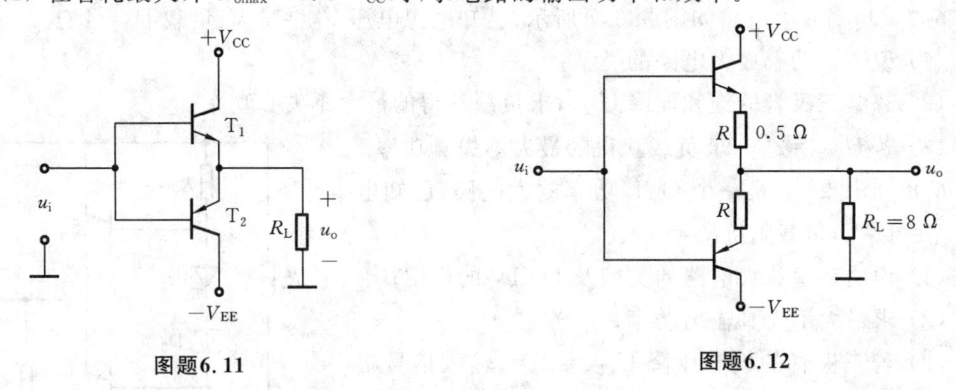

图题6.11　　图题6.12

6.12 电路如图题 6.12 所示，已知输入为正弦信号，负载 $R_L=8\ \Omega$，$R=0.5\ \Omega$，要求最大输出功率 $P_{omax}\geqslant 8$ W。在三极管饱和压降忽略不计的情况下，求下列各值。

(1) 正负电源的最小值；

(2) 当输出功率为最大时，求输入电压有效值和两个电阻上损耗的功率。

6.13　单电源供电的互补对称电路如图题 6.13 所示。已知负载电流振幅值 $I_{Lmax}=0.45\ A$，试求：

(1) 负载上所获得的功率 P_o；

(2) 电源供给的直流功率 P_D；

(3) 每管的管耗；

(4) 放大器的效率 η。

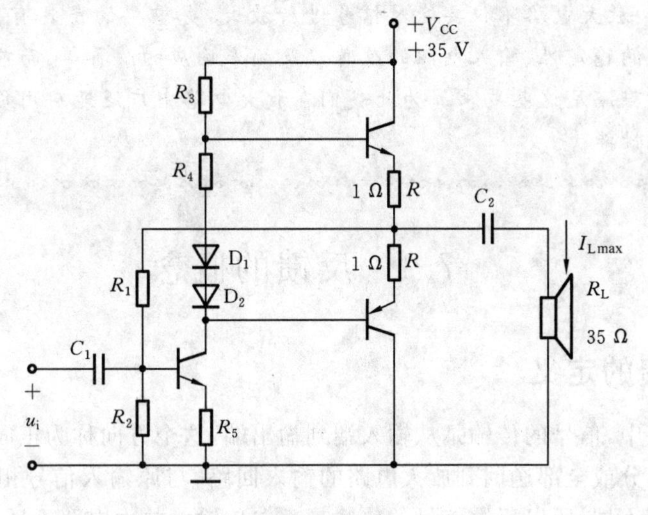

图题6.13

第 7 章　放大电路中的反馈

本章提要：放大电路不仅要能对信号进行放大，更重要的是具有良好的性能，这些性能包括增益的稳定性、输入电阻的改善以及频率响应的改善等，而前面所学的基本放大电路往往很难满足这些要求。为此我们在放大电路中广泛地应用负反馈的方法来改善放大电路的性能。

7.1　反馈的概念

7.1.1　反馈的定义

在放大电路中，信号的传输是从输入端到输出端，这个方向称为正向传输。反馈是将输出信号取出一部分或全部送回到放大电路的输入回路，与原输入信号相加或相减后再作用到放大电路的输入端，所以反馈信号的传输是反向传输。放大电路无反馈也称为开环，放大电路有反馈也称为闭环。反馈的示意图如图 7-1 所示。

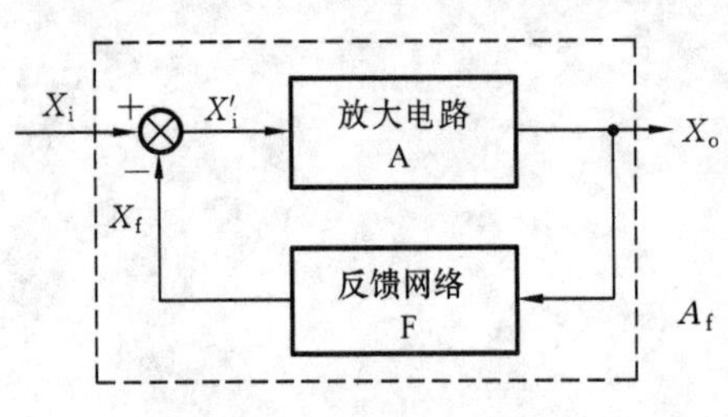

图 7-1　反馈概念方框图

图 7-1 中上面的方框表示基本放大电路，也就是前面学习过的各种类型的放大电路，这个放大电路的输入信号是净输入信号 X_i'，经过基本放大电路放大后得到输出信号 X_o；下面的方框是反馈网络，它是将输出信号的一部分送回到输入端的电路。反馈网络采样的信号是输出信号，也就是说输出信号是反馈网络的输入，经过反馈网络之后得到的是反馈信号 X_f，X_f 将与放大电路的实际输入信号 X_i 进行"比较"，得到净输入信号 X_i'。净输入信号 X_i' 经过基本放大器放大后得到的是整个反馈放大电路的输出。输入信号 X_i 是由前级电路提供的信号，是整个反馈放大电路的实际输入信号。根据前面描述的关系，可以得到

$$X_i' = X_i - X_f \tag{7.1}$$

为了便于说明，我们假设放大电路工作在中频段范围，反馈网络为纯电阻性网络，这样本章 7.1 节至 7.3 节所应用的符号(如 A、F)均用实数表示。在 7.4 节介绍负反馈放大电路的自激振荡时，再用复数表达形式。

$A=\dfrac{X_o}{X_i'}$ 称为开环放大倍数，$F=\dfrac{X_f}{X_o}$ 称为反馈系数，$A_f=\dfrac{X_o}{X_i}$ 称为闭环放大倍数。因为 $X_i = X_i' + X_f = X_i' + FAX_i'$，所以

$$A_f=\frac{X_o}{X_i}=\frac{A}{1+AF} \tag{7.2}$$

这个关系式是反馈放大器的基本关系式，它说明闭环放大倍数是开环放大倍数的$(1+AF)$分之一，其中$1+AF$称为反馈深度，它描述了开环放大倍数和闭环放大倍数的关系，反映了反馈对放大电路影响的程度。反馈深度可分为下列三种情况：

(1) 当$|1+AF|>1$时，$|A_f|<|A|$，是负反馈；

(2) 当$|1+AF|<1$时，$|A_f|>|A|$，是正反馈；

(3) 当$|1+AF|=0$时，$|A_f|=\infty$，这时输入为零时仍有输出，故称为"自激状态"。

AF称为环路增益，是指由放大电路和反馈网络所形成环路的增益，当$|AF|\gg 1$时称为深度负反馈，即反馈深度$|1+AF|\gg 1$。于是闭环放大倍数

$$A_f=\frac{A}{1+AF}\approx\frac{1}{F} \tag{7.3}$$

也就是说，在深度负反馈条件下，闭环放大倍数近似等于反馈系数的倒数，与有源器件的参数基本无关。一般反馈网络是无源元件构成的，其稳定性优于有源器件，因此深度负反馈时的放大倍数比较稳定。这里需要强调的是，X_i、X_f和X_o可以是电压信号，也可以是电流信号。

下面举一个反馈的例子。如图7-2所示的共射极放大电路，采用分压偏置电路可以稳定静态工作点，在4.2.4节中曾予以介绍，这里从反馈网络的角度再作说明。

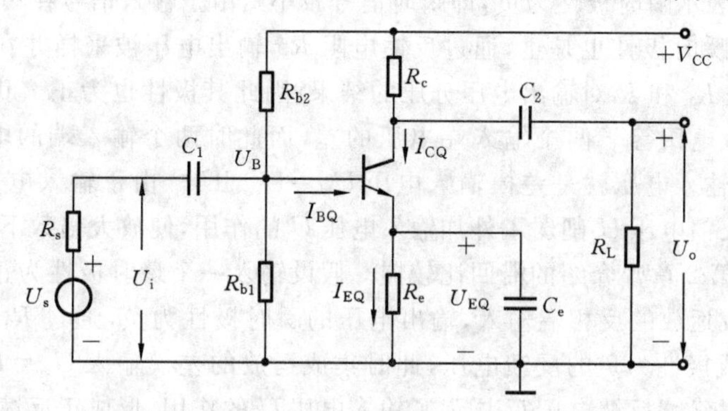

图7-2　稳定静态工作点的分压偏置共射放大电路

在图7-2所示的电路中，电阻R_{b1}和R_{b2}对电压源进行分压，基极电位U_B基本保持不变。当环境温度上升使三极管集电极电流I_{CQ}增大时，由于射极电流I_{EQ}和集电极电流I_{CQ}基本相等，射极电流I_{EQ}也随之增大，则射极电阻R_e上的电压$U_{EQ}=I_{EQ}R_e$也增加。考虑到基极电位U_B基本不变，则三极管基极和射极之间的电压$U_{BEQ}=U_B-U_{EQ}$将减小。而根据三极管的输入特性曲线，基极和射极之间的电压U_{BEQ}决定了基极电流I_{BQ}，这样I_{BQ}也随之减小，相应地I_{CQ}也减小。这样通过射极电阻上的电压，就将因温度升高而要变大的I_{CQ}的上升趋势牵制住了，这就是负反馈的作用。这里电阻R_e构成反馈网络，它对输出电流I_{CQ}采样后形成反馈电压U_{EQ}，在输入端反馈电压U_{EQ}与输入量U_i比较后得到净输入信号U_{BEQ}，由此形成反馈回路。

从这个例子可以看出，如果我们希望能稳定电路中的某个量(如上例中的I_{CQ})，可以采

取措施将这个量反馈回去，当由于某些因素引起该量发生变化时，这种变化将反映到放大电路的输入端，从而使其保持稳定。

7.1.2 反馈的分类

1. 正反馈和负反馈

如果反馈信号 X_f 增强了外加输入信号 X_i，得到了比输入信号还大的净输入信号 X_i'，这个净输入信号经过基本放大电路放大后得到更大的输出，使得闭环放大倍数变大，这样的反馈称为正反馈；相反，如果反馈信号削弱了外加输入信号的作用，使净输入信号 X_i' 减小，闭环放大倍数降低，则称为负反馈。

为了判断引入的反馈是正反馈还是负反馈，可以采用“瞬时极性法”，即在放大电路的输入端，假设一个输入信号的电压极性，可用“⊕”“⊖”或“↑”“↓”表示。按信号传输方向依次判断相关点的瞬时极性，直至判断出反馈信号的瞬时电压极性。如果反馈信号的瞬时极性使净输入减小，则为负反馈；反之为正反馈。

利用瞬时极性法判断时，需要掌握的极性关系包括：对共射组态的三极管来说，基极和发射极的极性相同，基极和集电极极性相反；对运算放大器来说，同相输入端和输出电压极性相同，反相输入端和输出电压极性相反。

图 7-3(a)中，假设加上一个瞬时极性为正的输入电压(用符号⊕表示瞬时极性为正，即瞬时信号增大，⊖表示瞬时极性为负，即瞬时信号减小)，由于输入信号在集成运放的同相端输入，输出电压的瞬时极性也是正，通过反馈电阻 R_f，输出电压被采样并在电阻 R_1 上形成反馈电压 U_f，U_f 是 R_1 和 R_f 对输出电压分压的结果，因此其极性也为正。我们知道，理想集成运放的差模输入电压等于两个输入端电压的差，而此时两个输入端的电压分别为 U_i 和 U_f，这样实际的净输入电压就是差模输入电压 $U_{id}=U_i-U_f$。由于输入电压和反馈电压极性都为正，因此，反馈电压 U_f 削弱了外加输入电压 U_i 的作用，使放大倍数下降，是负反馈。

图 7-3(b)是第 2 章曾介绍的滞回比较器。假设输入一个瞬时极性为正的输入电压，由于输入电压在集成运放的反相端输入，输出电压的瞬时极性为负，通过 R_1、R_2 对输出电压分压，在 R_1 上形成极性为负的反馈电压，此时集成运放的差模输入 $U_{id}=U_i-U_f$，其中，U_i 为正极性，U_f 为负极性，反馈电压 U_f 增强了输入电压 U_i 的作用，形成正反馈。

一般地，对于运算放大器电路，当输出端与反相输入端相连时，构成负反馈电路；当输出

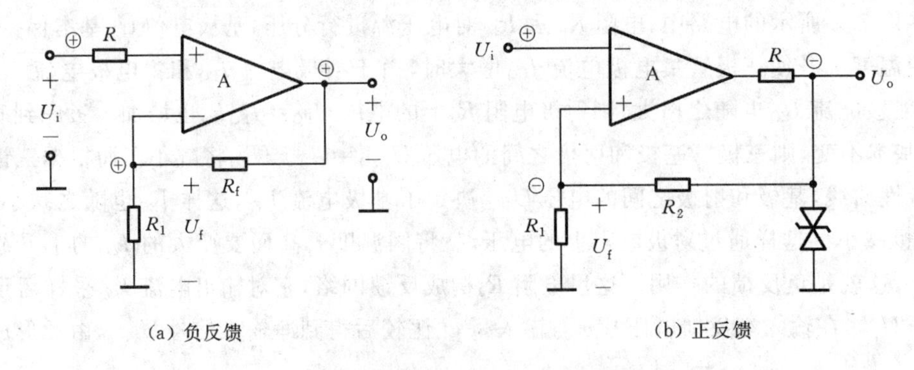

图 7-3　正反馈与负反馈

端与同相输入端相连时，构成正反馈电路。2.2节中介绍的由理想集成运放所构成的运算电路和滤波电路都要求集成运放工作在负反馈状态。

2. 电压反馈和电流反馈

按照反馈网络对输出信号的采样方式，反馈可以分为电压反馈和电流反馈。

如果反馈网络采样输出电压，反馈信号的大小与输出电压成比例，则称为电压反馈。在电路中表现为基本放大器、反馈网络和负载在采样端是并联关系，如图7-4(a)所示。如果反馈网络采样输出电流，反馈信号的大小与输出电流成比例，则称为电流反馈。在电路中表现为基本放大器、反馈网络和负载在采样端是串联关系，如图7-4(b)所示。

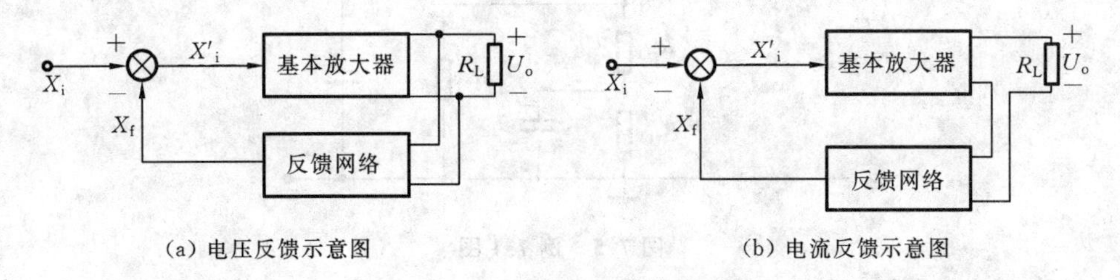

(a) 电压反馈示意图　　(b) 电流反馈示意图

图7-4　电压反馈与电流反馈

判断是电压反馈还是电流反馈的一种方法是“输出短路法”，就是假设输出端交流短路（输出电压为零），然后判断是否还存在反馈信号，如果没有反馈信号，就是电压反馈，否则是电流反馈。

在实际应用中一种简单实用的判断方法是：如果放大器的输出端和反馈网络的采样端共点，也就是放大器的输出端和反馈网络的采样端并接在一起，就是电压反馈，否则是电流反馈。图7-3(a)中的反馈电阻与输出电压是共点的，反馈电压是两个电阻对输出电压分压得到的，因此是电压反馈；图7-2中电阻R_e与输出电压U_o是不共点的，反馈电压是电流I_{CQ}产生的，因此是电流反馈。

3. 串联反馈和并联反馈

在反馈网络中$X_i'=X_i-X_f$，其中净输入信号X_i'、输入信号X_i和反馈信号X_f可以是电压，也可以是电流。如果反馈信号和输入信号以电压形式求和，即反馈信号和输入信号串联，称为串联反馈；如果以电流形式求和，即反馈信号和输入信号并联，称为并联反馈。

对于三极管来说，反馈信号与输入信号同时加在输入三极管的基极或发射极，则为并联反馈；一个加在基极，另一个加在发射极，则为串联反馈。图7-2中输入信号加入三极管的基极，反馈信号加在三极管的发射极，是串联反馈。

对于运算放大器来说，反馈信号与输入信号同时加在同相输入端或反相输入端，则为并联反馈；一个加在同相输入端，另一个加在反相输入端，则为串联反馈。图7-3(a)中输入信号加在同相端，反馈信号加在反相端，则为串联反馈。

4. 交流反馈和直流反馈

根据反馈信号本身的交、直流性质，可以分为直流反馈和交流反馈。反馈信号只有交流成分时为交流反馈，反馈信号只有直流成分时为直流反馈，既有交流成分又有直流成分时为交直流反馈。交流负反馈一般用来改善放大电路的性能，直流负反馈一般用来稳定静态工作点。图7-2所示电路中反馈电阻R_e只在直流时起作用，而交流时由于C_e的旁路作用（短路)不起作用,所以是直流反馈。

例 7.1 试判断图 7-5 所示电路的反馈类型。

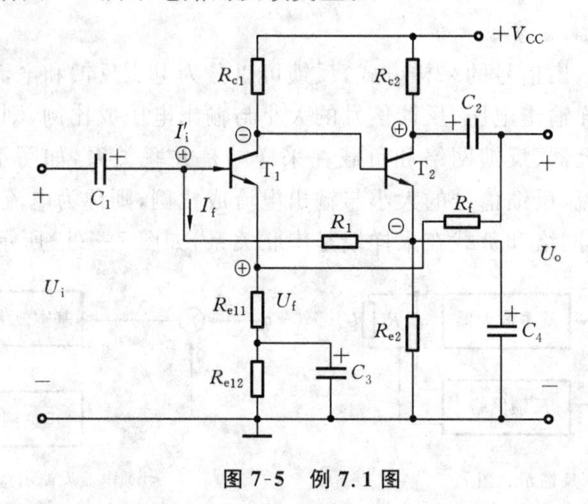

图 7-5 例 7.1 图

解 根据瞬时极性法,见图中的⊕、⊖号,可知经反馈电阻 R_1 的采样端极性为负,而输入端的极性为正,这样流过电阻 R_1 的电流 I_f 就增大,这意味着净输入电流 I'_i 减小,是负反馈。因采样点与输出端不共点,故为电流反馈。因反馈信号与输入信号共点,在输入端体现为电流相加减的形式,因此是并联反馈。又由于 R_1 的采样点与电容 C_4 相连,这个采样量只有在直流情况下才存在,而在交流情况电容短路,等效于接地,采样量不存在,所以是直流电流并联负反馈。

由瞬时极性法可知经 R_f 加在 T_1 管射极上的反馈电压 U_f 是正极性,使得净输入信号 U_i-U_f 减小,因此是串联负反馈。R_f 的采样点来自于输出端,因此是电压反馈。由于 C_2 隔直流通交流的作用,直流情况下采样量不存在,所以是交流电压串联负反馈。此外,第一级电路中的 R_{e11} 和 R_{e12} 以及第二级电路中的 R_{e2} 构成串联电路负反馈。其中 R_{e2} 和($R_{e1}+R_{e12}$)构成直流反馈,R_{e11} 构成交流反馈。

例 7.2 试判断图 7-6 所示电路的反馈类型。

解 这里有两个反馈,一个是电阻 R_5 引入的级间反馈,一个是电阻 R_3 引入的级内反馈。根据瞬时极性法,可知这两个反馈都是负反馈。以 R_5 引入的反馈为例,因反馈信号和输入信号加在运放两个输入端,故为串联反馈。因反馈信号与输出电压成比例,故为电压反

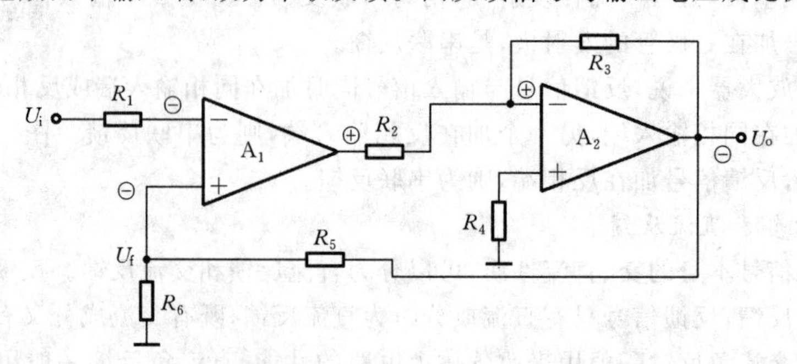

图 7-6 例 7.2 图

馈。另外，这个反馈在交流和直流情况下都存在，因此是交直流串联电压负反馈。类似地，R_3 引入的是交直流并联电压负反馈。

7.1.3　负反馈的四种类型

放大电路的负反馈形式是多种多样的，本节主要分析四种类型的交流负反馈。前面已经介绍了反馈网络对输出信号的采样包括电压采样和电流采样，也就是电压反馈和电流反馈；反馈网络产生的反馈信号对输入信号的影响包括电压运算和电流运算，也就是串联反馈和并联反馈。这样，根据反馈信号在输出端的采样方式以及对输入信号的求和形式，可以有四种类型：电压串联负反馈、电压并联负反馈、电流串联负反馈和电流并联负反馈。

对于不同类型的负反馈放大电路，式(7.2)同样适用。只是反馈类型不同，X_o、X_i 的含义不同，由此导致 A_f 与 F 的量纲也不同。例如，对于电压反馈，输出信号 X_o 是电压，电流反馈时则采用电流；同样道理，当输入端是串联反馈时，X_i 是电压，并联反馈则为电流。由此，式(7.2)可扩展为四个公式，如表 7-1 所示。表 7-1 所说的闭环放大倍数、开环放大倍数均称为广义放大倍数，对不同的反馈类型，量纲不同。

表 7-1　四种反馈类型下 A、F 和 A_f 的不同含义

反馈方式	电压串联型	电压并联型	电流串联型	电流并联型
被取样的输出信号 X_o	U_o	U_o	I_o	I_o
参与比较的输入量 X_i、X_f、X_i'	U_i、U_f、U_i'	I_i、I_f、I_i'	U_i、U_f、U_i'	I_i、I_f、I_i'
开环放大倍数	$A_{uu}=\frac{U_o}{U_i'}$ 电压放大倍数	$A_{ui}=\frac{U_o}{I_i'}$ 转移电阻	$A_{iu}=\frac{I_o}{U_i'}$ 转移电导	$A_{ii}=\frac{I_o}{I_i'}$ 电流放大倍数
反馈系数	$F_{uu}=\frac{U_f}{U_o}$	$F_{iu}=\frac{I_f}{U_o}$	$F_{ui}=\frac{U_f}{I_o}$	$F_{ii}=\frac{I_f}{I_o}$
闭环放大倍数	$A_{uuf}=\frac{A_{uu}}{1+F_{uu}A_{uu}}$	$A_{uif}=\frac{A_{ui}}{1+F_{iu}A_{ui}}$	$A_{iuf}=\frac{A_{iu}}{1+F_{ui}A_{iu}}$	$A_{iif}=\frac{A_{ii}}{1+F_{ii}A_{ii}}$

1. 电压串联负反馈

图 7-7 所示是电压串联负反馈电路。对于电压串联负反馈，输入信号是输入电压 U_i，输出信号是输出电压 U_o，反馈信号是反馈电压 U_f，在输入端是输入电压与反馈电压相减，所以

开环增益　$A_{uu}=\frac{X_o}{X_i'}=\frac{U_o}{U_i'}=\frac{U_o}{U_i-U_f}$

反馈系数　$F_{uu}=\frac{U_f}{U_o}=\frac{R_1}{R_1+R_F}$

闭环增益　$A_{uuf}=\frac{U_o}{U_i}=\frac{A_{uu}}{1+A_{uu}F_{uu}}$

对于理想运放，$|1+A_{uu}F_{uu}|\gg1$，则

$$A_{uuf}\approx\frac{1}{F_{uu}}=1+\frac{R_F}{R_1}$$

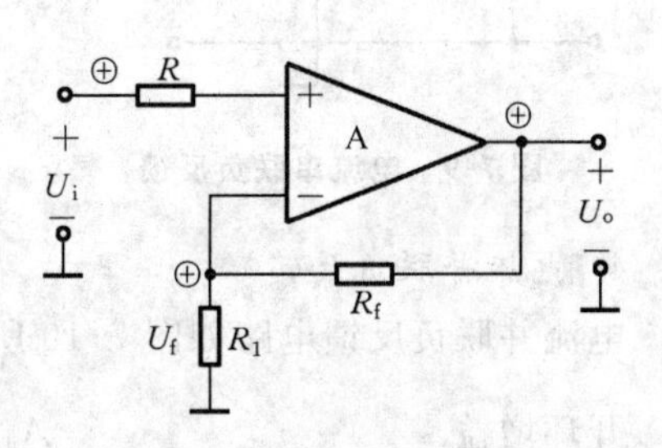

图 7-7　电压串联负反馈

该结果与第 2 章中的同相比例运算电路的结论完全一致。电压串联负反馈放大电路的开环增益、闭环增益和反馈系数都是无量纲的。

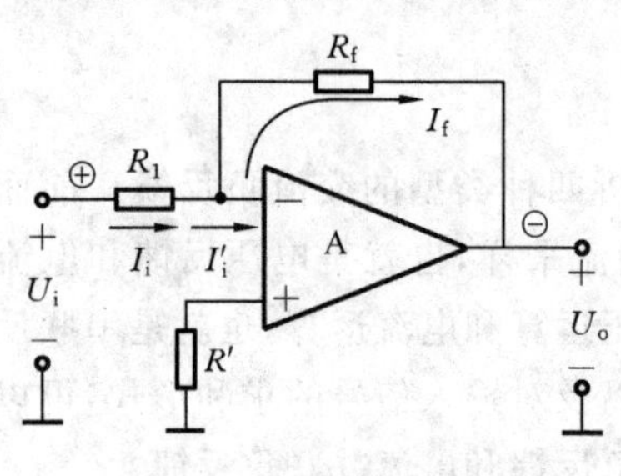

图 7-8 电压并联负反馈

2. 电压并联负反馈

电压并联负反馈的电路如图 7-8 所示。

开环增益 $A_{ui}=\dfrac{X_o}{X'_i}=\dfrac{U_o}{I'_i}=\dfrac{U_o}{I_i-I_f}$

反馈系数 $F_{iu}=\dfrac{I_f}{U_o}=-\dfrac{1}{R_f}$

闭环增益 $A_{uif}=\dfrac{U_o}{I_i}=\dfrac{A_{ui}}{1+A_{ui}F_{iu}}$

$$\approx\frac{1}{F_{iu}}=-R_f$$

电压并联负反馈放大电路的开环增益的量纲是电阻，反馈系数的量纲是电导，称为互导反馈系数，闭环增益的量纲是电阻，称为互阻增益。

3. 电流串联负反馈

电流串联负反馈的电路如图 7-9 所示。

开环增益 $$A_{iu}=\frac{X_o}{X'_i}=\frac{I_o}{U'_i}=\frac{I_o}{U_i-U_f}$$

反馈系数 $$F_{ui}=\frac{X_f}{X_o}=\frac{U_f}{I_o}$$

闭环增益 $$A_{iuf}=\frac{X_o}{X_i}=\frac{I_o}{U_i}=\frac{A_{iu}}{1+A_{iu}F_{ui}}$$

电流串联负反馈放大电路的开环增益的量纲是电导，反馈系数的量纲是电阻，称为互阻反馈系数，闭环增益的量纲是电导，称为互导增益。

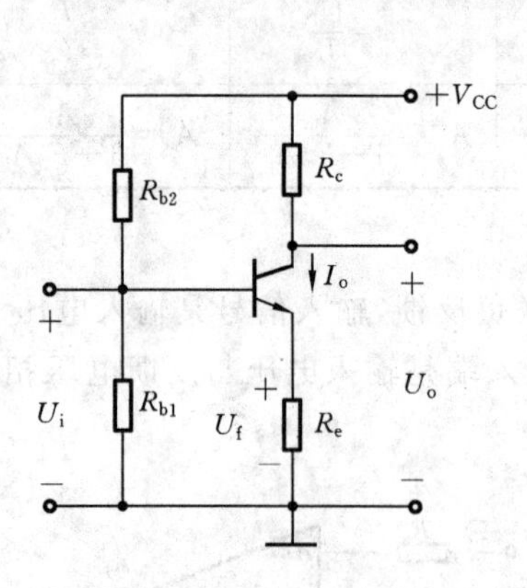

图 7-9 电流串联负反馈

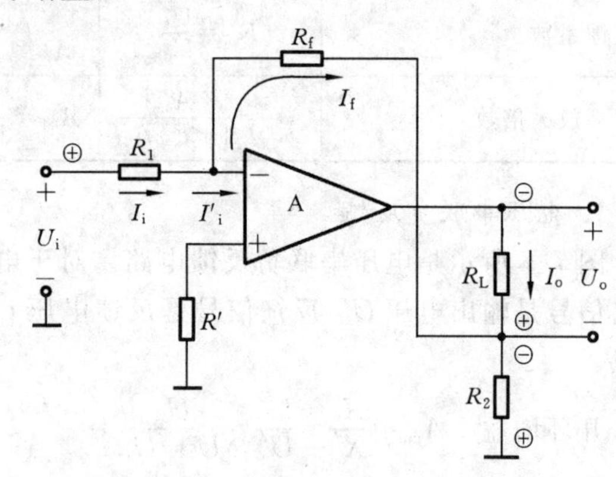

图 7-10 电流并联负反馈

4. 电流并联负反馈

电流并联负反馈电路如图 7-10 所示。

开环增益 $$A_{ii}=\frac{X_o}{X'_i}=\frac{I_o}{I'_i}=\frac{I_o}{I_i-I_f}$$

反馈系数
$$F_{ii}=\frac{X_f}{X_o}=\frac{I_f}{I_o}=-\frac{R_2}{R_f+R_2}$$

闭环增益
$$A_{iif}=\frac{X_o}{X_i}=\frac{I_o}{I_i}=\frac{A_{ii}}{1+A_{ii}F_{ii}}\approx\frac{1}{F_{ii}}=-\left(1+\frac{R_f}{R_2}\right)$$

电流并联负反馈放大电路的开环增益、反馈系数和闭环增益均无量纲。

在分析负反馈放大电路时，类型的判断是非常重要的，而负反馈放大电路的四种类型具有不同量纲的开环增益、闭环增益和反馈系数，在电路分析时需要首先判断类型，然后确定开环增益、闭环增益和反馈系数的定义。

7.2　负反馈对放大电路性能的影响

放大电路引入负反馈后，放大倍数会有所下降，但放大电路的性能得到了改善，例如提高了放大倍数的稳定性，减小了非线性失真，干扰有所抑制，扩展了通频带，输入、输出电阻也有所改变等。负反馈是改善放大电路性能的重要技术措施，它广泛应用于放大电路和反馈控制系统之中。

7.2.1　提高放大倍数的稳定性

根据负反馈基本方程，不论何种负反馈，都可使闭环放大倍数下降$|1+AF|$倍。当输入信号一定时，如果电路参数发生变化或负载变化时，通过引入负反馈，可使放大电路输出信号的波动性大大减小，即放大倍数的稳定性得到提高。

在式(7.2)中对变量 A 求导并进行简单的变换可得

$$\frac{dA_f}{A_f}=\frac{1}{1+AF}\cdot\frac{dA}{A}\tag{7.4}$$

上式中 dA_f/A_f和 dA/A 分别表示闭环放大倍数和开环放大倍数的相对变化量。这说明在负反馈情况下，闭环增益的相对变化量是开环增益相对变化量的$(1+AF)$分之一，也就是闭环增益的相对变化量变小了，闭环增益更稳定了。例如，一个负反馈放大电路的反馈深度为$1+AF=20$，假设外界环境的变化使开环增益相对变化了 20%，相应的闭环增益只相对变化了 1%，这说明闭环增益的稳定性提高了 20 倍。

7.2.2　负反馈对输入电阻的影响

负反馈对输入电阻的影响与反馈网络对输入信号的影响方式有关，即与串联反馈或并联反馈有关，而与采样方式无关，即与电压反馈或电流反馈无关。

1. 串联负反馈使输入电阻增加

串联负反馈输入端的电路结构形式如图 7-11 所示，反馈电压U_f削弱了输入电压U_i，使净输入电压U'_i减小。

基本放大器的输入电阻为$R_i=\frac{U'_i}{I_i}$，也就是开环时的输入电阻。引入反馈后的输入电阻

$$R_{if}=\frac{U_i}{I_i}=\frac{U_f+U'_i}{I_i}=\frac{FX_o+U'_i}{I_i}=\frac{FAU'_i+U'_i}{I_i}=(1+AF)R_i\tag{7.5}$$

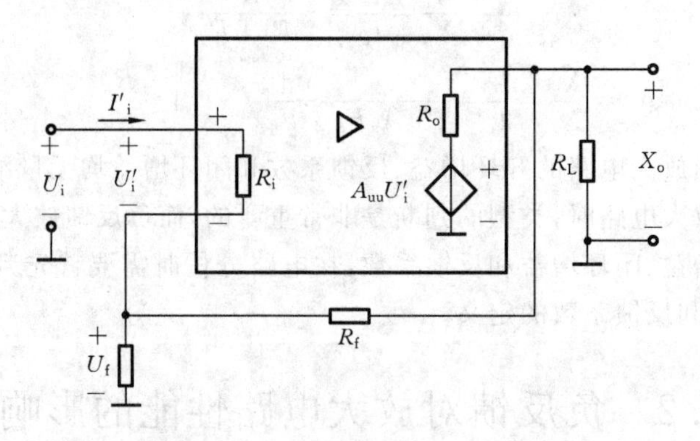

图 7-11　串联负反馈对输入电阻的影响

上面的推导中利用了反馈量与采样量的关系 $U_f = FX_o$，其中采样量与净输入量的关系为 $X_o = AU'_i$，A 为基本放大器的广义放大倍数。

这个结论表明，引入串联反馈后的闭环输入电阻是开环输入电阻的$(1+AF)$倍，输入电阻将增大。在上面的推导过程中没有涉及采样方式，因此无论是电压串联负反馈还是电流串联负反馈，闭环输入电阻均增大。闭环输入电阻增大改善了串联负反馈的性能，因为串联反馈的输入信号是电压，而一个放大电路的输入电阻大，意味着可以从信号源得到更多的输入电压，这对电路的性能来讲是一种改善。

2. 并联负反馈使输入电阻减小

并联负反馈输入端的电路结构形式如图 7-12 所示，反馈电流 I_f 削弱了输入电流 I_i，使净输入电流 I'_i 减小。

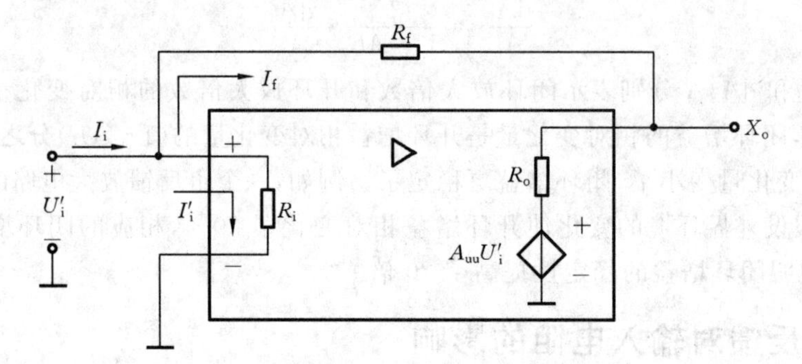

图 7-12　并联负反馈对输入电阻的影响

基本放大器的输入电阻为 $R_i = \dfrac{U_i}{I'_i}$。引入反馈后的输入电阻

$$R_{if} = \frac{U_i}{I_i} = \frac{U_i}{I_f + I'_i} = \frac{U_i}{FX_o + I'_i} = \frac{U_i}{FAI'_i + I'_i} = \frac{R_i}{1+AF} \tag{7.6}$$

这个结论表明，引入并联反馈后的闭环输入电阻是开环输入电阻的$(1+AF)$分之一，输入电阻将减小。无论是电压并联负反馈还是电流并联负反馈，闭环输入电阻均减小。并联负反馈输入电阻的减小也改善了放大电路的性能，因为并联反馈的输入信号是电流，当放大电路输入电阻较小时，可以从电流源处得到更多的输入电流，这对电流放大电路而言是一种

性能的改善。

7.2.3　负反馈对输出电阻的影响

负反馈对输出电阻的影响与反馈网络在输出端的采样方式有关，即与电压反馈或电流反馈有关，而与输入端的影响方式无关，即与串联反馈或并联反馈无关。

1. 电压负反馈使输出电阻减小

电压负反馈可以使输出电阻减小，这与电压负反馈可以使输出电压稳定是相一致的。我们知道，电路的输出电阻 R_o越小，则当负载电阻 R_L变化时，输出电压 U_o越稳定。理想电压源的输出电阻为零，无论负载 R_L如何变化，输出电压 U_o均保持不变。放大电路引入电压负反馈后，稳定了输出电压，其效果就是减小了放大电路的输出电阻。

图 7-13 所示为电压负反馈求输出电阻的等效电路，放大网络的输出端对外表现为一个电压源$A_{uo}X_i'$ 和输出电阻 R_o串联，其中 R_o是无反馈时放大网络的输出电阻，A_{uo}是负载开路时的放大倍数，X_i'是净输入信号。

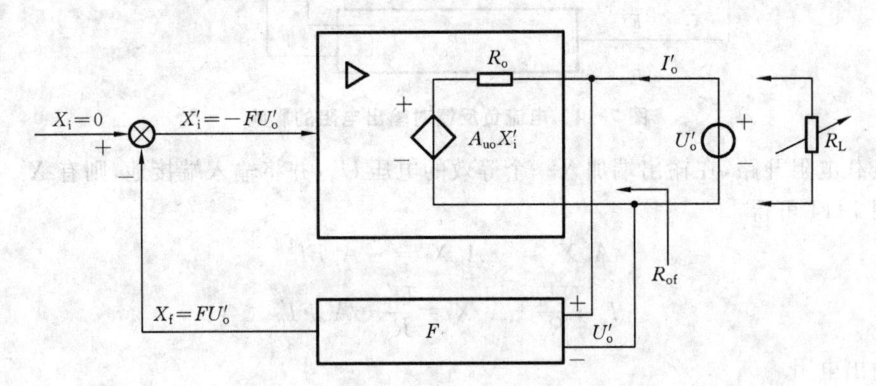

图 7-13　电压负反馈对输出电阻的影响

根据输出电阻的分析方法，将负载电阻开路，在输出端加入一个等效的电压 U_o'，并将输入端置零，则

$$I_o'=\frac{U_o'-A_{uo}X_i'}{R_o}$$

由于输入置零，则净输入 $X_i'=X_i-X_f=-X_f$，得

$$I_o'=\frac{U_o'+A_{uo}X_f}{R_o}=\frac{U_o'+A_{uo}FU_o'}{R_o}=(1+A_{uo}F)\,\frac{U_o'}{R_o}$$

即闭环输出电阻

$$R_{of}=\frac{U_o'}{I_o'}=\frac{R_o}{1+A_{uo}F}\tag{7.7}$$

上式表明，引入电压负反馈，电路的输出电阻将减小，是开环输出电阻的$(1+A_{uo}F)$分之一。无论电压串联负反馈或电压并联负反馈均如此。

电压负反馈的输出电阻变小使电路性能得到改善，因为电压负反馈意味着放大电路的输出电压是稳定的，电路的输出等效为电压源，而输出电阻等效为电压源的内阻，具有小内阻的电压源是性能良好的表现。

2. 电流负反馈使输出电阻增加

电流负反馈可以使输出电阻增加，这与电流负反馈可以使输出电流稳定是相一致的。输出电阻大，负反馈放大电路接近电流源的特性，输出电流的稳定性就好。我们知道理想电流源的输出电阻 $R_o=\infty$，此时无论负载 R_L 如何变化，输出电流 I_o 都保持不变。引入电流负反馈能在负载电阻 R_L 变化时保持输出电流稳定，其效果就是增大了放大电路的输出电阻。

图 7-14 所示为电流负反馈求输出电阻的等效电路，放大网络的输出端表现为一个电流源 $A_{is}X_i'$ 与输出电阻 R_o 并联，其中 R_o 是无反馈时放大网络的输出电阻，A_{is} 是负载短路时放大网络的放大倍数，X_i' 是净输入信号。

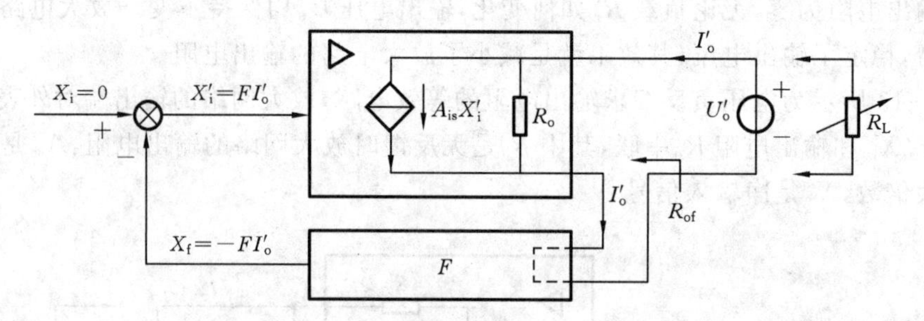

图 7-14 电流负反馈对输出电阻的影响

将负载电阻开路，在输出端加入一个等效的电压 U_o'，并将输入端接地，则有 $X_i'=-X_f$，所以由图 7-14 可得

$$A_{is}X_i'=-A_{is}X_f=-A_{is}FI_o'$$

又因为

$$I_o'\approx\frac{U_o'}{R_o}+A_{is}X_i'=\frac{U_o'}{R_o}-A_{is}FI_o'$$

即闭环输出电阻

$$R_{of}=\frac{U_o'}{I_o'}=(1+A_{is}F)R_o \tag{7.8}$$

上式表明，引入电流负反馈，电路的输出电阻将增大，是开环输出电阻的 $(1+A_{is}F)$ 倍。无论电流串联负反馈或电流并联负反馈均如此。电流负反馈的输出电阻变大使电路性能得到改善，因为电流负反馈意味着放大电路的输出电流是稳定的，电路的输出等效为电流源，而输出电阻等效为电流源的内阻，具有大内阻的电流源是性能良好的表现。

综上所述，负反馈对放大电路输入电阻和输出电阻的影响如下。

(1) 反馈信号与外加输入信号的求和方式不同，将对放大电路的输入电阻产生不同的影响：串联负反馈使输入电阻增大；并联负反馈使输入电阻减小。反馈信号在输出端的采样方式不影响输入电阻。

(2) 反馈信号在输出端的采样方式不同，将对放大电路的输出电阻产生不同的影响：电压负反馈使输出电阻减小；电流负反馈使输出电阻增大。反馈信号与外加输入信号的求和方式不影响输出电阻。

(3) 负反馈对输入电阻和输出电阻的影响的程度，均与反馈深度 $1+AF$ 有关。

7.2.4　负反馈对通频带的影响

一般来讲，放大电路对不同频率的信号放大倍数都不同。对于阻容耦合共射极放大电路而言，4.5 节中已经表明，它是一个带通滤波器，其幅频响应如图 7-15 所示。因此通频带是放大电路的重要性能指标。放大电路加入负反馈后，放大倍数下降，但通频带却展宽了，如图 7-15 所示。

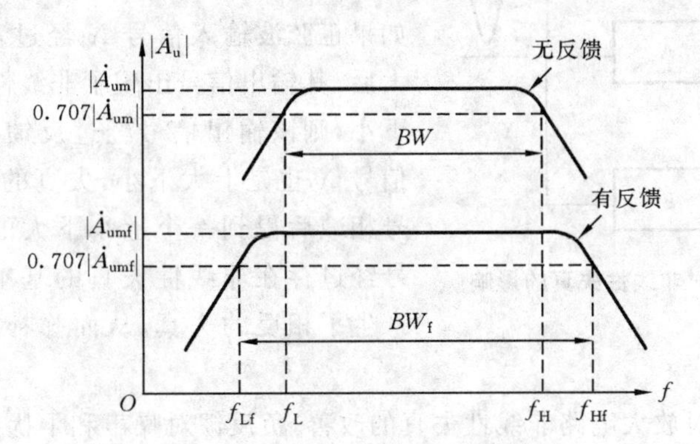

图 7-15　负反馈对通频带的影响

其中 $\dot{A}_{um}$ 为放大器中频放大倍数，f_H 是上限截止频率，f_L 是下限截止频率，通频带 $BW=f_H-f_L$。无反馈时放大电路在高频段为一个低通滤波器，其增益可表示为

$$\dot{A}(f)=\frac{\dot{A}_{um}}{1+j\dfrac{f}{f_H}} \tag{7.9}$$

引入反馈后，假设反馈系数为 $\dot{F}$，则高频时的闭环放大倍数为

$$\dot{A}_f(f)=\frac{\dot{A}(f)}{1+\dot{A}(f)\dot{F}}=\frac{\dfrac{\dot{A}_{um}}{1+j\dfrac{f}{f_H}}}{1+\dfrac{\dot{A}_{um}\dot{F}}{1+j\dfrac{f}{f_H}}}=\frac{\dot{A}_{um}}{1+\dot{A}_{um}\dot{F}+j\dfrac{f}{f_H}}=\frac{\dfrac{\dot{A}_{um}}{1+\dot{A}_{um}\dot{F}}}{1+j\dfrac{f}{(1+\dot{A}_{um}\dot{F})f_H}}=\frac{\dot{A}_{umf}}{1+j\dfrac{f}{f_{Hf}}} \tag{7.10}$$

式中，$f_{Hf}=(1+\dot{A}_{um}\dot{F})f_H$，即反馈后的上限截止频率增大了 $1+\dot{A}_{um}\dot{F}$ 倍。类似地，可以证明引入反馈后的下限截止频率为 $f_{Lf}=\dfrac{f_L}{1+\dot{A}_{um}\dot{F}}$。

根据上述分析，引入负反馈后，放大电路的上限截止频率提高了 $1+\dot{A}_{um}\dot{F}$ 倍，下限截止频率降低到了原来的 $1/(1+\dot{A}_{um}\dot{F})$，所以通频带得到了展宽，$BW_f\approx(1+\dot{A}_{um}\dot{F})BW$。

负反馈放大电路的一个重要特性是增益与通频带之积恒为常数，即

$$\dot{A}_{umf}BW_f\approx\dot{A}_{um}BW$$

这表明，负反馈放大电路通频带的展宽是以牺牲增益为代价的。

7.2.5 负反馈对非线性失真的影响

放大电路的非线性失真是指输入信号为正弦波时，输出信号的波形并非正弦波。当放大器工作在大信号时，非线性失真更明显。

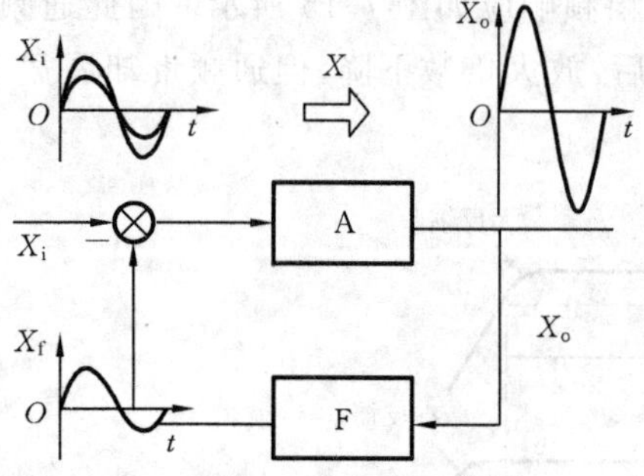

图 7-16 负反馈对非线性失真的影响

负反馈可以改善放大电路的非线性失真，图 7-16 所示是一个负反馈改善非线性失真的例子。如果正弦波输入信号 X_i 经过基本放大电路 A 放大后，其输出信号出现了非线性失真，例如 X_o 上大下小，则该输出信号经过反馈网络采样后的反馈信号 X_f 也是上大下小，失真的反馈信号与输入信号相减后得到一个上小下大的净输入信号，该信号经过存在非线性失真的基本放大电路放大后，产生了相反的失真，从而弥补了放大电路本身的非线性失真。

类似于负反馈对放大电路非线性失真的改善，负反馈对噪声和干扰也有抑制作用，这里不再赘述。

7.3 深度负反馈放大电路的估算

负反馈放大电路的性能分析是一个比较复杂的问题，这里仅针对深度负反馈，讨论其电路的估算方法。

在深度负反馈的条件下，即 $|1+AF|\gg 1$ 时，负反馈放大电路的闭环放大倍数可简化为：

$$A_f=\frac{A}{1+AF}\approx\frac{A}{AF}=\frac{1}{F} \tag{7.11}$$

上式表明，深度负反馈时放大电路的闭环放大倍数近似等于反馈系数的倒数，只要知道了反馈系数就可以直接求闭环增益 A_f。需要说明的是，对于不同的反馈类型，反馈系数的物理意义不同，也就是量纲不同，相应地闭环放大倍数 A_f 也是我们所说的广义放大倍数，不一定是电压放大倍数，其量纲可能是电阻，也可能是电导等。只有电压串联反馈时，才可以利用上式直接估算电压放大倍数。

对于其他类型的反馈，可以采用下面的方法估算电压放大倍数。

因为 $A_f=X_o/X_i$，$F=X_f/X_o$，且在深度负反馈时满足 $A_f\approx 1/F$，所以

$$\frac{X_o}{X_i}\approx\frac{X_o}{X_f}$$

因此 $X_i\approx X_f$，即净输入信号 $X_i'=X_i-X_f\approx 0$。

当电路引入深度串联负反馈时，$X_i=U_i$，$X_f=U_f$，所以 $U_i\approx U_f$；当电路引入深度并联负反馈时，$X_i=I_i$，$X_f=I_f$，所以 $I_i\approx I_f$。

图 7-17 所示是电压串联负反馈电路，其中电阻 R_2 对输出电压 U_o 采样后，通过与电阻

R_1 串联对输出电压分压，在电阻 R_1 上形成反馈电压 U_f。由于理想集成运放的输入电流可以视为虚断，即输入电流近似为零，因此反馈电压

$$U_f = \frac{R_1}{R_1 + R_2} U_o$$

根据反馈系数的定义，有

$$F = \frac{U_f}{U_o} = \frac{R_1}{R_1 + R_2}$$

$$A_{uf} = \frac{U_o}{U_i} \approx \frac{U_o}{U_f} = \frac{1}{F} = \frac{R_1 + R_2}{R_1} \tag{7.12}$$

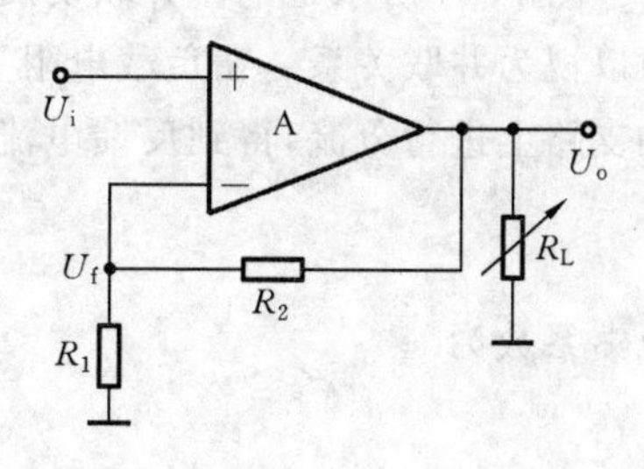

图 7-17　电压串联负反馈电路

式中，A_{uf} 与负载电阻 R_L 无关，表明引入深度电压负反馈后，电路的输出可近似为受控恒压源。

图 7-9 所示是电流串联负反馈电路，其中输出电流在电阻 R_e 上产生反馈电压 U_f，$U_f = FI_o = R_eI_o$，输入电压 U_i 与反馈电压 U_f 相减得到净输入电压。

$$F = \frac{U_f}{I_o} = R_e$$

$$A_{uf} = \frac{U_o}{U_i} \approx \frac{I_oR_c}{U_f} = -\frac{R_c}{F} = -\frac{R_c}{R_e} \tag{7.13}$$

从第 4 章我们知道，射极带有电阻的单管共射放大电路的电压增益

$$A_u = -\frac{\beta R_c}{r_{be} + (1+\beta)R_e}$$

当 R_e 较大时，r_{be} 可忽略，$A_u \approx -\frac{R_c}{R_e}$，这与我们的结论是一致的。

图 7-18 所示是电压并联负反馈电路，在反馈电阻 R_f 上流过反馈电流 I_f，该电流对输入电流 I_i 具有分流作用。由于集成运放的同相输入端接地，根据集成运放虚短的特性，反馈电流 $I_f = \frac{0-U_o}{R_f} = -\frac{U_o}{R_f}$，$I_i \approx I_o$，反馈系数为

$$F = \frac{I_f}{U_o} = \frac{-\frac{U_o}{R_f}}{U_o} = -\frac{1}{R_f}$$

$$A_{uf} = \frac{U_o}{U_i} = \frac{U_o}{I_iR_1} \approx \frac{U_o}{I_fR_1} = \frac{1}{FR_1} = -\frac{R_f}{R_1} \tag{7.14}$$

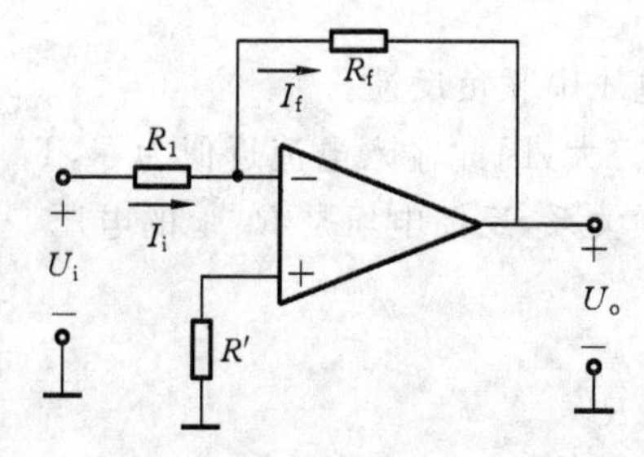

图 7-18　电压并联负反馈电路

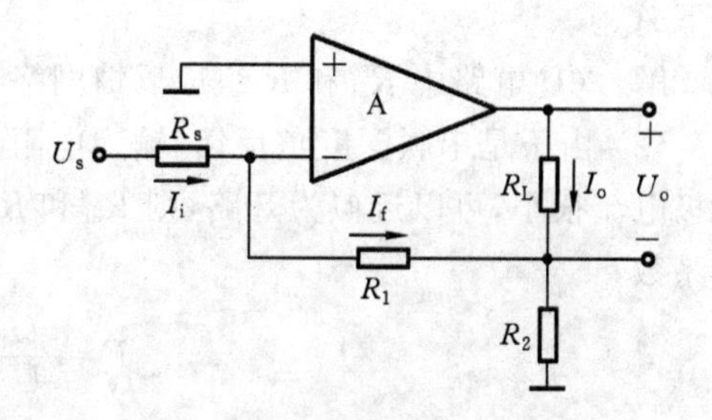

图 7-19　电流并联负反馈电路

图 7-19 所示是电流并联负反馈电路，R_1 在反相输入端的电位近似为零，所以 R_1 和 R_2 可以视为并联关系。在负载电阻上流过的电流是输出电流 I_o，该电流在电阻 R_1 和 R_2 并联的支路上进行分流，得到反馈电流

$$I_f = -\frac{R_2}{R_1+R_2} I_o$$

反馈系数为

$$F = \frac{I_f}{I_o} = -\frac{R_2}{R_1+R_2}$$

$$A_{usf} = \frac{U_o}{U_s} \approx \frac{I_o R_L}{I_f R_s} = \frac{1}{F} \cdot \frac{R_L}{R_s} = -\left(1+\frac{R_1}{R_2}\right)\frac{R_L}{R_s} \tag{7.15}$$

综上所述，求解深度负反馈放大电路放大倍数的一般步骤如下。

(1) 判断反馈类型。

(2) 确定广义放大倍数和反馈系数。

(3) 当电路引入串联负反馈时，$U_i \approx U_f$，当电路引入并联负反馈时，$I_i = I_f$。利用电路特性，找出 $A_{uf}(A_{usf})$ 与广义放大倍数的关系，并最终求得结果。

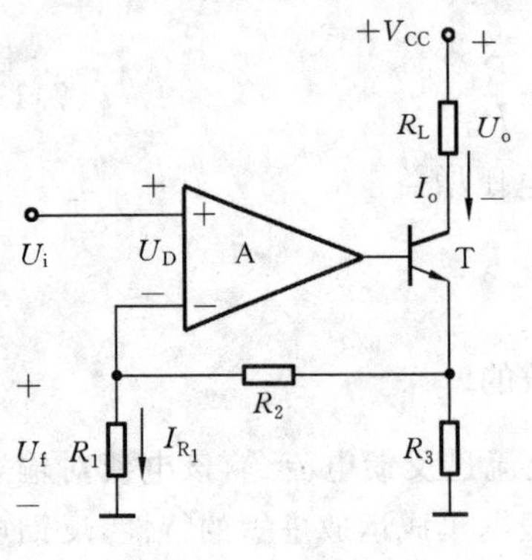

图 7-20 例 7.3 电路

例 7.3 在图 7-20 所示电路中，求解在深度反馈条件下的 A_{uf}。

解 电路中引入了电流串联负反馈，R_1、R_2 和 R_3 组成反馈网络，理想集成运放的输入电流近似为零，所以 R_1 与 R_2 是串联。对三极管 T 而言，集电极电流近似等于射极电流，所以利用分流原理可得

$$I_{R_1} \approx \frac{R_3}{R_1+R_2+R_3} I_o$$

$$U_f = I_{R_1} R_1 = \frac{R_3}{R_1+R_2+R_3} I_o R_1$$

所以反馈系数

$$F = \frac{U_f}{I_o} = \frac{R_1 R_3}{R_1+R_2+R_3}$$

$$A_{uf} = \frac{U_o}{U_i} = \frac{I_o R_L}{U_i} \approx \frac{I_o}{U_f} R_L = \frac{1}{F} R_L = \frac{R_1+R_2+R_3}{R_1 R_3} R_L$$

例 7.4 在如图 7-21 所示电路中，(1)判断电路中反馈类型；(2)求出在深度负反馈条件下 A_{uf}。

解 (1)电路中 R_{e1} 和 R_f 组成反馈网络，引入了电压串联负反馈。

(2) 由于是串联深度负反馈，输入电阻近似为无穷大，因此输入电流近似为零，T_1 管的射极电流很小，可以近似为开路，则 R_{e1} 和 R_f 形成串联关系，反馈电压是 R_{e1} 上的电压。故反馈系数

$$F = \frac{U_f}{U_o} = \frac{R_{e1}}{R_{e1}+R_f}$$

$$A_{uf} = \frac{1}{F} = 1 + \frac{R_f}{R_{e1}}$$

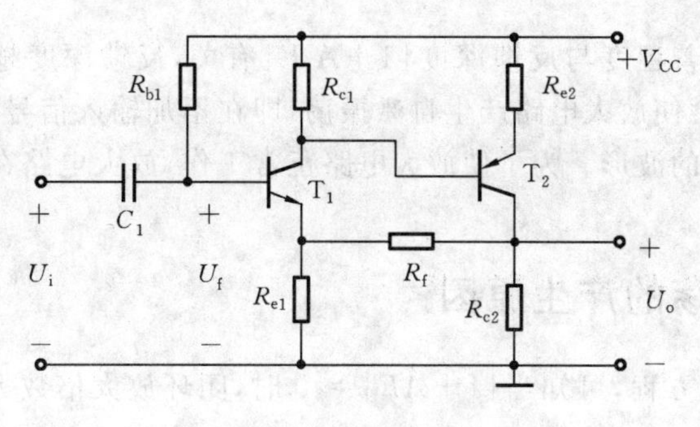

图 7-21　例 7.4 电路

例 7.5　在如图 7-22 所示电路中，(1)判断电路中引入哪种类型的交流负反馈；(2)求出在深度负反馈条件下 A_{uf}。

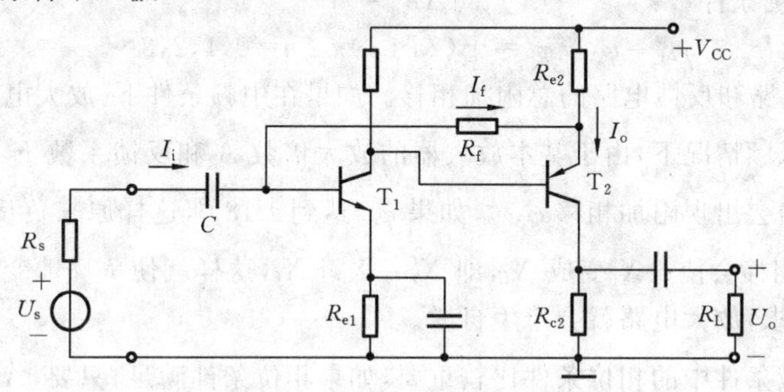

图 7-22　例 7.5 电路

解　(1)反馈元件为 R_f，反馈支路与输出电压不共点，所以是电流反馈；反馈支路与输入电压共点，所以是并联反馈，因此反馈类型是电流并联负反馈。

(2)在交流通路中，直流电源是接地的，而深度并联负反馈的输入电阻可以近似为零，则反馈电阻在输入端的节点可以视为地点，也就是说，在交流通路中，反馈电阻 R_f 与 R_{e2} 是并联关系。根据分流原理得

$$I_f = \frac{R_{e2}}{R_{e2} + R_f} I_o$$

$$F = \frac{I_f}{I_o} = \frac{R_{e2}}{R_{e2} + R_f}$$

$$A_{usf} = \frac{U_o}{U_s} \approx \frac{I_o R'_L}{I_f R_s} = \frac{1}{F} \cdot \frac{R'_L}{R_s} = \left(1 + \frac{R_f}{R_{e2}}\right) \frac{R_{c2} \mathbin{/\!/} R_L}{R_s}$$

7.4　负反馈放大电路的自激振荡

负反馈可以改善放大电路的性能指标，但是负反馈引入不当，则会引起放大电路自激，使电路工作不正常。本节讨论负反馈放大电路的自激振荡问题，此时，我们不能简单地把放大电路看成是工作在中频段，输出与输入没有相位差，反馈网络也可能不是纯电阻网络。这样，放大电路的增益必须用 $\dot{A}$ 表示，反馈网络的反馈系数必须用 $\dot{F}$ 表示。由 7.2 节可知，负

反馈对放大电路的改善程度与反馈深度$|1+\dot{A}\dot{F}|$有关,反馈深度越深,改善效果越明显。但是反馈引入过深,会使放大电路产生自激振荡,即在不加输入信号的前提下,输出端也会产生一定频率和幅度的波形。为了使放大电路正常工作,放大电路在设计时应尽量避免产生自激振荡。

7.4.1 自激振荡的产生原因

根据反馈的基本方程,可知当$|1+\dot{A}\dot{F}|=0$时,闭环放大倍数无穷大。此时不需要输入,放大电路也会有输出,即放大电路产生了自激。将$|1+\dot{A}\dot{F}|=0$改写为

$$\dot{A}\dot{F}=-1 \tag{7.16}$$

上式可分解为幅度条件

$$|\dot{A}\dot{F}|=1 \tag{7.17}$$

以及相位条件

$$\varphi_{AF}=\varphi_{A}+\varphi_{F}=\pm(2n+1)\pi \quad n=0,1,2,3\cdots \tag{7.18}$$

φ_{AF}是放大电路和反馈电路的总附加相移。如果在中频条件下,放大电路设计为负反馈电路,在高频或低频情况下,由于基本放大器的放大倍数$\dot{A}$和反馈系数$\dot{F}$会随信号频率发生变化,因此电路会出现附加相移φ_{AF}。如果φ_{AF}达到$\pm180°$,这样原来负反馈时满足$\dot{X}_i'=\dot{X}_i-\dot{X}_f$,而附加相移会使$-\dot{X}_f$变成$\dot{X}_f$,即$\dot{X}_i'=\dot{X}_i+\dot{X}_f$,这样就使负反馈变为正反馈。如果幅度条件满足要求,放大电路就会产生自激。

一般地,自激条件中的相位条件比较重要,如果相位条件满足,只要$|\dot{A}\dot{F}|\geqslant1$就会产生自激振荡。因为$|\dot{A}\dot{F}|>1$时,信号经过放大和反馈,其幅度会越来越大,直至饱和,不再增大。

在许多情况下,反馈电路是由电阻构成的,所以$\varphi_F=0°$,$\varphi_{AF}=\varphi_A+\varphi_F=\varphi_A$。这时附加相移主要是基本放大电路引入的,因此,基本放大电路的频率特性是产生自激振荡的主要原因。一般来讲,单级负反馈放大电路是稳定的,不会产生自激振荡,因为单级放大电路最大的附加相移不超过90°。两级负反馈放大电路一般也是稳定的,因为两级基本放大电路的最大附加相移达到$\pm180°$时,其幅值$|\dot{A}\dot{F}|\approx0$,仍不满足自激条件。而三级反馈放大电路则存在自激的可能,因为三级基本放大电路的最大附加相移可以达到$\pm270°$,达到$\pm180°$附加相移时的幅值可以满足$|\dot{A}\dot{F}|>1$,也就是满足自激条件。因此,三级及三级以上的负反馈放大电路在深度负反馈条件下必须采取措施避免自激发生。

7.4.2 负反馈放大电路的自激

利用环路增益$\dot{A}\dot{F}$的频率响应图可以有效判断负反馈放大电路是否可能产生自激。

如图7-23所示,当附加相移$\varphi=-180°$时,所对应的频率称为临界频率f_c。当$f=f_c$时,要看环路增益$|\dot{A}\dot{F}|$的大小,如果$|\dot{A}\dot{F}|<1$,即$20\lg|\dot{A}\dot{F}|\leqslant0$,电路稳定;否则,将产生自激。

衡量负反馈放大电路稳定程度的指标是稳定裕度,包括“相位裕度”和“增益裕度”。增益裕度$G_m=20\lg|\dot{A}\dot{F}|_{f=f_c}$,对稳定的放大电路,$G_m$越负,表示越稳定,一般要求$G_m\leqslant-10$

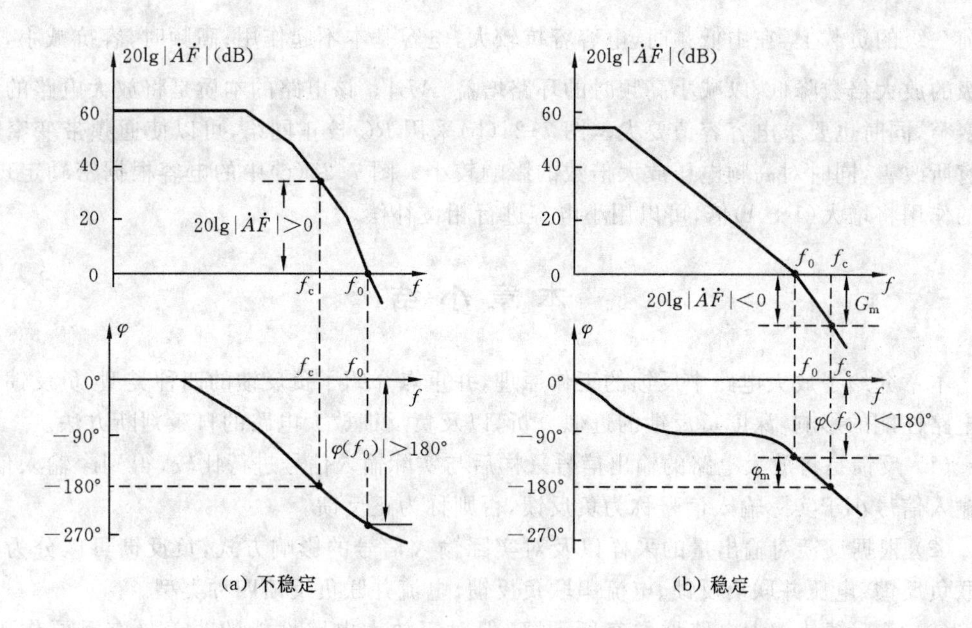

图 7-23　环路增益 $\dot{A}\dot{F}$ 的波特图

dB。相位裕度 $\varphi_m = 180° - |\varphi(f_c)|$，$\varphi(f_c)$表示 $f = f_c$时的相位移。对稳定的放大电路 $|\varphi(f_c)| < 180°$，φ_m是正值，φ_m越大表示反馈电路越稳定。一般要求 $30° \leqslant \varphi_m \leqslant 60°$。

7.4.3　常用的自激消除方法

为了消除负反馈放大电路的自激，一般采取的措施就是破坏自激的幅度条件或相位条件。

破坏幅度条件就是减小环路增益$|\dot{A}\dot{F}|$，当 $\varphi_{AF} = 180°$时，使$|\dot{A}\dot{F}| < 1$。但是这种处理方法会导致反馈深度下降，不利于放大电路性能的改善。所以常用的消除自激的方法是采用相位补偿法。

对于可能产生自激振荡的反馈放大电路，通常是在放大电路中加入 RC 相位补偿网络，改善放大电路的频率特性，使放大电路具有足够的幅度裕度 G_m和相位裕度 φ_m。

图 7-24 所示是消除自激振荡的几种电路。其中图 7-24(a)接入的电容 C 相当于并联

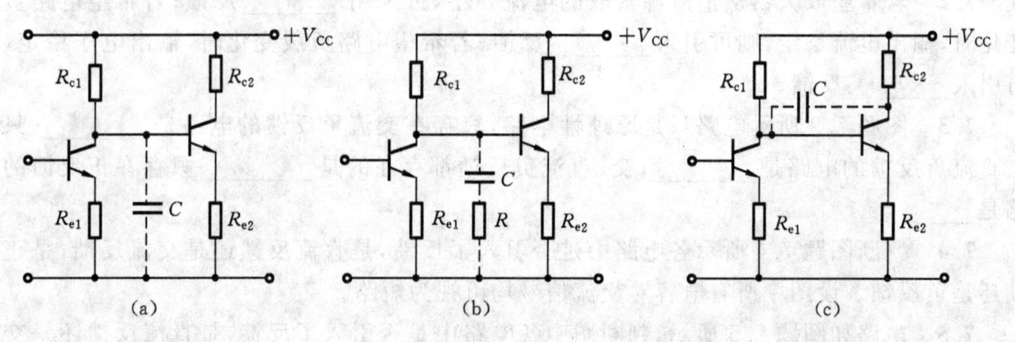

图 7-24　消除自激的几种措施

在前一级的负载上，在中低频时，电容容抗较大，电容基本不起作用；高频时，容抗减小，使前一级的放大倍数降低，以减小高频时的环路增益$|\dot{A}\dot{F}|$。该电路的本质是将放大电路的通频带变窄，同时也要求电容容值要大。图 7-24(b)采用 RC 校正网络，可以使通频带变窄的情况有所改善，同时对高频电压放大倍数的影响较小。图 7-24(c)中的电容根据密勒定理，电容的作用将增大$(1+A)$倍，可以用小电容进行相位补偿。

本章小结

本章介绍了放大电路中反馈的工作原理，并重点介绍了负反馈的四种类型、负反馈对放大电路性能的影响、深度负反馈的近似分析，以及负反馈放大电路的自激判断方法。

(1) 反馈是将放大电路的输出信号采样后与实际输入信号进行比较，得到净输入信号。净输入信号小于实际输入信号称为负反馈，否则称为正反馈。

(2) 根据反馈对输出量的采样以及对实际输入信号的影响方式，负反馈可以分为电压串联负反馈、电压并联负反馈、电流串联负反馈、电流并联负反馈四种类型。

(3) 负反馈使放大电路增益有所下降，但对于放大电路性能的改善具有重要作用，包括：提高放大电路增益的稳定性；稳定输出量，电流负反馈稳定输出电流，电压负反馈稳定输出电压；改善输入电阻、输出电阻，串联负反馈使输入电阻变大，并联负反馈使输入电阻变小，电流负反馈使输出电阻变大，电压负反馈使输出电阻变小；拓宽放大电路通频带；减小非线性失真等。

(4) 当反馈深度远大于 1 时称为深度负反馈。深度负反馈放大电路的净输入近似为零，可以利用 $X_i \approx X_f$ 来估算放大电路的增益。深度负反馈放大电路具有更稳定的性能。

(5) 负反馈放大电路在实际应用中应注意避免出现自激现象。一般来讲，三级以及三级以上的基本放大电路存在自激的可能，通过分析环路增益的频率响应可以判断放大电路是否可能自激，应留有充分的增益裕度和相位裕度。

习　题

7.1 直流负反馈是指____________，交流负反馈是指____________。

7.2 若希望放大器从信号源索取的电流要小，可采用________反馈；若希望电路负载变化时，输出电流稳定，则可引入________反馈；若希望电路负载变化时，输出电压稳定，则可引入________反馈。

7.3 图题 7.3 所示电路只是原理性电路，只存在交流负反馈的电路是________；只存在直流负反馈的电路是________；交、直流负反馈都存在的是________；只存在正反馈的电路是________。

7.4 判断图题 7.4 所示各电路中是否引入了反馈，是直流反馈还是交流反馈，是正反馈还是负反馈。设图中所有电容对交流信号均可视为短路。

7.5 电路如图题 7.5 所示，判断图中各电路中是否引入了反馈，是直流反馈还是交流反馈，是正反馈还是负反馈。设图中所有电容对交流信号均可视为短路。

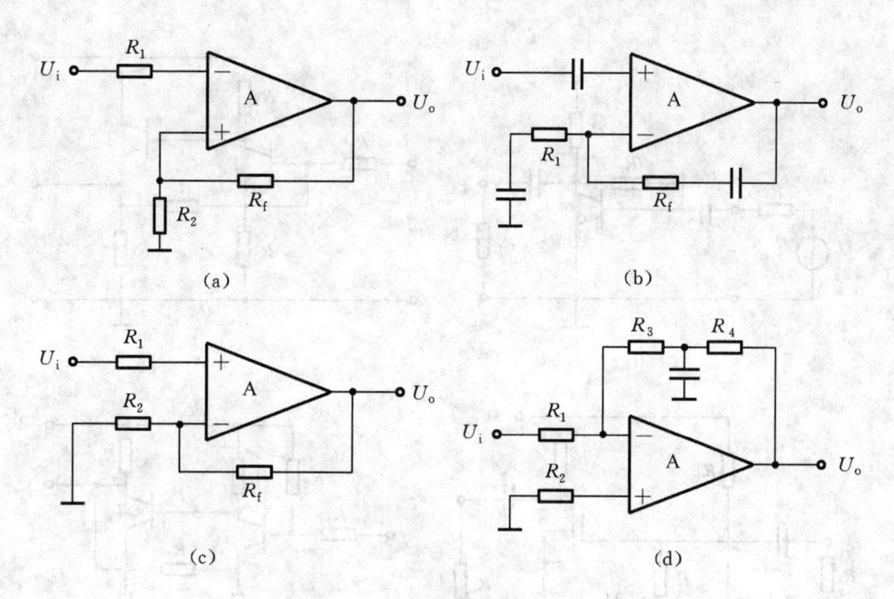

U_i
R_1
A
U_o
R_2
R_f
(a)
(b)
(c)
R_3
R_4
(d)

图题7.3

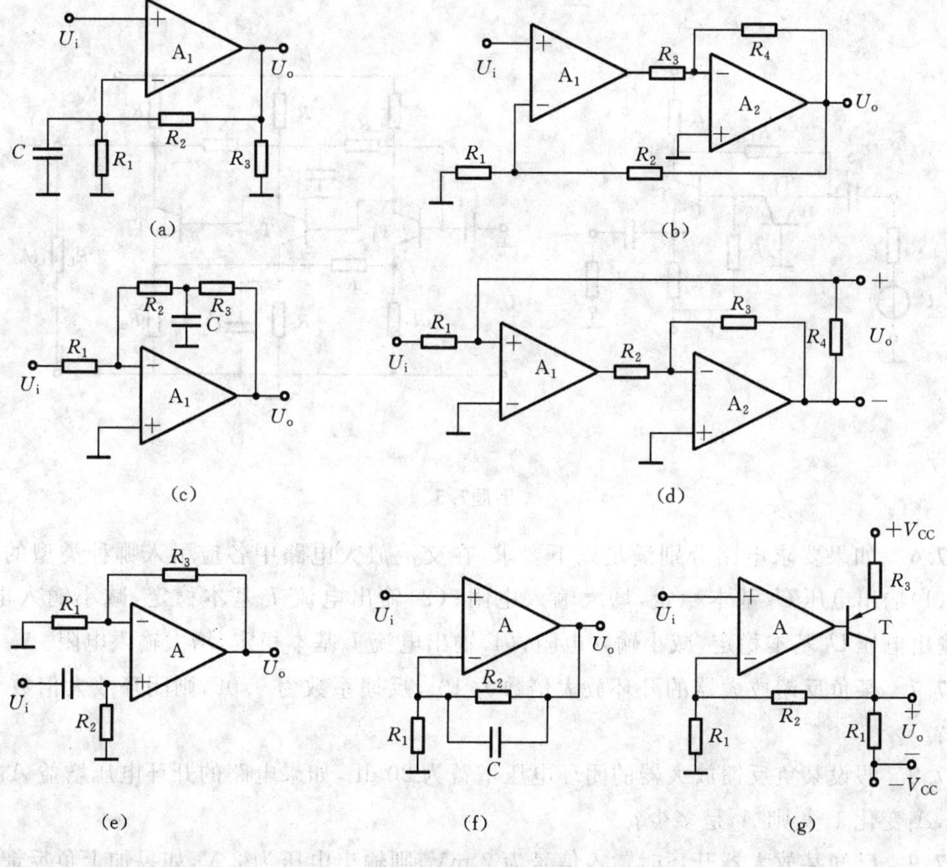

U_i
A_1
A_2
U_o
C
R_1
R_2
R_3
R_4
A
T
$+V_{CC}$
$-V_{CC}$
(a)
(b)
(c)
(d)
(e)
(f)
(g)

图题7.4

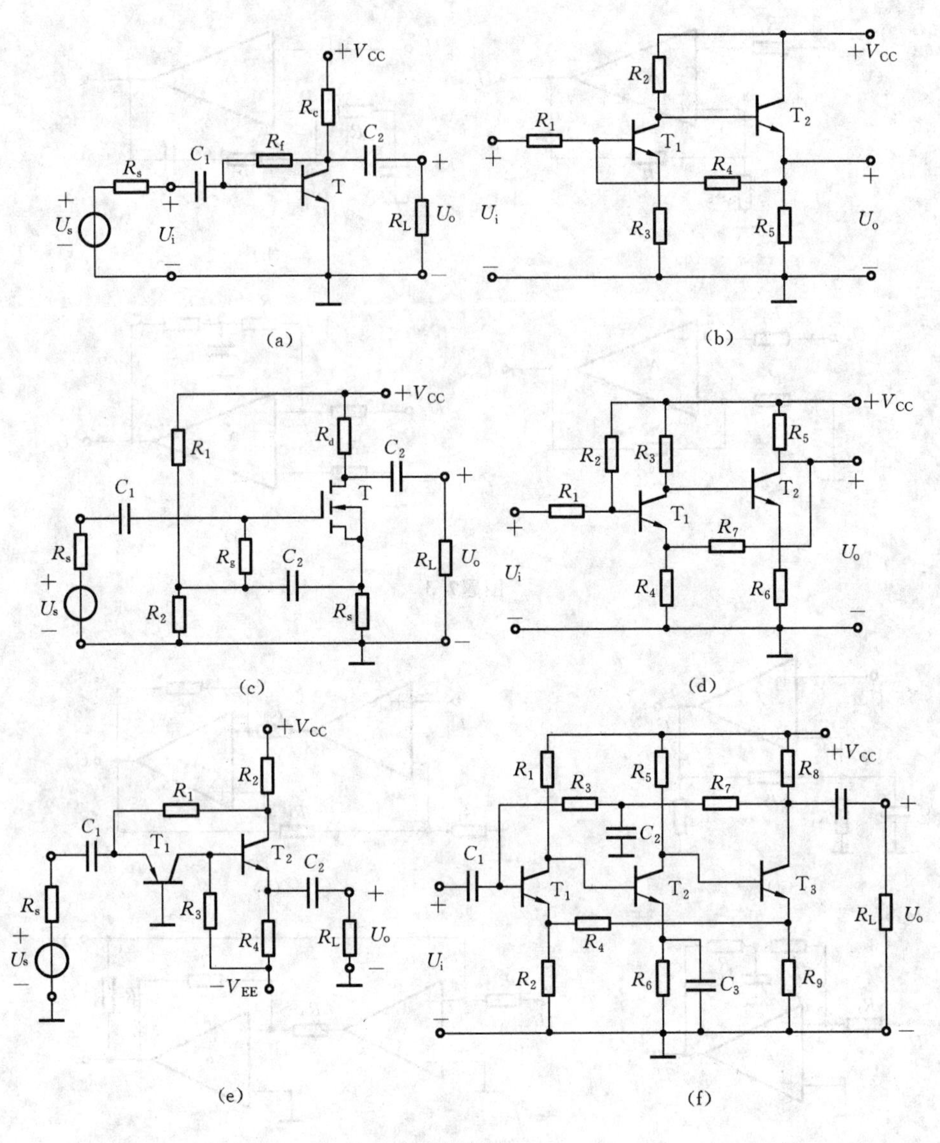

图题7.5

7.6 如果要求电路分别满足以下要求，在交流放大电路中各应引入哪种类型的负反馈？(1)输出电压U_o基本稳定，增大输入电阻；(2)输出电流I_o基本稳定，减小输入电阻；(3)输出电压U_o基本稳定，减小输入电阻；(4)输出电流I_o基本稳定，增大输入电阻。

7.7 某负反馈放大器的开环放大倍数为10^4，反馈系数为0.02，则闭环放大倍数A_f是多少？

7.8 假设某负反馈放大器的闭环电压增益为20 dB，如果电路的开环电压增益A_u变化10%，A_f变化1%，则A_u是多少？

7.9 已知某放大器开环时输入信号为2 mV，则输出电压为2 V，如果加上负反馈而达到同样的输出电压，则输入信号需变为20 mV，请确定负反馈放大电路的反馈深度。

7.10 为组成满足下列要求的电路，应分别引入何种组态的负反馈：(1)组成一个电压控制的电压源，应引入________；(2)组成一个由电流控制的电压源，应引入________；(3)组成一个由电压控制的电流源，应引入________；(4)组成一个由电流控制的电流源，应引入________。

7.11 估算图题 7.5(a)、(b)、(d)、(e)、(f)所示各电路在深度负反馈条件下的电压放大倍数 A_{uf} 和反馈系数 F。

7.12 图题 7.12 中的各参数为：$R_1=R_2=R_3=R_4=1\ \text{k}\Omega$，$R_5=R_6=10\ \text{k}\Omega$。试判别该电路的反馈类型，若为负反馈，求电压放大倍数 A_{uf} 和反馈系数 F。

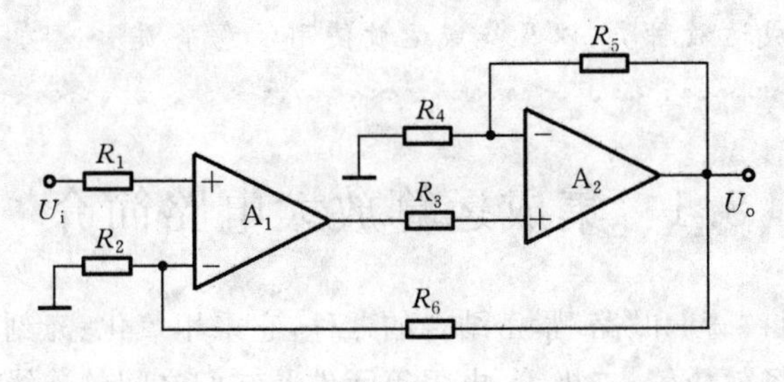

图题7.12

第8章　集成运算放大电路

本章提要：本章主要介绍集成运算放大电路的基本知识，首先介绍集成运算放大器的基本组成，然后介绍了差分放大电路的基本工作原理、电流源电路、集成运放的主要技术性能指标和集成运放种类，以及集成运放使用注意事项。

8.1　集成运算放大电路简介

集成电路是一种将“管”和“路”紧密结合的器件，它采用氧化、光刻、扩散、外延和蒸铝等制造工艺，把三极管、场效应管、二极管、电阻等元件及它们之间的连线所组成的完整电路制作在一小块半导体单晶硅片上，使之具有特定的功能。集成电路按功能可分为模拟集成电路和数字集成电路两大类，其中集成运算放大电路(Integrated Operational Amplifier，简称集成运放)是模拟集成电路中应用最广泛的，是实现高增益放大功能的一种集成器件。目前，集成运放已经广泛应用于自动测试、自动控制、计算技术、信息处理以及通信工程等各个电子技术领域。

8.1.1　集成运放的电路特点

由于制造工艺等方面的限制，与分立元件电路相比，集成运放电路有以下几个特点。

(1) 在集成电路中很难制作大电容和大电感，所以集成运放电路多采用直接耦合方式。

(2) 单个元件的精度不高，易受温度影响，但相邻元件的性能参数比较一致，对称性好，所以集成运放中大量采用差分放大电路和恒流源电路。

(3) 尽可能用有源器件代替无源器件，利用三极管代替较大的电阻。

(4) 制作不同形式的集成电路只是掩模不同，所以集成运放允许采用复杂的电路形式。

总体来说，集成运放和分立器件构成的多级放大电路虽然在工作原理上基本相同，但在电路的结构形式上二者有比较大的差别。

8.1.2　集成运放的方框图

从原理上讲，集成运放实质上就是一个高增益的直接耦合多级放大电路，它的种类、型号很多，电路形式也有所不同。但归纳起来，通常由四个基本部分组成，即输入级、中间放大级、输出级和偏置电路，如图8-1所示。

输入级提供与输出同相和反相的两个输入端，并具有较高的输入电阻和抑制干扰及零点漂移的能力，因而采用差分放大电路。

中间放大级是运放的主放大器，其主要作用是提供较高的电压放大倍数，通常由二、三

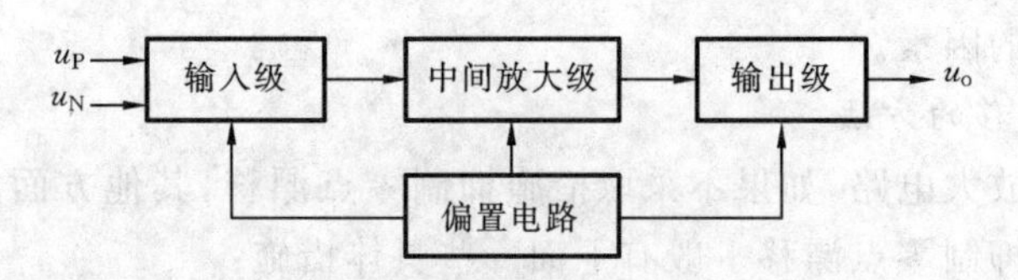

图 8-1　集成运放的基本框图

级直接耦合的共射极放大电路组成。另外，中间放大级还具有将双端输出转换为单端输出的作用。

输出级应具有输出电压线性范围宽、带负载能力强、非线性失真小等特点，一般采用互补对称放大电路。

偏置电路的主要作用是为各级放大电路提供稳定合适的静态工作电流，集成运放的偏置电路一般由各种恒流源组成。

8.2　差分放大电路

差分放大电路(Differential Amplifier)又称差动放大电路，简称差放，是构成多级直接耦合放大电路的基本单元电路。它具有温漂小、便于集成等特点，常用作集成运算放大器的输入级。

运算放大器由于其特有的制造工艺，保证了放大器能对很宽频率信号都均匀放大，所以在本章对输出电压和输入电压不考虑其相位差，即电压放大倍数用实数表示。

8.2.1　直接耦合放大电路的零点漂移现象

1. 零点漂移现象及其产生的原因

直接耦合放大电路在输入信号为零时，会出现输出端的直流电位缓慢变化的现象，称为零点漂移，简称零漂。图 8-2 所示为零点漂移现象的测试电路，当输入电压 u_i 为零时，用高灵敏度的直流电压表测量发现输出电压 u_o 不为零且缓慢变化。

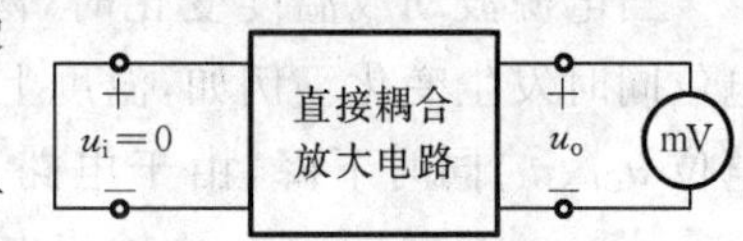

图 8-2　零点漂移现象的测试电路

零漂的存在使得放大电路的输出电压既有有用信号的成分，又有漂移电压的成分，如果漂移量过大，放大电路就不能正常工作。因此必须分析产生零点漂移的原因，并采取相应措施抑制零点漂移。

产生零点漂移的因素很多，如电源电压波动、器件参数的改变、温度的变化等都可以产生零点漂移。其中温度的变化是产生零点漂移的主要原因。因此零点漂移又被称为温度漂移，简称温漂。在阻容耦合放大电路中，缓慢变化的零漂电压被电容等隔直元件阻隔，不会被逐级放大，因此影响不大；但在直接耦合放大电路中，各级的零漂电压被后级电路逐级放大，以至影响到整个电路的工作，显然第一级的零漂影响最为严重。

电源电压的波动可以通过采用高精度的稳压电源来解决；电阻、电容等元件可以选用高质量的产品，并通过老化等方法来提高它们的稳定性；只有半导体三极管，由于它的导电机理有对温度敏感的特点，且温度又很难维持恒定，所以半导体三极管参数受温度的影响产生的零漂就成为主要的因素。

2. 抑制零点漂移的方法

对于直接耦合放大电路,如果不采取措施抑制零点漂移,其他方面的性能再优良,也不能成为实用电路。抑制零点漂移一般有下面一些具体措施:

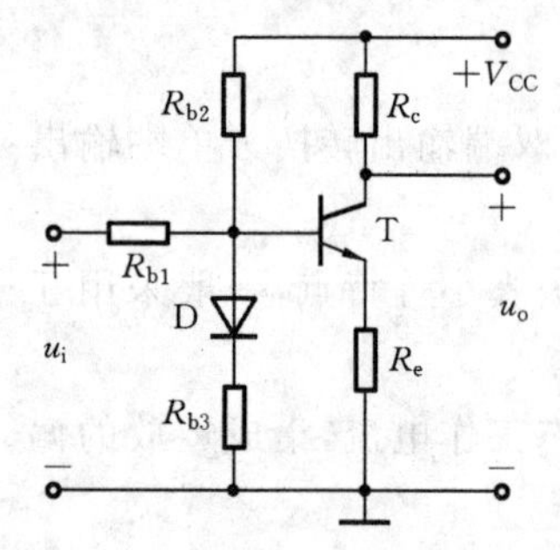

图 8-3　静态工作点稳定电路

(1) 选用高稳定性的元器件;

(2) 元器件要经过老化处理再使用,以确保参数的稳定性;

(3) 采用稳定性高的稳压电源,减少电源电压波动的影响;

(4) 采用温度补偿电路,利用热敏元件来抵消放大管的变化,如图 8-3 所示电路中的二极管就起到这样的作用,当温度升高时,二极管导通电压减小,从而限制三极管基极电位的上升,减小 I_{BQ} 的变化;

(5) 在电路中引入直流负反馈,如 4.2.4 节中带射极电阻的分压偏置式共射极放大电路;

(6) 采用差分放大电路,这是目前应用最广的电路,它常用作集成运放的输入级。

8.2.2　基本差分放大电路

1. 电路组成

图 8-4 所示是基本差分放大电路,它由两个相同的单管放大电路组成。输出信号从两个管的集电极之间取出,即 $u_o=u_{C1}-u_{C2}$。假设电路中两个三极管的参数及温度特性完全相同,相应的电阻元件也相同,即两边电路是完全对称的。信号电压由两个三极管的基极输入,放大后的输出电压由两个三极管的集电极输出,这种连接方式称为双端输入双端输出的连接方式。

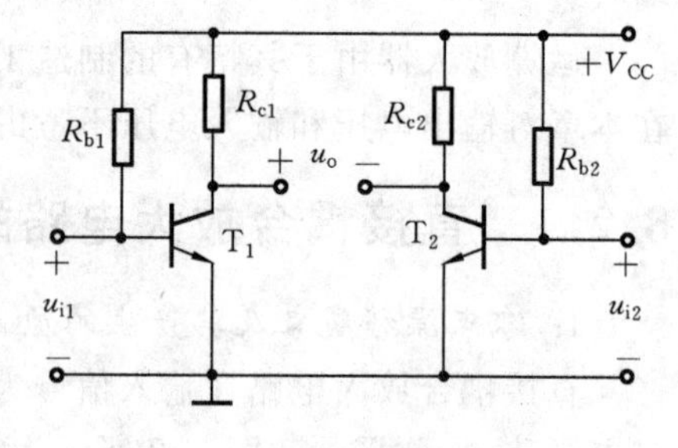

图 8-4　基本差分放大电路

当电源波动或温度变化时,两个三极管的集电极电位同时发生变化。例如,温度上升使两个三极管的电流同时增加,则两个三极管的集电极电位 u_{C1}、u_{C2} 同时下降,由于电路是对称的,则三极管的电流和电压的变化量均相等。即 $\Delta i_{C1}=\Delta i_{C2}$、$\Delta u_{C1}=\Delta u_{C2}$,而输出电压是从两个三极管的集电极取出的,即

$$u_o=(u_{C1}-\Delta u_{C1})-(u_{C2}-\Delta u_{C2})=0 \tag{8.1}$$

所以集电极电压的变化是相互抵消的。因此,在电路完全对称的情况下,由于温度变化所引起的零点漂移对输出电压几乎没有影响。

由于是利用电路两边的零漂相等、二者互相抵消的办法来克服输出零漂,如果电路不对称、两边零漂不相等,就会产生输出零漂。因此,两边电路的对称程度将直接影响输出零漂的大小。上面假设电路完全对称,这是一种理想情况,实际电路不可能完全对称,不过为了减少输出零漂,应尽可能地提高电路的对称程度。

2. 对输入信号的作用

1) 差模输入

所谓差模输入就是两个输入端的信号电压大小相等而极性相反,即 $u_{i1}=-u_{i2}$。

如图 8-5 所示，输入信号 u_i 加在两个三极管的基极之间，通过电阻 R 的分压作用，使每个三极管的输入电压为 u_i 的二分之一。不过对两个放大管来说，输入信号恰好大小相等而极性相反(即两个三极管基极电位对地而言极性是相反的)，即

$$u_{i1}=\frac{1}{2}u_i,\quad u_{i2}=-\frac{1}{2}u_i \tag{8.2}$$

两个输入信号之差 $u_{i1}-u_{i2}=u_i$，故称为差模输入或差动输入。

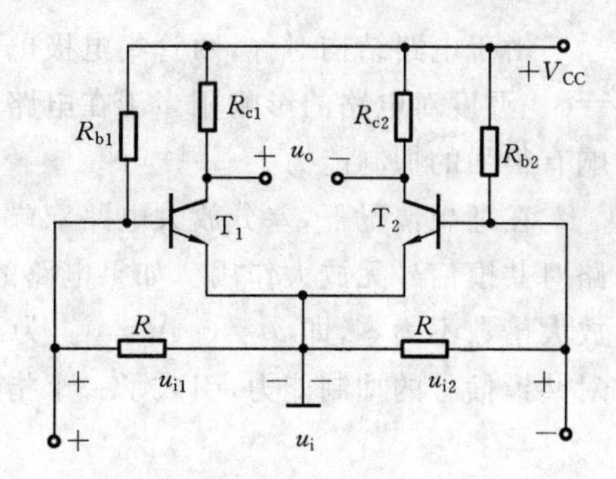

图 8-5　差模输入的基本差分放大电路

由于电路结构对称，差动放大电路中的每一边单管放大倍数是相同的，即

$$A_{u1}=A_{u2}=A \tag{8.3}$$

则两个三极管集电极对地的电压分别为

$$u_{o1}=A_{u1}u_{i1}=Au_{i1}=\frac{1}{2}Au_i \tag{8.4}$$

$$u_{o2}=A_{u2}u_{i2}=Au_{i2}=-\frac{1}{2}Au_i \tag{8.5}$$

两个三极管集电极之间的输出电压为

$$u_o=u_{o1}-u_{o2}=\frac{1}{2}Au_i-\left(-\frac{1}{2}Au_i\right)=Au_i \tag{8.6}$$

上式表明，由两个三极管组成的差动放大电路对差模信号的电压放大倍数(常称差模放大倍数，用 A_d 表示)与单管放大电路的电压放大倍数相同。实际上这种电路是牺牲一个管子的放大作用来换取对零点漂移的抑制。

2) 共模输入

所谓共模输入就是两个输入信号大小相等且极性也相同，即

$$u_{i1}=u_{i2}=u_{ic} \tag{8.7}$$

如图 8-6 所示，u_{ic} 为共模输入信号。对于输入的共模信号 u_{ic}，通过电路放大，会产生一个共模输出信号 u_{oc}，二者之比称为共模电压放大倍数，用 A_c 表示，即

$$A_c=\frac{u_{oc}}{u_{ic}} \tag{8.8}$$

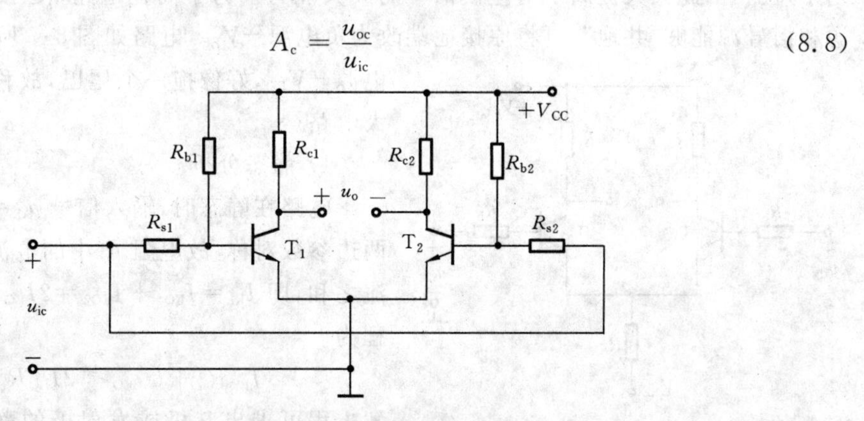

图 8-6　共模输入的基本差分放大电路

由于电路结构对称，两管集电极电位的变化量相等且极性相同，因而双端输出电压 $u_{oc}=0$。温度对电路的影响相当于在电路输入端加入共模信号，因此差分放大电路对温度的影响有很强的抑制能力。

在理想情况下，差分放大电路双端输出时共模电压放大倍数 A_c 等于零，即差分放大电路对共模信号无放大作用。如果电路的对称性不好，则在输出端会有输出电压，使共模电压放大倍数不为零，即 $u_o\neq 0, A_c\neq 0$。为了综合考察差分放大电路对差模信号的放大能力和对共模信号的抑制能力，引入了一个指标参数——共模抑制比 K_{CMR}，定义为

$$K_{CMR}=\left|\frac{A_d}{A_c}\right| \tag{8.9}$$

差分放大电路的差模电压放大倍数 A_d 越大，共模电压放大倍数 A_c 越小，抑制温漂能力就越强。在电路参数理想对称情况下，$K_{CMR}=\infty$。

3) 任意输入信号

在图 8-4 所示的差分放大电路的两个输入端输入对地信号 u_{i1}、u_{i2}，这种输入方式称为任意输入。当 $u_{i1}=u_{i2}=u_{ic}$ 时，输入信号即为共模信号；当 $u_{i1}\neq u_{i2}$ 时差分放大电路的输入端输入了差模信号的同时，还可能输入了共模信号。

在任意信号输入下两个三极管的集电极输出分别为

$$u_{o1}=A_d u_{i1},\quad u_{o2}=A_d u_{i2} \tag{8.10}$$

而输出电压为

$$u_o=u_{o1}-u_{o2}=A_d(u_{i1}-u_{i2}) \tag{8.11}$$

由此可见，输出电压与输入电压之差成正比，这也是差分放大电路名称的由来。

3. 长尾式差分放大电路

在实际应用中，为了更好地抑制温漂、稳定静态工作点，构成基本差分放大电路的两个单管共射放大电路往往采用带射极电阻的工作点稳定电路。研究差模输入信号作用时 T_1 管和 T_2 管发射极电流的变化，不难发现，它们与基极电流一样，变化量的大小相等、方向相反。若将两个三极管发射极连在一起，将两个射极电阻合并成一个电阻 R_e，则在差模信号作用下 R_e 中的电流变化为零，即 R_e 对差模信号无反馈作用，也就是说此电阻对差模信号相当于短路，因此大大提高了对差模信号的放大能力。为了简化电路，便于调节工作点，使电源和信号源能够“共地”，可将原接地端改为负电源 $-V_{EE}$，电路如图 8-7 所示。由于 R_e 接负电源 $-V_{EE}$，好像拖一个尾巴，故称为长尾式差分放大电路。

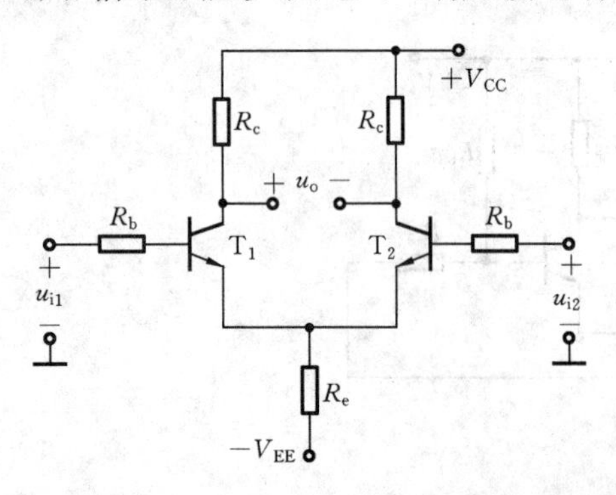

图 8-7 长尾式差分放大电路

1) 静态分析

电路在静态时，输入信号 $u_{i1}=u_{i2}=0$，由于电路两边参数对称，故电阻 R_e 中的电流是两管发射极电流之和，即 $I_{Re}=I_{EQ1}+I_{EQ2}=2I_{EQ}$，列基极回路的方程为

$$I_{BQ}R_b+U_{BEQ}+2I_{EQ}R_e=V_{EE} \tag{8.12}$$

解方程可求出基极或发射极的静态电流。由于电阻 R_b 和电流 I_{BQ} 通常情况下较小，因此 R_b 上的电压

可以忽略不计，故发射极的静态电流

$$I_{EQ} \approx \frac{V_{EE} - U_{BEQ}}{2R_e} \tag{8.13}$$

配合电源 V_{EE} 合理选择电阻 R_e 的阻值，即可设置合适的静态工作点。基极静态电流和集电极静态电压为

$$I_{BQ} = \frac{I_{EQ}}{1+\beta} \tag{8.14}$$

$$U_{CQ} \approx V_{CC} - I_{CQ}R_c \tag{8.15}$$

由于静态时两管集电极电位相同，所以

$$u_O = U_{CQ1} - U_{CQ2} = 0$$

2）动态分析

当电路输入共模信号时，由于电路参数理想对称，$A_c \approx 0$。温度变化时管子的电流变化完全相同，可将温度漂移等效成共模信号，差分放大电路对共模信号有很强的抑制作用。

当电路输入差模信号 u_{id} 时，由于电路参数对称，u_{id} 经分压后，加在两管上的电压分别是 $+u_{id}/2$ 和 $-u_{id}/2$，如图 8-8(a)所示。由于射极电位在差模信号作用下不变，相当于接“地”，故其差模等效电路如图 8-8(b)所示，差模电压放大倍数为

$$A_d = \frac{u_{od}}{u_{id}} = -\frac{\beta R_c}{R_b + r_{be}} \tag{8.16}$$

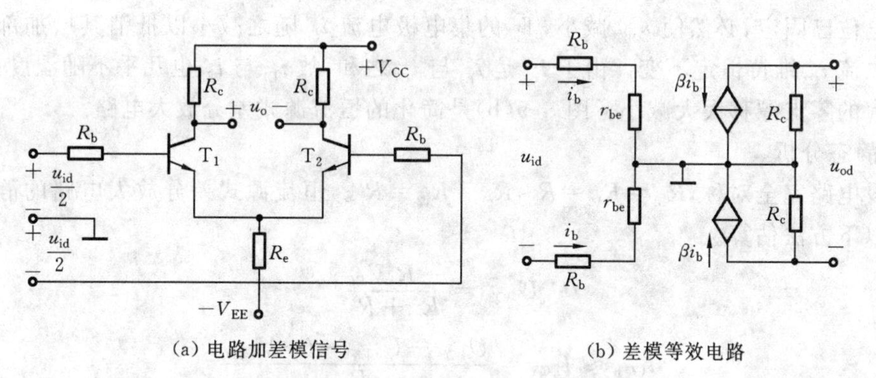

(a) 电路加差模信号　　(b) 差模等效电路

图 8-8　差分放大电路加差模信号

根据输入电阻的定义，差模输入电阻为

$$R_i = 2(R_b + r_{be}) \tag{8.17}$$

由上式可知，差模输入电阻是单管共射放大电路输入电阻的两倍。电路的输出电阻为

$$R_o = 2R_c \tag{8.18}$$

也是单管共射放大电路输出电阻的两倍。

试想，如果输出端接负载电阻 R_L，则以上求得的参数如何变化？

8.2.3　具有恒流源的差分放大电路

长尾式差分放大电路是利用发射极公共电阻 R_e 的稳流作用来抑制零点漂移的，且电阻

R_e越大，对零点漂移的抑制能力越强。若R_e增大，则R_e上的直流压降增大。为了保证管子正常工作，必须提高V_{EE}的值，这样就很不合算。为了解决这一矛盾，将长尾式差分放大电路中的发射极公共电阻R_e用恒流源代替，即得恒流源式差动放大电路，如图 8-9 所示。

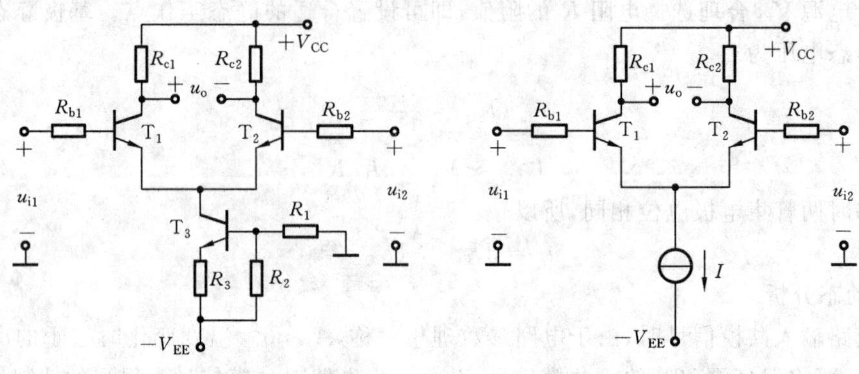

(a) 单管电流源差分放大电路　　(b) 简化的恒流源差分放大电路

图 8-9　恒流源式差分放大电路

由 R_1、R_2、R_3 和 T_3 所构成的恒流源电路是射极接电阻的共射极放大电路，解决了在较低的V_{EE}下获得较大的等效电阻R_e的问题。图 8-9 中电阻 R_1、R_2 的分压固定了三极管 T_3 的基极电位，R_3 起电流负反馈作用。当温度增加使 i_{E3} 增加时，R_3 上的压降增加，由于 T_3 的基极电位已固定，必然使 u_{BE3}减小，T_3 的集电极电流 i_{C3} 随之减小以抵消其增加部分而使集电极电流 i_{C3} 维持恒定不变。由于 i_{C3} 是 i_{E1} 与 i_{E2}之和，故 i_{E1} 与 i_{E2} 也几乎不随温度而变，从而使单管的零点漂移大大减小。图 8-9(b)是简化的恒流源式差分放大电路。

1）静态分析

假设电路完全对称，$R_{b1}=R_{b2}=R_b$，$R_{c1}=R_{c2}=R_c$。恒流源式差分放大电路的静态工作点可按以下方法估算。

$$U_{BQ3}=\frac{-R_1V_{EE}}{R_1+R_2} \tag{8.19}$$

$$I_{CQ3}\approx I_{EQ3}=\frac{U_{BQ3}-U_{BE3}-(-V_{EE})}{R_3} \tag{8.20}$$

$$I_{CQ1}=I_{CQ2}\approx\frac{I_{CQ3}}{2} \tag{8.21}$$

$$I_{BQ1}=I_{BQ2}=\frac{I_{CQ1}}{\beta} \tag{8.22}$$

$$U_{CQ1}=U_{CQ2}=V_{CC}-I_{CQ1}R_{c1} \tag{8.23}$$

2）动态分析

由于恒流源差分放大电路相当于在射极接入一个数值很大的电阻 R_e，所以它对差模信号无影响，而对共模信号有负反馈作用。该电路的差模电压放大倍数、共模电压放大倍数、输入电阻、输出电阻与长尾式差分放大电路完全一样。

8.2.4　差分放大电路的四种接法

由于差分放大电路有一对输入端和一对输出端，所以在信号输入与输出的接法上就有四种形式。在实际应用中，为了防止干扰，常将信号源的一端接地，或者将负载电阻的一端接地。根据输入端和输出端接地情况不同，除双端输入双端输出电路外，还有双端输入单端输出电路、单端输入双端输出电路和单端输入单端输出电路。

前面介绍的长尾式电路采用的是双端输入双端输出的接法，其特点是放大倍数大小与单管放大电路相同，依靠电路的对称性和对共模信号负反馈共同作用抑制零漂，它适用于输入、输出都不需要接地，对称输入、对称输出的场合，具体分析这里不再重复。下面分别介绍其他三种接法的差分放大电路。

1. 双端输入单端输出电路

图 8-10(a)所示为双端输入单端输出差分放大电路，适用于负载电阻的一端需要接地的应用场合，与双端输入双端输出电路相比有如下三点差别。

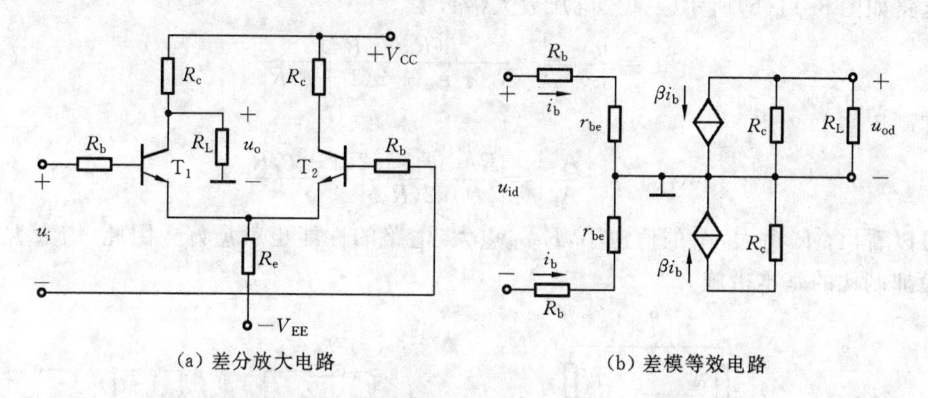

图 8-10　双端输入单端输出差分放大电路

(1) 静态时输出端的直流电位不为零。

电路在静态时，由于输入回路对称，基极、发射极和集电极的静态电流与双端输入双端输出时相同，但集电极电位发生了变化，可以用戴维南定理画出输出回路的等效电路，从而求得集电极静态电位。也可以通过基尔霍夫电流定律列节点电流方程求得集电极静态电位，我们采用后者进行分析。

设 T_1 管集电极电位为 U_{CQ1}，流过电阻 R_L 的电流为 I_L，流过电阻 R_c 的电流为 I_{R_c}，则

$$I_{CQ} + I_L = I_{R_c} \tag{8.24}$$

$$I_{CQ} + \frac{U_{CQ1}}{R_L} = \frac{V_{CC} - U_{CQ1}}{R_c} \tag{8.25}$$

解得

$$U_{CQ1} = \frac{R_L}{R_L + R_c} V_{CC} - I_{CQ}(R_c \ // \ R_L) \tag{8.26}$$

T_2 管集电极电位

$$U_{CQ2} = V_{CC} - I_{CQ} R_c$$

(2) 输出信号只从一管的集电极取出，所以电压放大倍数仅为双端输出电路的一半。

画出图 8-10(a)所示电路对差模信号的等效电路，如图 8-10(b)所示，可以写出差模放大倍数为

$$A_d=\frac{u_{od}}{u_{id}}=-\frac{1}{2}\cdot\frac{\beta(R_c // R_L)}{R_b+r_{be}} \tag{8.27}$$

电路的输入回路没有变，所以输入电阻仍为 $2(R_b+r_{be})$。电路的输出电阻为 R_c，是双端输出电路输出电阻的一半。如果输入差模信号极性不变，而输出信号取自 T_2 管的集电极，则输出与输入同相。

(3) 电路的零漂和共模抑制比 K_{CMR} 指标要低于双端输出电路。

这是由于信号从单端输出，没有利用差分电路两边对称、两个输出端的共模电压和零点漂移互相抵消这一特点，只有靠 R_e 的负反馈作用来抑制共模信号和零点漂移。当有共模信号输入时，发射极电阻 R_e 上的电流变化量是单管射极电流的2倍，对于每只管子而言，可以认为是1倍的电流流过阻值为 $2R_e$ 的射极电阻，如图8-11(a)所示。T_1 管一边电路的共模等效电路如图8-11(b)所示。共模电压放大倍数为

$$A_c=\frac{u_{oc}}{u_{ic}}=-\frac{\beta(R_c // R_L)}{R_b+r_{be}+2(1+\beta)R_e} \tag{8.28}$$

共模抑制比

$$K_{CMR}=\left|\frac{A_d}{A_c}\right|=\frac{R_b+r_{be}+2(1+\beta)R_e}{2(R_b+r_{be})} \tag{8.29}$$

可以看出，R_e 愈大，A_c 的值愈小，K_{CMR} 愈大，电路的性能也就愈好。因此，增大 R_e 是改善共模抑制比的基本措施。

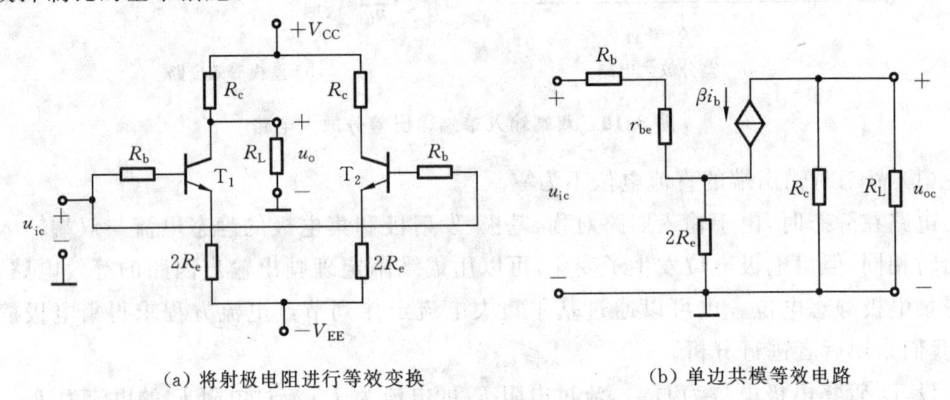

(a) 将射极电阻进行等效变换　　　(b) 单边共模等效电路

图8-11　双端输入单端输出电路对共模信号的等效电路

2. 单端输入双端输出电路

当差分放大电路的输入信号由一个输入端与地之间加入，另一个输入端接地时，称为“单端输入”。如果输出信号仍由两管的集电极之间取出，形成单端输入双端输出的接法，如图8-12(a)所示。

为了说明这种输入方式的特点，不妨将输入信号进行如图8-12(b)所示的等效变换。可以看出，输入中既有差模信号 $u_i=u_i/2-(-u_i/2)$，又有共模信号 $u_i/2$。在共模放大倍数 A_c 不为零时，输出端不仅有差模信号作用而得到的差模输出电压，而且还有共模信号作用而得到的共模输出电压，输出电压为

$$u_o=A_d u_i+A_c\frac{u_i}{2} \tag{8.30}$$

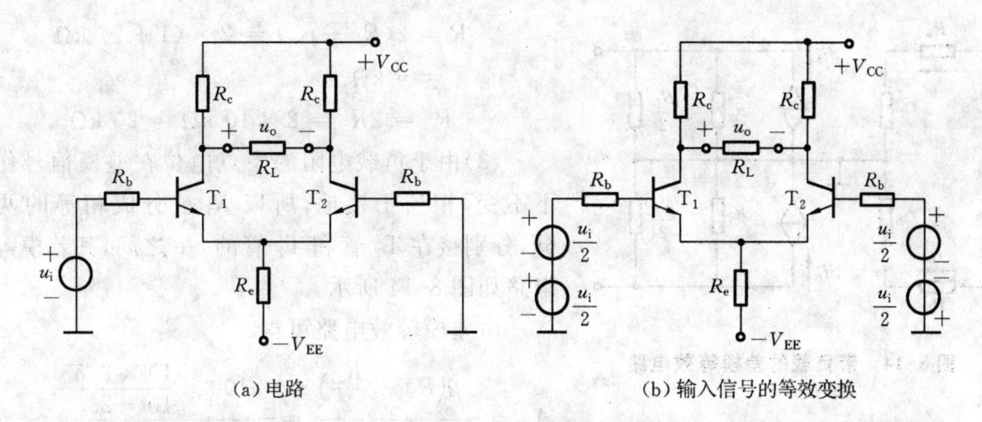

图 8-12　单端输入双端输出电路

若电路参数理想对称，则 $A_c=0$，即上式中的第二项为零，此时 K_{CMR} 将为无穷大。

3. 单端输入单端输出电路

图 8-13 所示为单端输入单端输出电路，它既有单端输出电路的特点，又具有单端输入电路的特点，这里就不再重复分析了。

由以上分析，可将四种接法差分放大电路的特点归纳如下。

(1) 无论输入端连接的形式如何，输入电阻均为 $2(R_b+r_{be})$。

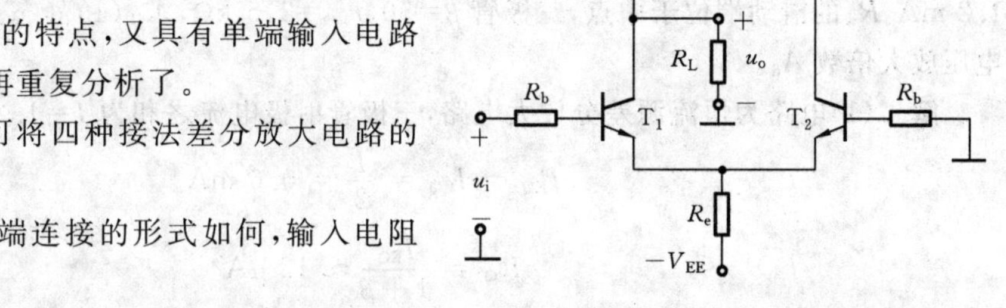

图 8-13　单端输入单端输出电路

(2) A_d、R_o 均与输出方式有关。单端输出时，A_d 为单管放大倍数的一半，R_o 为 R_c；双端输出时，A_d 则与单管放大倍数相同，R_o 为 $2R_c$。

(3) 单端输入时，若输入信号为 u_i，其差模输入电压 $u_{id}=\frac{u_i}{2}$；而与此同时，共模输入电压 $u_{ic}=+u_i/2$，输出电压 $u_o=A_d u_i+A_c\cdot u_i/2$。

(4) 在同样的电路参数情况下，双端输出的抑制零漂和抗共模干扰能力比单端输出强。

例 8.1　电路如图 8-8(a)所示，已知 $R_b=1\ \text{k}\Omega$，$R_c=10\ \text{k}\Omega$，$R_e=5.3\ \text{k}\Omega$，$V_{CC}=12\ \text{V}$，$V_{EE}=6\ \text{V}$，三极管的 $\beta=100$，$r_{be}=2\ \text{k}\Omega$。

(1) 求三极管发射极静态电流 I_{EQ} 和静态管压降 U_{CEQ}；

(2) 计算 A_d、R_i 和 R_o；

(3) 将负载电阻 $R_L=5.1\ \text{k}\Omega$ 接于输出端，计算(2)中各参数。

解　(1)根据式(8.13)得

$$I_{EQ}\approx\frac{V_{EE}-U_{BEQ}}{2R_e}=\frac{6-0.7}{2\times5.3}\ \text{mA}=0.5\ \text{mA}$$

根据式(8.15)得

$$U_{CEQ}=V_{CC}-I_{CQ}R_c+U_{BEQ}=(12-0.5\times10+0.7)\ \text{V}=7.7\ \text{V}$$

(2)根据式(8.16)、式(8.17)和式(8.18)可计算出动态参数

$$A_d=-\frac{\beta R_c}{R_b+r_{be}}=-\frac{100\times10}{1+2}\approx-333$$

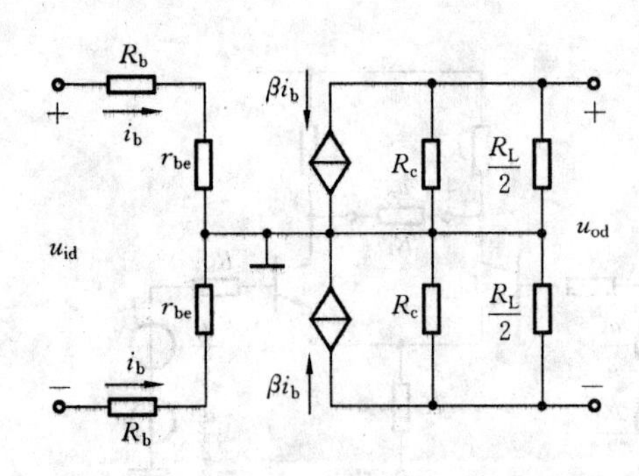

图 8-14 带负载的差模等效电路

$$R_i = 2(R_b + r_{be}) = 2 \times (1+2)\ \text{k}\Omega = 6\ \text{k}\Omega$$

$$R_o = 2R_c = 2 \times 10\ \text{k}\Omega = 20\ \text{k}\Omega$$

(3)由于负载电阻的中点电位在差模信号作用下不变，相当于接地，所以 R_L 被分成相等的两部分，分别接在 T_1 管和 T_2 管的 c-e 之间，其差模等效电路如图 8-14 所示。

由差模等效电路可得

$$A_d = -\frac{\beta\left(R_c \,/\!/\, \frac{R_L}{2}\right)}{R_b + r_{be}} = -\frac{100 \times \frac{10 \times 2.55}{10 + 2.55}}{1+2} \approx -68$$

$$R_i = 2(R_b + r_{be}) = 2 \times (1+2)\ \text{k}\Omega = 6\ \text{k}\Omega$$

$$R_o = 2R_c = 2 \times 10\ \text{k}\Omega = 20\ \text{k}\Omega$$

例 8.2 图 8-15 所示电路中，已知 $V_{CC} = V_{EE} = 9\ \text{V}$，$R_c = 10\ \text{k}\Omega$，$R_b = R_w = 100\ \Omega$，$I = 1.2\ \text{mA}$，$R_w$ 的滑动端位于中点，三极管 $\beta = 50$，$r_{be} = 2.5\ \text{k}\Omega$，求：(1)静态工作电流；(2)差模电压放大倍数 A_d。

解 (1)电路为恒流源差分放大电路，三极管射极电流之和为 $I = 1.2\ \text{mA}$，故

$$I_{EQ} = I_{CQ} = \frac{I}{2} = 0.6\ \text{mA}$$

$$I_{BQ} = \frac{I_{EQ}}{1+\beta} \approx 12\ \mu\text{A}$$

(2)R_w 的中点在差模信号作用下相当于接地，等效电路如图 8-15(b)所示，从图中可求得差模电压放大倍数

$$A_d = \frac{u_{od}}{u_{id}} = \frac{u_{od}/2}{u_{id}/2} = \frac{-\beta R_c}{R_b + r_{be} + (1+\beta)\frac{R_w}{2}} \approx -97$$

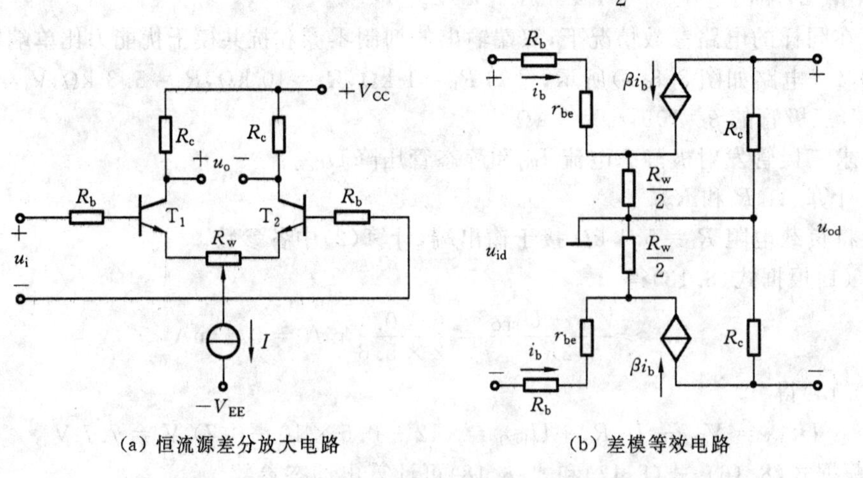

(a) 恒流源差分放大电路 (b) 差模等效电路

图 8-15 例 8.2 的恒流源差分放大电路及其差模等效电路

8.3　集成运放中的电流源

电流源电路不仅能输出比较稳定的电流，而且具有较大的交流等效电阻，在集成电路中常常用它给放大电路提供偏置电流或作为有源负载。在集成运算放大电路中，根据对称性的设计特点，常用的集成电流源有如下几种形式。

8.3.1　基本电流源电路

1. 镜像电流源

图 8-16 所示为镜像电流源电路，三极管 T_0 和 T_1 组成对管，其参数完全一致，即 $\beta_0=\beta_1=\beta, U_{BE0}=U_{BE1}=U_{BE}$，从而保证 T_0 工作在放大状态，因而它的集电极电流 $I_{C0}=\beta_0 I_{B0}$。图中 T_0 和 T_1 的 b-e 间电压相等，所以它们的基极电流 $I_{B0}=I_{B1}=I_B$，集电极电流 $I_{C0}=I_{C1}=I_C=\beta I_B$。可见，由于电路的这种特殊接法，使 I_{C1} 和 I_{C0} 呈镜像关系，故称为镜像电流源，I_{C1} 为输出电流。

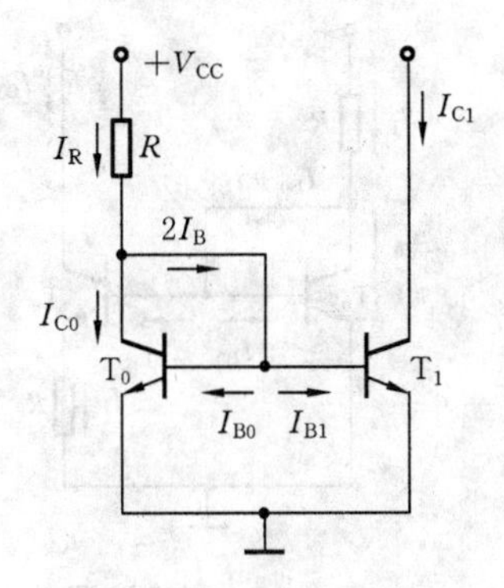

图 8-16　镜像电流源

电阻 R 中的电流为基准电流，其表达式为

$$I_R=\frac{V_{CC}-U_{BE}}{R}=I_C+2I_B=I_C+2\cdot\frac{I_C}{\beta} \tag{8.31}$$

所以集电极电流

$$I_C=\frac{\beta}{\beta+2}\cdot I_R \tag{8.32}$$

由式(8-32)可知，当 $\beta\gg2$ 时，输出电流

$$I_{C1}\approx I_R=\frac{V_{CC}-U_{BE}}{R} \tag{8.33}$$

当温度升高时，集电极电流增大，必然导致基准电流增加，因此电阻 R 上的电压也增加。由于电源电压不随温度变化，所以三极管基极电位必然降低，从而导致基极电流的下降，于是集电极电流也随之减小。当温度降低时，电流和电压的变化与上述过程相反。可见，镜像电流源具有一定的温度补偿作用，因此提高了电流源的稳定性。

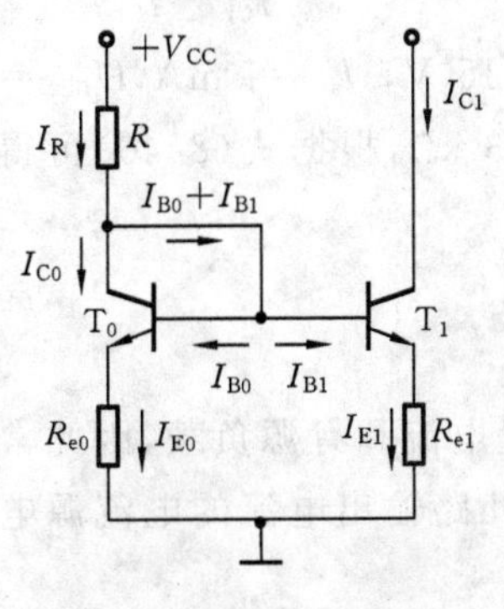

图 8-17　比例电流源

2. 比例电流源

比例电流源电路如图 8-17 所示。从图 8-17 所示电路可知

$$U_{BE0}+I_{E0}R_{e0}=U_{BE1}+I_{E1}R_{e1} \tag{8.34}$$

由于三极管特性完全对称，$U_{BE1}=U_{BE0}, \beta_1=\beta_0$，所以，

$$I_{E0}R_{e0}=I_{E1}R_{e1}$$

$$I_{E0}\approx I_{C0},\quad I_{E1}\approx I_{C1}$$

则

$$I_{C1}=I_{C0}R_{e0}/R_{e1} \tag{8.35}$$

由图 8-17 可知，

$$\begin{aligned}I_R&=I_{C0}+I_{B0}+I_{B1}\approx I_{C0}+2I_{B0}=I_{C0}+2I_{C0}/\beta\\&=I_{C0}(1+2/\beta)\end{aligned}$$

$$I_{C0} = I_R/(1+2/\beta)$$

$$I_{C1} = I_R/(1+2/\beta) \cdot R_{e0}/R_{e1} \tag{8.36}$$

当 $\beta \gg 2$ 时，

$$I_{C1} \approx \frac{R_{e0}}{R_{e1}} \cdot I_R \tag{8.37}$$

式中基准电流

$$I_R \approx \frac{V_{CC} - U_{BE0}}{R + R_{e0}} \tag{8.38}$$

由于 R_{e1} 的存在，电路的输出电阻增大，进一步提高了输出电流的恒流特性。

3. 微电流源

在模拟集成电路中，为了进一步减小功耗，常常需要 μA 级的电流，采用镜像电流源或比例电流源时，需要的基准电阻 R 往往过大，而集成电路中制作大电阻是不方便的，因此可以将比例电流源电路中的 R_{e0} 短路，并相应增大 R_{e1}，从而得到更小电流的电流源，称为微电流源，如图 8-18 所示。显然，当 $\beta \gg 1$ 时，T_1 管集电极电流

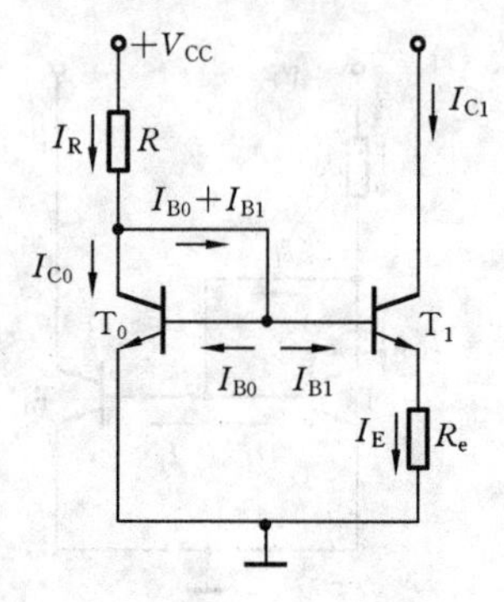

图 8-18 微电流源

$$I_{C1} \approx I_{E1} = \frac{U_{BE0} - U_{BE1}}{R_e} \tag{8.39}$$

由于三极管发射结电压与电流满足

$$U_{BE} \approx U_T \ln \frac{I_E}{I_S}$$

代入式(8.39)可得

$$I_{C1} \approx \frac{U_T}{R_e} \ln \frac{I_R}{I_{C1}} \tag{8.40}$$

式(8.40)是一个超越方程，不可能解出 I_{C1}，但对于微电流源电路的设计是有用的。在实际应用中常常采用图解法或试凑法解出电流 I_{C1}。式(8.40)中基准电流

$$I_R = \frac{V_{CC} - U_{BE0}}{R} \tag{8.41}$$

实际设计电路时，在 I_R 和要求的 I_{C1} 的数值给定时，可以选择 R_e，即 $R_e = \frac{U_T}{I_{C1}} \ln \frac{I_R}{I_{C1}}$，就可以得到要求的电流 I_{C1}。例如，在图 8-18 所示电路中，若 $V_{CC} = 15$ V，$I_R = 1$ mA，$U_{BE0} = 0.7$ V，$U_T = 26$ mV，$I_{C1} = 20$ μA，则根据式(8.41)可得 $R = 14.3$ kΩ，根据式(8.40)可得 $R_e \approx 5.09$ kΩ。可见求解过程并不复杂。

8.3.2 多路电流源

由于集成运放是多级放大电路，需要给多个放大管提供偏置电流和有源负载，因此常用到多路电流源。多路电流源是用同一个基准电流，同时产生几路输出电流的电流源电路。

图 8-19 所示电路是在比例电流源基础上得到的多路电流源，T_0 和 T_1 组成基准电流部

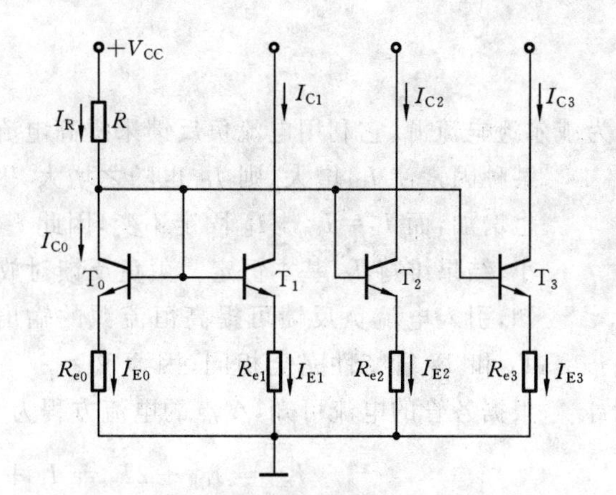

图 8-19　基于比例电流源的多路电流源

分，I_R为基准电流；$T_1 \sim T_3$ 组成多路输出部分，I_{C1}、I_{C2}和 I_{C3}为三路输出电流。利用比例电流源的结果，可得如下近似关系。

$$I_{C1} \approx \frac{R_{e0}}{R_{e1}} I_R, \quad I_{C2} \approx \frac{R_{e0}}{R_{e2}} I_R, \quad I_{C3} \approx \frac{R_{e0}}{R_{e3}} I_R \tag{8.42}$$

当 I_R确定后，改变各电流源射极电阻，可获得不同比例的输出电流。

8.3.3　改进型电流源

在基本电流源电路中，我们都是假设 β 很大，忽略了基极电流对 I_{C1}的影响。为了稳定输出电流，可对基本电流源进行改进。

1. 加射极输出器的电流源

图 8-20 所示电路为加射极输出器的电流源电路，利用 T_2 管（接成射极输出形式）的电流放大作用，减小了基极电流对基准电流的分流，也可认为 $I_{C1} \approx I_R$，I_{C1}与 I_R保持很好的镜像关系。

T_0、T_1 和 T_2 特性参数完全相同，因而 $\beta_0 = \beta_1 = \beta_2 = \beta$，而由于 $U_{BE0} = U_{BE1}$，$I_{B0} = I_{B1} = I_B$。因此，输出电流

$$\begin{aligned} I_{C1} &= I_{C0} = I_R - I_{B2} = I_R - \frac{I_{E2}}{1+\beta} \\ &= I_R - \frac{I_{B0} + I_{B1}}{1+\beta} = I_R - \frac{2I_B}{1+\beta} \\ &= I_R - \frac{2I_{C1}}{(1+\beta)\beta} \end{aligned} \tag{8.43}$$

整理后可得

$$I_{C1} = \frac{I_R}{1 + \dfrac{2}{(1+\beta)\beta}} \approx I_R \tag{8.44}$$

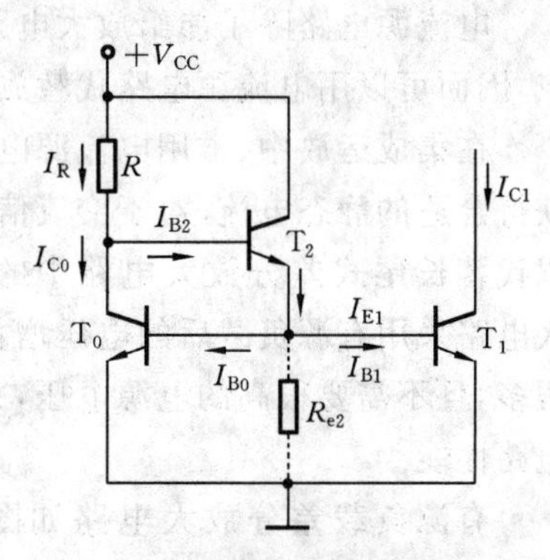

图 8-20　加射极输出器的电流源

实际应用中，为了增大 T_2 管的工作电流，提高其 β 值，有时在 T_0 管和 T_1 管的基极与地之间加如图 8-20 中虚线所画的电阻 R_{e2}，则 T_2 管发射极电流得到了增大，电流值为 $I_{E2} =$

$I_{B0}+I_{B1}+I_{R_{e2}}$。

2. 威尔逊电流源

图 8-21 所示电路为威尔逊电流源，它利用电流负反馈来提高电流的稳定性。假设由于某种因素使 I_{C2} 增大，则 I_{C1} 也随之增大，因为 $I_{C1}=I_{C0}$，所以 I_{C0} 也增加，而 $I_R=I_{C0}+I_{B2}$ 固定不变，因此 I_{B2} 减小，则 I_{C2} 也随之减小，结果维持 I_{C2} 基本恒定。由负反馈对放大电路性能的影响可知，引入电流负反馈可提高恒流源的输出电阻。图8-21中 T_0、T_1 和 T_2 管特性完全相同，因而 $\beta_0=\beta_1=\beta_2=\beta$，$I_{C1}=I_{C0}=I_C$。根据各管的电流可知，$A$ 点的电流方程为

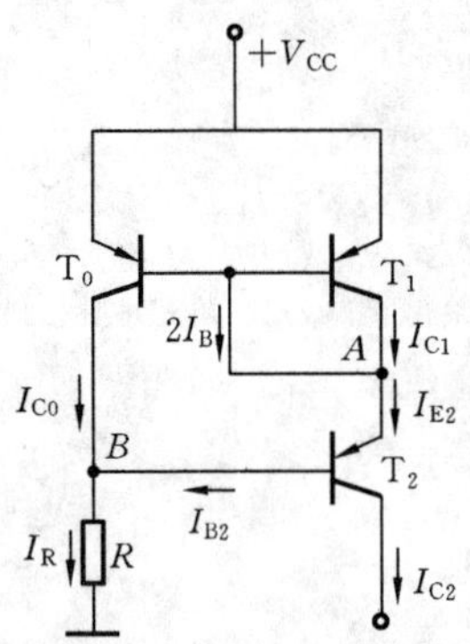

图 8-21 威尔逊电流源

$$I_{E2}=I_{C1}+2I_B=I_C+\frac{2I_C}{\beta} \tag{8.45}$$

所以

$$I_C=\frac{\beta}{\beta+2}\cdot I_{E2}=\frac{\beta}{\beta+2}\cdot\frac{\beta+1}{\beta}\cdot I_{C2}=\frac{\beta+1}{\beta+2}\cdot I_{C2} \tag{8.46}$$

在 B 点

$$I_R=I_{B2}+I_{C0}=\frac{I_{C2}}{\beta}+\frac{\beta+1}{\beta+2}\cdot I_{C2}=\frac{\beta^2+2\beta+2}{\beta^2+2\beta}\cdot I_{C2} \tag{8.47}$$

整理可得

$$I_{C2}=\left(1-\frac{2}{\beta^2+2\beta+2}\right)I_R\approx I_R \tag{8.48}$$

当 $\beta=10$ 时，$I_{C2}\approx 0.984I_R$，可见，在 β 很小时也可认为 $I_{C2}\approx I_R$，I_{C2} 受基极电流影响很小。

8.3.4 以恒流源作为有源负载的差分放大电路

电流源电路除了能给放大电路提供稳定的工作电流外，还具有交流等效电阻较大的特点，因而可以用电流源电路代替放大电路的负载电阻，称为有源负载。

在集成运放中，常用电流源电路取代 R_c（或 R_d），这样在电源电压不变的情况下，既可获得合适的静态电流，对于交流信号，又可得到很大的等效的 R_c（或 R_d）。电流源电路也可以代替长尾式差分放大电路中的射极电阻 R_e。放大电路采用有源负载后的电压增益比用电阻负载大很多，且不需要很高的电源电压，并能够较好地改善电路性能。

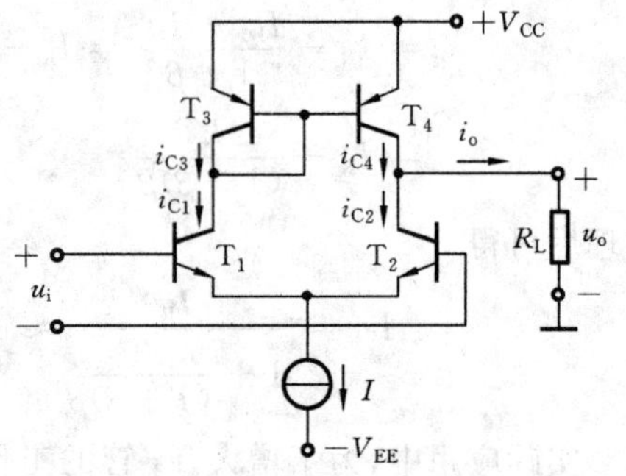

图 8-22 有源负载差分放大电路

有源负载差分放大电路如图 8-22 所示。T_1、T_2 是放大管，T_3、T_4 构成镜像电流源作为 T_1、T_2 集电极的等效负载电阻 R_c。

设电路两边的参数完全对称，对于差模信号来说，T_1、T_2 集电极电流大小相等且方向相反，即 $\Delta i_{C1}=-\Delta i_{C2}$。若忽略 T_3、T_4 的基极电流，则 $\Delta i_{C3}=$

$\Delta i_{C1}=\Delta i_{C4}$，$\Delta i_o=\Delta i_{C4}-\Delta i_{C2}=\Delta i_{C1}-(-\Delta i_{C1})=2\Delta i_{C1}$，可见，输出电流是单端输出的两倍，负载上得到如同双端输出的电流。

同样的分析方法，对于共模信号，则输出电流为零。可见，用镜像电流源作差分放大电路的有源集电极负载电阻，可以使单端输出具有与双端输出相同的差模放大倍数及共模抑制比。

8.4　集成运放的典型电路

前面介绍了集成运放的组成框图、差分放大电路和恒流源电路，下面以 μA741（国内型号为 F007）为例来分析集成运放的内部电路结构和作用。

μA741 属于第二代集成运放，其电路内部包含 4 个基本组成部分，即偏置电路、输入级、中间级和输出级。内部电路如图 8-23 所示。图中各引出端所列数字为芯片的管脚序号。它有 8 个引出端，②端为反相输入端，③端为同相输入端，⑥端为输出端，⑦端和④端分别接正、负电源，①端与⑤端之间接调零电位器，⑧端悬空，不接。

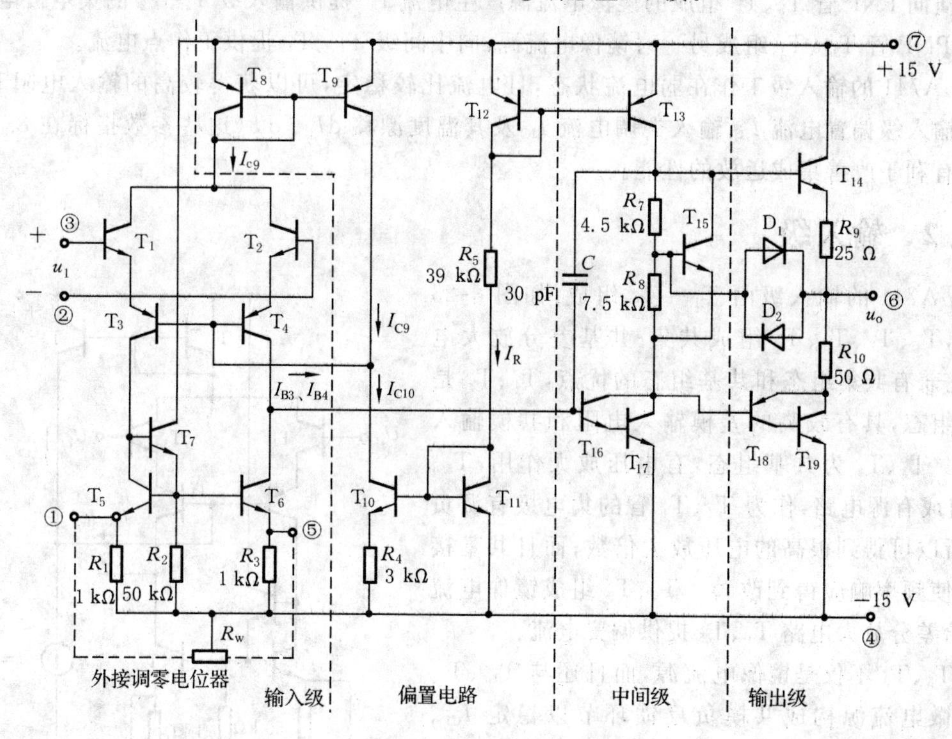

图 8-23　μA741 内部电路图

8.4.1　偏值电路

μA741 偏置电路由图 8-23 中的 $T_8\sim T_{13}$ 和 R_4、R_5 等元件组成，如图 8-24 所示，其基准电流 I_R 为

$$I_R=(V_{CC}+V_{EE}-U_{BE11}-U_{BE12})/R_5$$

由 I_R 便可求出其他各级电路的偏置电流。

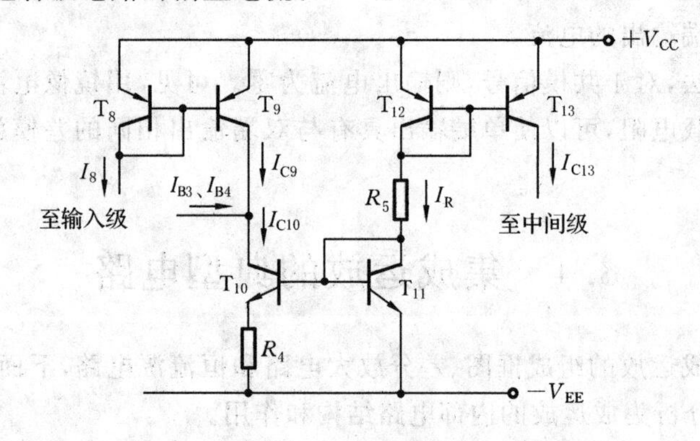

图 8-24　μA741 偏置电路

T_{10} 和 T_{11} 组成微电流源，所以 I_{C10} 比 I_{C11} 小得多，但更稳定。I_{C10} 提供 T_9 的集电极电流和 T_3、T_4 的基极电流。

横向 PNP 管 T_8、T_9 组成的镜像电流源产生电流 I_8，提供输入级 T_1、T_2 的集电极电流。横向 PNP 管 T_{12}、T_{13} 组成另一对镜像电流源，向中间级 T_{16}、T_{17} 提供工作点电流。

μA741 的输入级工作在弱电流状态，且电流比较稳定，可以获得较高的输入电阻和较低的输入级偏置电流 I_B、输入失调电流 I_{IO} 及其温度漂移 dI_{IO}/dT（这些参数指标在 8.5 介绍），有利于改善集成运放的性能。

8.4.2　输入级

μA741 的输入级由 T_1～T_9 组成，如图 8-25 所示，T_1、T_2、T_3、T_4 组成共集-共基差分放大电路，它兼有共集组态和共基组态的优点，T_1、T_2 是共集组态，具有较高的差模输入电阻和共模输入电压。T_3、T_4 为共基组态，有电压放大作用，T_5、T_6 组成有源电路，作为 T_3、T_4 管的集电极有源负载，所以可得到很高的电压放大倍数；而且共基接法还使频率响应得到改善。T_8、T_9 组成镜像电流源，给差分放大电路 T_1、T_2 提供偏置电流。

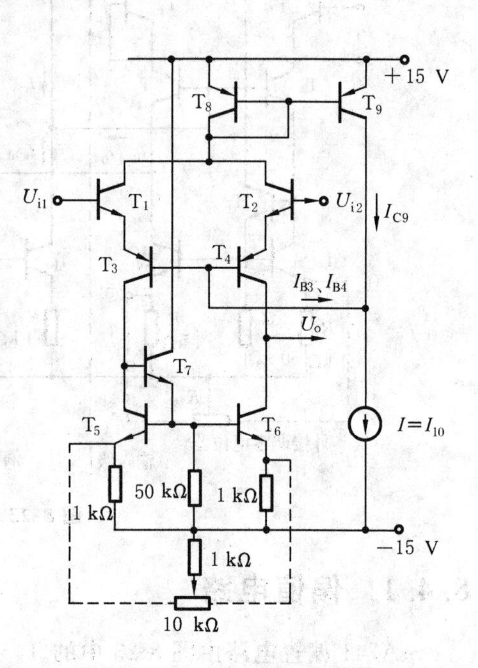

图 8-25　μA741 输入级电路

T_8、T_9 不仅是镜像电流源，而且还与 T_{10}、T_{11} 组成微电流源构成共模负反馈环节以稳定 I_{C1}、I_{C2}，从而提高整个电路的共模抑制比。其负反馈过程如下：

$T\uparrow \rightarrow I_{C1}、I_{C2}\uparrow \rightarrow I_{C8}\uparrow \rightarrow$

$I_{C9}\uparrow \rightarrow I_{B3}、I_{B4}\downarrow$（$=I_{C10}-I_{C9}$，$I_{C10}$ 恒定）

$\rightarrow I_{C3}、I_{C4}\downarrow \rightarrow I_{C1}、I_{C2}\downarrow$

8.4.3　中间级

中间级的主要任务就是提供足够大的电压放大倍数，因此，中间级不仅要求电压放大倍数高，而且还要求输入电阻较高，以减少本级对前级电压放大倍数的影响。输入级应采用有源负载，否则会使输入级电压放大倍数下降太多，导致整个放大电路的电压放大倍数难以提高；中间级还要承担向输出级提供足够大驱动电流的任务。

μA741 的中间级由 T_{16}、T_{17} 复合管和 T_{12}、T_{13} 有源负载电路组成，由于采用这两个措施，本级的电压放大倍数可达到 1 000 多倍；另外，放大电路采用了复合管电路，有提高本级输入电阻的作用。中间级电路如图 8-26 所示。

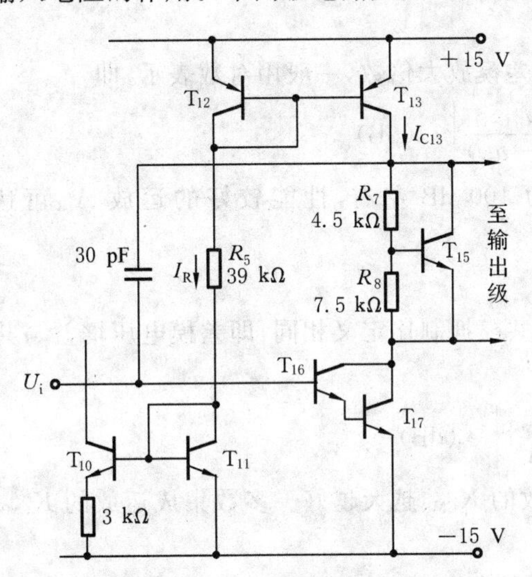

图 8-26　μA741 中间级电路

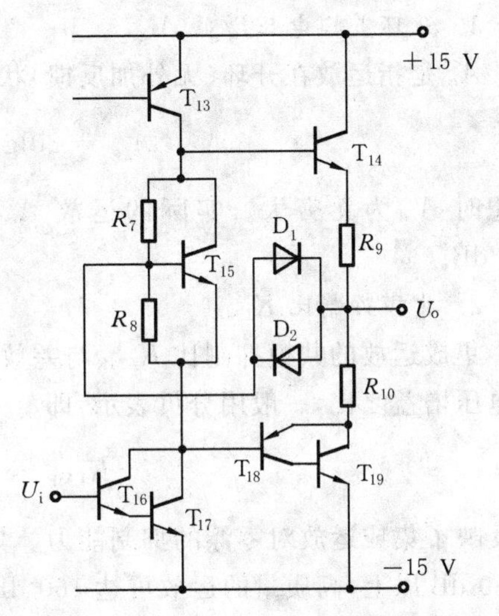

图 8-27　μA741 输出级电路

8.4.4　输出级和过载保护

输出级的主要作用是给出足够大的电流以满足负载需要，同时还要具有较低的输出电阻和较高的输入电阻，以起到将放大级和负载隔离的作用。除此之外，还应该有过载保护，以防止输出端短路或输出电流过大而烧坏管子。

输出级电路如图 8-27 所示，T_{18}、T_{19} 复合管组成 PNP 管与 T_{14} 组成准互补推挽功率放大电路，向负载提供足够的输出电压或输出电流。T_{15} 和 R_7、R_8 组成的电路（常称为 U_{BE} 扩大电路）为准互补推挽功率放大电路提供合适的偏置电压和静态电流，使功率放大电路工作在甲、乙类状态，消除交越失真。T_{15} 的 C、E 之间电压正是两个功率管基极之间的电压。

从电路可以看出：

$$U_{BE15} = U_{CE15} \cdot \frac{R_8}{R_7 + R_8}$$

$$U_{CE15} = U_{BE15} \cdot \frac{R_7 + R_8}{R_8} \approx (1 + R_7/R_8) \cdot 0.7\ \text{V}$$

D_1、D_2、R_9、R_{10} 组成过载保护电路，当输出信号为正、输出电流在额定值以内时，D_1 截止。当输出电流超过额定电流值时，R_9 上的压降增大，使 D_1 导通，将流进 T_{14} 的基极电流通过 D_1 分流，从而使 T_{14} 的输出电流受到限制。同理，当负向电流过大时，R_{10} 上的压降增大，D_2 导通，从而限制了 T_{18}、T_{19} 的电流，保护了输出功率管。

8.5 集成运放的主要技术指标和集成运放的种类

8.5.1 集成运放的主要技术指标

为了描述集成运放各方面的技术性能，提出了许多项技术指标，常用以下参数描述。

1. 开环差模电压增益 A_{od}

A_{od} 是指运放在开环(无外加反馈)状态下的差模放大倍数，一般用对数表示，即

$$A_{od} = 20\lg\left|\frac{\Delta u_o}{\Delta(u_P - u_N)}\right| \quad (\mathrm{dB})$$

理想时 A_{od} 为无穷大。实际的运放 A_{od} 一般为 100 dB 左右，性能较好的运放 A_{od} 可达 140 dB。

2. 共模抑制比 K_{CMR}

集成运放的共模抑制比 K_{CMR} 与差放电路的共模抑制比定义相同，即差模电压增益与共模电压增益之比，一般用分贝表示，即

$$K_{CMR} = 20\lg\left|\frac{A_{od}}{A_{oc}}\right| \quad (\mathrm{dB})$$

它反映了集成运放对零漂的抑制能力。集成运放的 K_{CMR} 越大越好。多数集成运放的 K_{CMR} 在 80 dB 以上，高质量的运放可达 160 dB。

3. 差模输入电阻 R_{id}

R_{id} 是指集成运放在输入差模信号时的输入电阻，用以衡量运放从信号源索取电流能力的大小。R_{id} 愈大，从信号源索取的电流愈小。一般运放的差模输入电阻在1 MΩ以上，而以场效应管为输入级的运放，R_{id} 可达 10^6 MΩ。

4. 输入失调电压 U_{IO}

输入失调电压 U_{IO} 是指为了使静态时输出电压为零而在输入端所需加的补偿电压。它的大小反映了电路的不对称程度和调零的难易。我们要求集成运放输入信号为零时，输出也为零，但实际中往往输出不为零，将此电压折合到集成运放的输入端的电压，常称为输入失调电压。一般的运放 U_{IO} 值为 1～10 mV，高质量的运放在1 mV以下。

5. 输入失调电压温漂 $\frac{dU_{IO}}{dT}$

输入失调电压温漂表示失调电压的温度系数，是衡量运放温漂的重要标准。一般运放为 10～20 μV/℃，高质量的运放低于 0.5 μV/℃。

6. 输入失调电流 I_{IO}

I_{IO} 定义为当集成运放零输入时，两个输入端输入偏置电流之差，即 $I_{IO} = |i_{B1} - i_{B2}|$，它反映运放输入级差分对管输入电流的不对称情况，一般运放为 10～100 nA，高质量的运放低于 1 nA。

7. 输入失调电流温漂 $\frac{dI_{IO}}{dT}$

输入失调电流温漂代表输入失调电流的温度系数，不能用外界调零装置的办法来补偿。一般运放为每度数纳安，高质量的运放只有每度数十皮安。

8. 输入偏置电流 I_{IB}

输入偏置电流是指集成运放输出电压为零时，两个输入端偏置电流的平均值，即 $I_{IB}=(i_{B1}+i_{B2})/2$，它的大小反映了输入电流的大小。一般 I_{IB} 越大，其失调电流也越大。以双极型三极管为输入级的运放约为 10 nA～1 μA，场效应管输入级的运放小于 1 nA。

9. 最大共模输入电压 U_{KM}

U_{KM} 是指运放输入信号中的共模成分不能大于此值，否则会使输入级进入饱和或截止状态。因此，实际应用时要特别注意输入信号中共模信号的大小。

10. 最大差模输入电压 U_{IDM}

U_{IDM} 表示运放反相输入端与同相输入端之间能够承受的最大电压。当运放所加差模信号大到一定程度时，输入级至少有一个 PN 结承受反压，若大于此值，就要使 PN 结反向击穿。

11. −3 dB 带宽 f_H

f_H 是集成运放的上限截止频率，是使 A_{od} 下降 3 dB 时的信号频率。理想运放的 $f_H \to \infty$。

12. 单位增益带宽 BW_G

BW_G 是使 $20\lg|A_{od}|$ 下降到零（即 $|A_{od}|=1$，失去电压放大能力）时的信号频率，与三极管的特征频率 f_T 相类似。

13. 转换速率 S_R

转换数率 S_R 是指运放构成单位增益放大器时（闭环状态），在阶跃大信号输入下，输出电压对时间的最大变换率，即

$$S_R = \left|\frac{du_o}{dt}\right|_{max}$$

S_R 又称为上升速率、压摆率，一般为（0.1～100）V/μs 左右。

除了以上介绍的技术指标，还有很多项其他指标，此处不再一一介绍。

8.5.2　集成运放的种类

1. 按性能指标分类

集成运放按性能指标分为通用型和专用型两大类。通用型的典型产品为 μA741，国内型号为 F007，它的差模增益达到 120 dB，单位增益带宽为 1 MHz。通用型集成运放的参数指标比较均衡全面，适用于一般的工程设计。由于通用型集成运放的应用范围宽且产量大，所以价格便宜。作为一般应用，首先考虑的是选择通用型运放，μA741 的实物图如图 8-28 所示。

图 8-28　μA741 实物图

专用型运放有如下分类。

1）高阻型

一般要求差模输入阻抗不小于 10^{10} Ω，输入级采用结型或 MOS 型场效应管。高阻型运

放适用于测量放大电路、信号发生电路或取样-保持电路。

2）低功耗型

一般要求功耗小于6 mW。低功耗型运放有静态功耗低、工作电源电压低等特点，适用于能源有严格限制的情况。

3）宽带型

一般增益带宽积应大于10 MHz，该类集成运放主要用于测量放大、宽带视频放大、中频放大、有源滤波器等。

4）高精度型

其特点是高增益、高共模抑制比、低偏流、低温漂及低噪声等。高精度型运放适用于对微弱信号的精密测量和运算，常用于高精度的仪器设备中。

5）高电压型

正常输出电压U_o大于 ±22 V。该类集成运放主要用于高共模电压下的测量放大器、大功率音频放大器，以及驱动高电压的浮动负载（平衡负载）。

6）高速型

一般要求在$A_{uf}=1$时的转换速度S_R大于40 V/μs。该类集成运放主要用于采样－保持、高速积分、宽带电视放大、A/D或D/A转换器等。

7）其他专用集成运放

(1)跨导型运放将输入电压转换成输出电流，典型产品有LM3080、F3080。

(2)程控型运放是运放的偏置电流置于外部的控制下，以决定该运放处于工作状态还是截止状态。

(3)电流型运放，也称诺顿放大器。它用来实现电流放大，输出回路等效成由电流控制的电流源$i_o=A_i i_1$，LM3900、F1900属于这类产品。

(4)集成电压跟随器是专门设计的电压跟随器，它具有输入阻抗高，转换速率快，输出阻抗低，电路无外接元件等。

通用型集成运放的主要参数如表8-1所示。

表8-1　通用型运放的主要性能指标

参　数	单　位	数值范围
A_{od}	dB	65～100
R_{id}	MΩ	0.5～2
U_{IO}	mV	2～5
I_{IO}	μA	0.2～2
I_{IB}	μA	0.3～7
K_{CMR}	dB	70～90
BW_G	MHz	0.5～2
S_R	V/μs	0.5～0.7

2. 按运放供电电源分类

(1) 双电源集成运放。绝大部分运放在设计中都是以正、负对称的双电源供电，以保证运放的优良性能。

(2) 单电源集成运放。该类运放采用特殊设计，在单电源下能实现零输入和零输出，在交流放大时失真较小。

3. 按运放制作工艺分类

(1) 双极型集成运放。

(2) 单极型集成运放。

(3) 双极-单极兼容型集成运放。

除了通用型和专用型运放外，还有一类运放是为完成某种特定功能而生产的，如仪表用放大器，隔离放大器，缓冲放大器，对数、反对数放大器等。随着 EDA 技术的发展，开始越来越多地设计专用芯片。目前可编程模拟器件也在发展之中，人们可以在一块芯片上通过编程的方法实现对多路模拟信号的各种处理，如放大、有源滤波、电压比较等。图 8-29 所示是部分集成运算放大器实物图。

图 8-29　部分集成运算放大器实物举例

8.6　集成运放的使用注意事项

8.6.1　集成运放的选用

通常情况下根据实际要求来选用运算放大器，因此了解运放的类型、理解运放的主要性能指标的物理意义是正确选择运放的前提。通常应根据以下几方面的要求选择运放。

(1)在选用集成运放时，要遵循经济适用的原则，选择性价比较高的运放。还应该注意“精度”和“速度”这两个方面，与精度有关的指标是开环增益、共模抑制比、输入电阻、失调电压、失调电流、输入偏置电流及噪声等。与速度有关的指标有频带宽度和压摆率等。

(2)根据信号源是电压源还是电流源、内阻大小、输入信号的幅值及频率的变化范围等，选择运放的差模输入电阻 R_{id}、-3 dB 带宽(或单位增益带宽)、转换速率 S_R 等指标参数。

(3)如放大器的输入信号微弱，它的第一级应选用高输入电阻、高共模抑制比、高开环电压放大倍数、低失调电压及温度漂移的运算放大器。

此外还要考虑负载性质、环境条件等因素。

8.6.2 集成运放的静态调试

在设计和制造集成运放时，已经解决了内部电路各个三极管的偏置问题。因此，在正常应用时，只要按技术要求提供合适的电压，运放内部各级的工作点就是正常的。这里的静态调试，主要是指电源供电以及消除寄生振荡和输出端电压调零等内容。

1. 正确供电

1）双电源供电

有的运放需要正负两组电源供电，如F001需要+12 V和-6 V；大部分运放需要正负对称电源供电，如F004、F007等型号，它们的电源电压为±15 V。

运放电路在接通电源之前，一定要弄清运放外引线电源端（V+、V-）和地端，并将直流稳压电源输出电压调整到需要的值上，然后再接通电源。

2）单电源供电

单电源集成运放的功能与双电源集成运放大致相同，常见的型号有：CF158、CF258和F3140（高内阻型）等。

另外，在交流放大电路中，双电源供电的运放常改为单电源供电形式，改变方法是：将两个输入端和输出端三个端口的直流电压调至电源电压的一半，以保证运放内部电路各点的相对电压和双电源供电时相同。单电源供电又可分为单端偏置法和双端偏置法。

2. 消除自激振荡

由于运算放大器内部三极管的极间电容和其他寄生参数的影响很容易产生自激振荡，从而破坏正常工作，为此，在使用的时候要注意消振。通常是外接R_C消振电路或消振电容，用它来破坏产生自激振荡的条件。判断是否已经消振的方法是将输入端接地，用示波器观察输出端有无自激振荡波形。

目前，多数通用型运放（如F007等），不需要外接补偿电容器，因其在制造过程中已在三极管集电极与基极间接了小电容，通常称为密勒补偿。

3. 调零

由于运算放大器的参数不可能完全对称，以致于当输入信号为零时，仍有输出信号。为此，在使用时要外接调零电路。调零时应将电路接成闭环。调零方式有两种：一种是在无输入时调零，即将两个输入端接地，调节调零电位器使输出电压为零；另一种是在有输入时调零，即按抑制输入信号电压计算输出电压，而后将实际值调整到计算值。

在调零过程中，如果输出电压始终偏向电源某一电压，这样就无法调零，究其原因可能是接线出错或有虚焊，运放处于开环工作状态。

8.6.3 集成运放的保护电路

集成运放由于电源电压极性接反、电源电压突变、输入信号电压过大、输出负载短路、过载或碰到外部高压造成电流过大等，都能引起器件的损坏。将保护措施加入运放中，可减少这种损坏。

1. 输入保护

当输入端所加的差模或共模电压过高时会损坏输入级的三极管，为此，在输入端接入反向并联的二极管，如图 8-30 所示，从而将输入电压限制在二极管的正向电压以下。

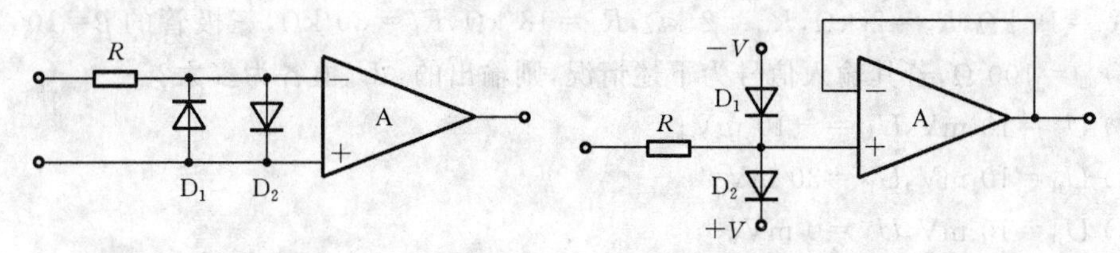

(a) 防止输入差模信号幅值过大　　(b) 防止输入共模信号幅值过大

图 8-30　输入保护措施

2. 输出保护

为了防止输出电压过大，可利用稳压管的反向击穿特性来保护输出端。将两个稳压管反向串联，可将输出电压限制在[$-(U_Z+U_D)$，(U_Z+U_D)]的范围内，其中 U_Z 是稳压管的稳定电压，U_D 是稳压管的正向电压。

3. 电源端保护

为了防止电源极性接反，可利用二极管单向导电性，在电源端串联二极管来实现保护，如图 8-31 所示。

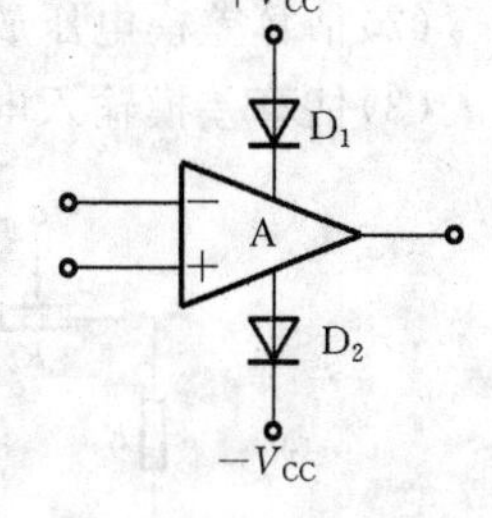

图 8-31　电源端保护

本章小结

(1) 集成运算放大电路是一种高增益直接耦合多级放大电路。它是由输入级、中间放大级、输出级及偏置电路组成，具有体积小、性能好、价格低等优点，广泛应用于电子设备中。

(2) 差分放大电路是在集成运算放大电路中做输入级，它的结构特点是对称性，其主要功能是放大差模信号和抑制共模信号。等效到输入端的温漂信号是共模信号，因此差分放大电路具有抑制温漂的作用。

(3) 电流源电路对提高集成运放的性能起着重要的作用。电流源电路是根据三极管放大区具有恒流特性实现的。在集成运放中常用的集成电流源电路有镜像电流源、比例电流源和微电流源等。电流源在集成运放中的主要作用是为放大级提供稳定的偏置电流和作放大级的有源负载。

(4) 集成运放的主要性能指标有差模开环电压增益、差模输入电阻、共模抑制比 K_{CMR} 等。

(5) 对于集成运放的使用者而言，熟悉集成运放性能指标的物理意义、集成运放的种类及运放的使用、调试方法，有助于集成运放的选择和使用。

习　题

8.1　集成运放一般由哪几部分电路组成？每一部分常采用哪种基本电路？说明每部分的作用分别是什么？

8.2 具有集电极调零电位器的差分放大电路如图题 8.2 所示。已知 $V_{CC}=V_{EE}=15$ V，$R_c=19$ kΩ，$R_b=2$ kΩ，$R_w=2$ kΩ，$R_e=18$ kΩ，$R_L=30$ kΩ，三极管的 $\beta=100$，$U_{BE}=0.6$ V，$r_{bb'}=100$ Ω，若其输入信号为下述情况，则输出的 ΔU_o 值各为多大？

(1) $U_{i1}=10$ mV，$U_{i2}=-10$ mV；

(2) $U_{i1}=10$ mV，$U_{i2}=30$ mV；

(3) $U_{i1}=10$ mV，$U_{i2}=0$ mV。

8.3 差动放大电路如图题 8.3 所示，已知 $V_{CC}=V_{EE}=12$ V，$R_b=1$ kΩ，$R_c=12$ kΩ，$R_L=36$ kΩ，$R_e=11.3$ kΩ，$R_w=200$ Ω，$\beta_1=\beta_2=60$，$r_{bb'}=300$ Ω，$U_{BE}=0.7$ V。

(1)估算静态工作点 $Q(I_{BQ}、I_{CQ}、U_{CEQ})$；

(2)估算差模电压放大倍数 A_d；

(3)估算差模输入电阻 R_i 和输出电阻 R_o。

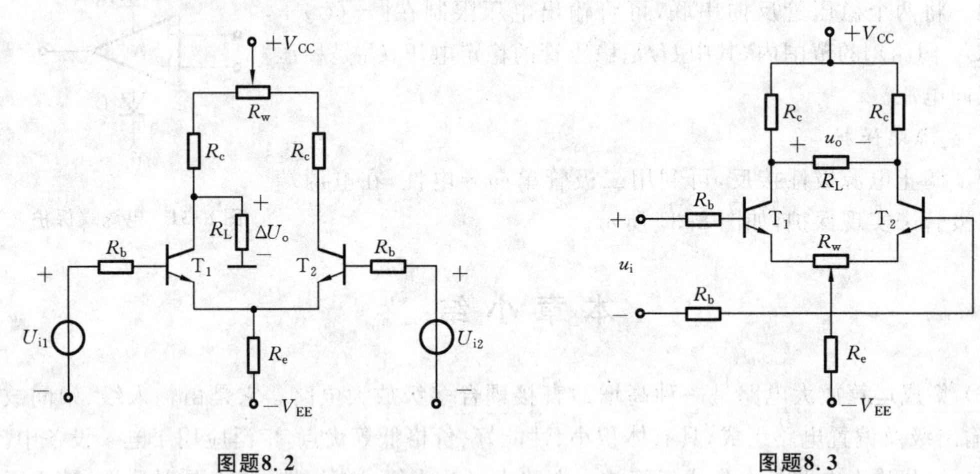

图题8.2　　图题8.3

8.4 具有集电极调零电位器 R_w 的放大电路如图题 8.4 所示，设电路参数完全对称，$\beta=50$，$r_{be}=2.8$ kΩ，当 R_w 动端置于中点位置时，试计算：

(1)差模电压增益 A_d；

(2)差模输入电阻 R_i 和输出电阻 R_o；

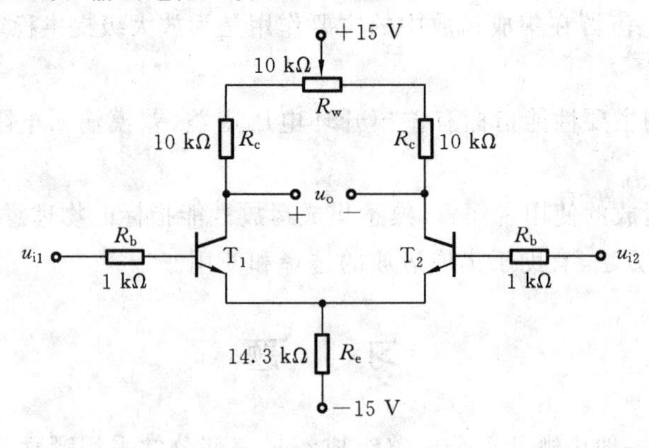

图题8.4

(3)若从 T_1 管集电极单端输出时，求差模电压增益 A_d、共模电压增益 A_c 和 K_{CMR}。

8.5　由对称三极管 T_1、T_2 组成的镜像电流源如图题 8.5 所示，若 $U_{BE1}=U_{BE2}=0.6\ V$，$I_{B1}=I_{B2}$，$\beta_1=\beta_2$，$V_{CC}=12\ V$。

(1)试证明当 $\beta \gg 2$ 时，$I_{C2}=I_R$；

(2)若要求 $I_{C2}=28\ \mu A$，电阻 R 应为多大？

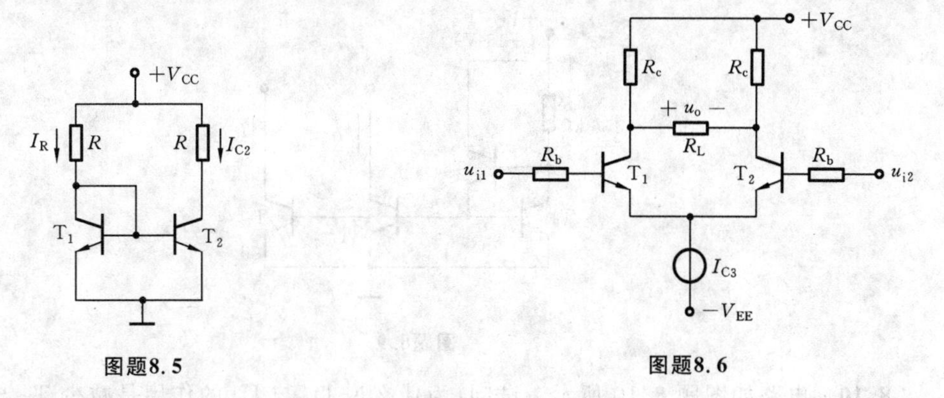

图题8.5　　图题8.6

8.6　电路如图题 8.6 所示，设 $R_L=\infty$，已知 $R_c=11\ k\Omega$，$R_b=2\ k\Omega$，$I_{C3}=1.1\ mA$，T_1、T_2 管的 $\beta=60$，$r_{bb'}=300\ \Omega$，输入电压 $u_{i1}=1\ V$，$u_{i2}=1.01\ V$，试求双端输出时的 u_{od} 和从 T_1 单端输出时的 u'_{od}(设理想恒流源使单端共模输出电压为零)。

8.7　带恒流源的差动放大电路如图题 8.7 所示，设 T_1、T_2 两管参数对称，$\beta=60$。求：

(1)当 $u_{i1}=0$ 时，$\dfrac{u_{o1}-u_{o2}}{u_{i2}}$ 为多少？

(2)当 $u_{i2}=0$ 时，$\dfrac{u_{o2}}{u_{i1}}$ 为多少？

(3)单端输出时的共模抑制比 K_{CMR} 为多少？

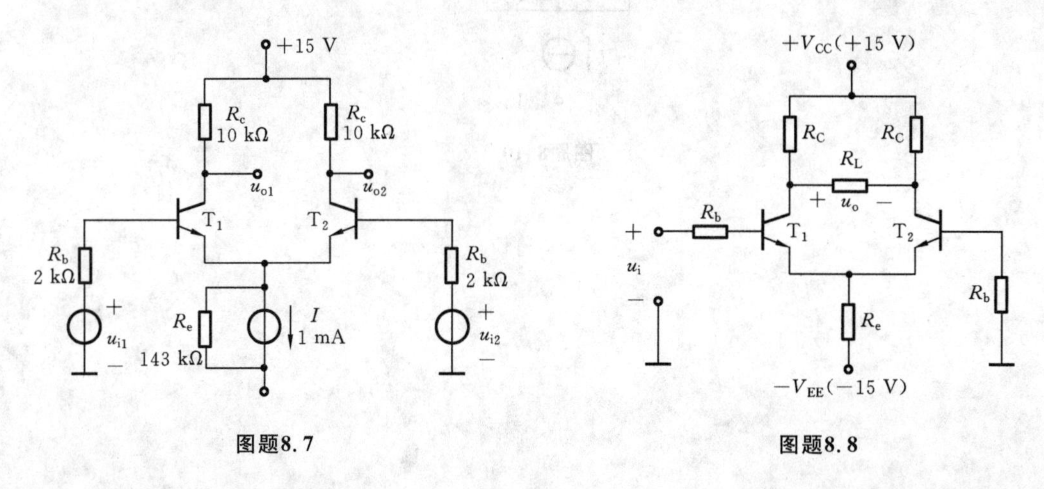

图题8.7　　图题8.8

8.8　单入双出差动放大电路如图题 8.8 所示。已知 $V_{CC}=V_{EE}=15\ V$，$R_b=2\ k\Omega$，$R_C=40\ k\Omega$，$R_L=40\ k\Omega$，$R_e=28.6\ k\Omega$，$r_{bb'}=300\ \Omega$，$U_{BE}=0.7\ V$，$U_{CES}=0.7\ V$，$\beta=100$。试计算：

(1) T_1 工作电流 I_{CQ1} 和 U_{CEQ1}；

(2) 差模输入电阻 R_i 和输出电阻 R_o；

(3) 差模电压放大倍数 A_d。

8.9 多路电流源电路如图题 8.9 所示，已知所有三极管的特性均相同，U_{BE} 均为 0.7 V。试求 I_{C1}、I_{C2} 各为多少？

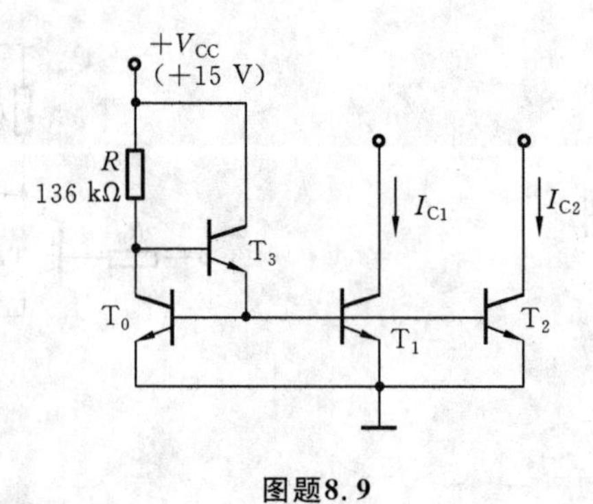

图题8.9

8.10 电路如图题 8.10 所示。试问：为什么说 D_1 与 D_2 的作用是减少 T_1 与 T_2 管集电结反相电流 I_{CBO} 对输入电流的影响。

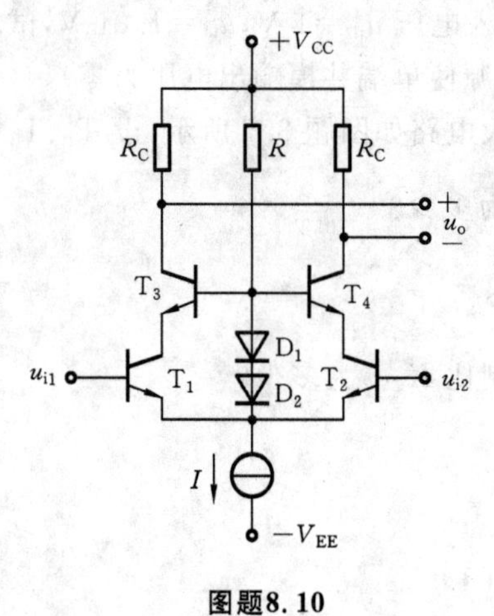

图题8.10

第9章 直流电源

本章提要：直流电源的主要用途是为电子电路或设备提供所需的直流能源。通常各种电子电路都需要直流电压供电，而电网提供的是交流电，所以需要将电网的交流电变换成电路要求的稳定的直流电压。本章主要介绍了常见的整流电路、滤波电路、稳压电路及其相关原理。

9.1 直流稳压电源的组成及各部分的作用

在工业生产和日常生活中，许多电气设备一般需要电压、电流稳定的直流电源供电，这些直流电源通常是由电网提供的交流电经过变压、整流、滤波、稳压后得到的。将交流电变为幅值稳定、电流稳定的直流电的设备称为直流稳压电源。直流稳压电源的组成方框图如图9-1所示，下面对各组成部分的作用加以介绍。

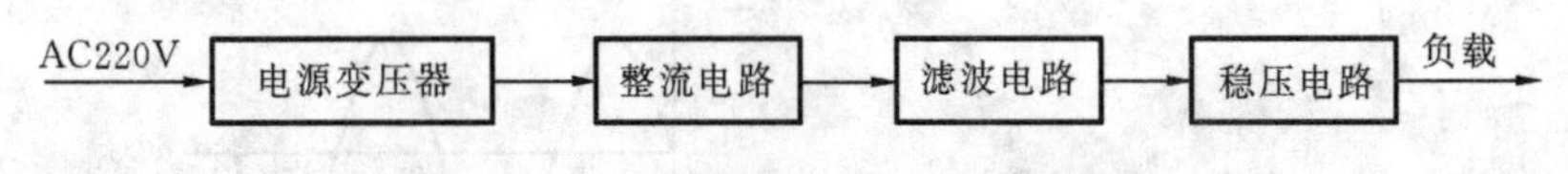

图9-1 直流稳压电源的组成方框图

1. 电源变压器

电源变压器的作用是将电网电压降到适当的数值并从副边输出，变压器副边电压的有效值取决于后级电路的需要。目前有很多直流电源不用变压器而采用其他方式降压。图9-2所示为几种常用的电源变压器。

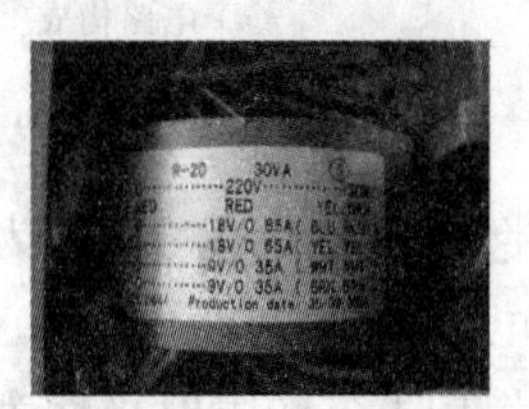

图9-2 常见的电源变压器

2. 整流电路

整流电路利用单向导电的整流元件将正弦交流电转换成单一方向的脉动直流电。但是这种单向脉动电压包含较大的交流成分，会影响负载电路的正常工作，因而距离理想的直流电压还有很大差距。

3. 滤波电路

滤波电路利用储能元件（电感或电容）将脉动直流电压中的交流分量滤除，从而形成平滑的直流电压。但滤波电路是无源电路，其负载能力较差。

4. 稳压电路

各种电子电路都要求用稳定的直流电源供电，由整流滤波电路可输出较为平滑的直流电压，但当电网电压波动或负载改变时，将会引起输出端电压的改变，导致电压不稳定。为了获得稳定的输出电压，还应利用稳压电路的调整作用使输出电压稳定。

9.2 整流电路

整流电路利用具有单向导电特性的器件，把交变电流变换为单一方向的直流电，常用的有半波、全波、桥式和倍压等整流电路。在分析整流电路时，为简化分析过程，一般均假设负载为纯电阻性负载，整流二极管为加正向电压导通且正向电阻为零、加反向电压截止且反向电流为零的理想二极管。

9.2.1 半波整流电路

1. 电路组成及工作原理

单相半波整流电路如图 9-3(a)所示，图中 T 为电源变压器，R_L 为电阻性负载。设变压器二次绕组的交流电压瞬时值 $u_i=\sqrt{2}U_i\sin\omega t$，式中 U_i 为二次电压有效值。

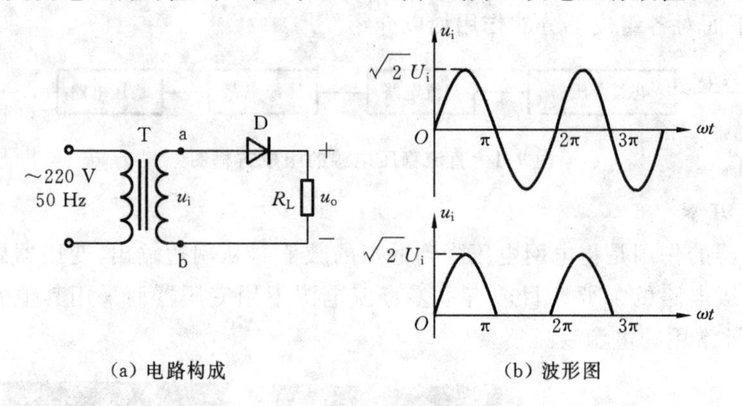

(a) 电路构成　　(b) 波形图

图 9-3　单相半波整流电路及波形

(1) 正半周时，u_i 的瞬时极性为 a(+)、b(−)，二极管 D 正偏导通，电流由 a 点流出经二极管和负载电阻流入 b 点，此时 $u_o=u_i$。

(2) 负半周时，u_i 的瞬时极性为 a(−)、b(+)，二极管 D 反偏截止，无电流流过负载电阻，此时 $u_o=0$。

通过以上分析可知，负载电阻 R_L 上的电压波形如图 9-3(b)所示。由于输出波形是输入波形的半个周期，故称半波整流电路。

2. 负载上电压、电流平均值的计算

负载上的直流电压是指一个周期内脉动电压的平均值。即

$$U_{o(AV)}=\frac{1}{2\pi}\int_0^{\pi}\sqrt{2}U_i\sin\omega t\,d(\omega t)=\frac{\sqrt{2}}{\pi}U_i\approx 0.45U_i \tag{9.1}$$

u_o是非正弦周期信号，可用傅立叶级数分解为

$$u_o = \sqrt{2}U_i\left(\frac{1}{\pi} + \frac{1}{2}\sin\omega t - \frac{2}{3\pi}\cos 2\omega t + \cdots\right) \tag{9.2}$$

可见，u_o的直流分量即为$U_{o(AV)}$，除此之外还含有交流谐波分量。

整流电流的波形与电压波形相同，其平均值为

$$I_{o(AV)} = \frac{U_{o(AV)}}{R_L} \approx 0.45\frac{U_i}{R_L} \tag{9.3}$$

3. 脉动系数

整流输出电压的脉动系数S用来表示电压脉动的大小，定义为整流输出电压的基波峰值与输出电压平均值之比，即

$$S = \frac{U_{o1m}}{U_{o(AV)}} \tag{9.4}$$

根据式(9.2)可知，$U_{o1m} = \frac{\sqrt{2}}{2}U_i$，所以

$$S = \frac{U_{o1m}}{U_{o(AV)}} = \frac{\frac{\sqrt{2}U_i}{2}}{\frac{\sqrt{2}U_i}{\pi}} = \frac{\pi}{2} \approx 1.57$$

可见，半波整流的脉动很大。

4. 整流二极管的选择

在选择整流二极管参数时应考虑二极管的平均电流和它承受的最高反向电压。

1）二极管最大整流平均电流I_F

由于半波整流时流过二极管的平均电流与输出平均电流相等，故选择$I_F \geqslant I_{o(AV)}$，即$I_F \geqslant 0.45\frac{U_i}{R_L}$。

2）最高反向电压U_{RM}

由于二极管承受的最高反向工作电压就是变压器副边的峰值电压，所以应选择$U_{RM} \geqslant \sqrt{2}U_i$。

单相半波整流电路使用的元件少，电路简单，但它只利用了输入电压的半个周期，其输出电压低、脉动大，因此它只用在整流电流小、对脉动要求不高的场合。

9.2.2 桥式整流电路

前面分析可知，经半波整流的信号有半个周期被削掉了，如何将被削掉的半个周期补上以提高输出电压改善输出波形是这一节要解决的问题。在实际应用中多采用单相全波整流电路，最常用的是单相桥式整流电路。

1. 单相桥式整流电路的组成及工作原理

单相桥式整流电路由四个二极管接成电桥形式构成，电路如图9-4(a)所示，图9-4(b)所示为单相桥式整流电路简化画法。值得注意的是，错接二极管会形成很大的短路电流从而烧毁二极管，正确接法是二极管共阳端和共阴端接负载，而另外两端接变压器副边绕组。

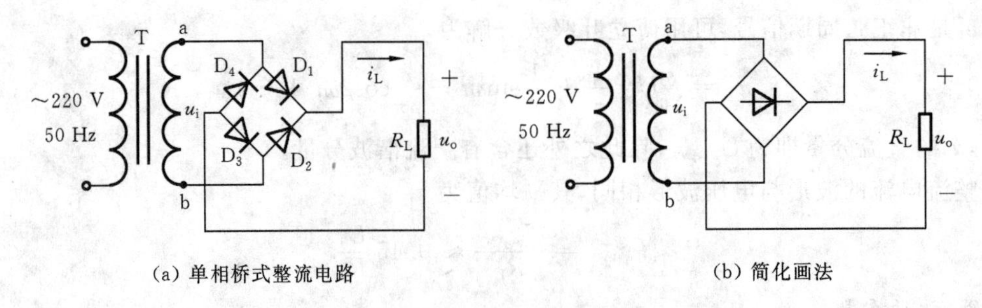

图 9-4 单相桥式整流电路及简化画法

下面分析其工作原理。设变压器副边电压瞬时值为 $u_i=\sqrt{2}U_i\sin\omega t$，其中 U_i 为交流有效值。

(1) 正半周时，u_i 的瞬时极性为 a(+)、b(−)，二极管 D_1、D_3 正偏导通，D_2、D_4 反偏截止。电流由 a 点经二极管 D_1、负载电阻 R_L 和二极管 D_3 流入 b 点，负载上电压极性上正下负，此时 $u_o=u_i$，D_2 和 D_4 承受的反向电压为 $-u_i$。

(2) 负半周时，u_i 的瞬时极性为 a(−)，b(+)，二极管 D_1、D_3 反偏截止，D_2、D_4 正偏导通，电流由 b 点经二极管 D_2、负载电阻 R_L 和二极管 D_4 流入 a 点，负载上电压极性下正上负，此时 $u_o=-u_i$，D_1 和 D_3 承受的反向电压为 u_i。

这样，在整个周期内，两对二极管交替导通，使得在半波整流中被削掉的半个周期波形得以恢复，负载电阻 R_L 上总有电流通过，而且方向不变。电路各部分的电压和电流波形如图 9-5 所示。

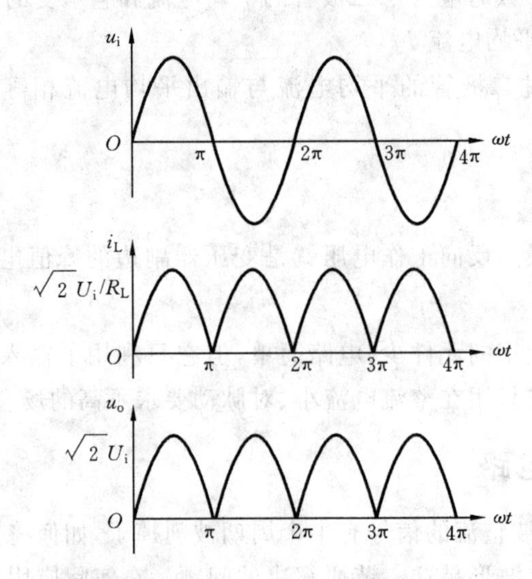

图 9-5 单相桥式整流电路波形图

2. 负载上电压、电流值及脉动系数的计算

根据输出电压的波形可计算出负载上的电压平均值为

$$U_{o(AV)}=\frac{1}{\pi}\int_0^{\pi}\sqrt{2}U_i\sin\omega t\,d(\omega t)=\frac{2\sqrt{2}}{\pi}U_i\approx 0.9U_i \tag{9.5}$$

可见，在变压器副边电压有效值相同情况下，输出电压的平均值是半波时的两倍，有效提高了输出电压。

流过负载的电流平均值与输出电流平均值相等，为

$$I_{o(AV)}=\frac{U_{o(AV)}}{R_L}\approx 0.9\frac{U_i}{R_L} \tag{9.6}$$

在变压器副边电压有效值和负载相同的情况下，输出电流的平均值是半波时的两倍。

根据谐波分析可计算出桥式整流电路的脉动系数，即

$$S=\frac{U_{o1m}}{U_{o(AV)}}=\frac{\frac{2}{3\pi}\times 2\sqrt{2}U_i}{\frac{2\sqrt{2}U_i}{\pi}}=\frac{2}{3}\approx 0.67 \tag{9.7}$$

可见，与半波整流相比，桥式整流的脉动减小很多。

3. 整流二极管的选择

(1) 因二极管只在半个周期内导通，所以通过每只二极管的平均电流是输出电流的一半，与半波整流时相同，即 $I_D=\frac{1}{2}I_{o(AV)}$。

(2) 二极管承受的最高反压 $U_{RM}=\sqrt{2}U_i$，与半波整流时的相同。

选择二极管时，二极管的参数应略大于上述参数，这样才能保证二极管安全工作。

例 9.1　单相桥式整流电路如图 9-4(a)所示，已知变压器副边电压有效值为 22 V，负载电阻为 400 Ω，求：(1)负载电阻上的电压和电流平均值；(2)流过每只二极管的平均电流及二极管的最高反向电压。

解　(1) 根据题意，$U_i=22$ V，所以负载电阻上的电压平均值由式(9.5)可得

$$U_{o(AV)}\approx 0.9U_i=0.9\times 22\ \text{V}=19.8\ \text{V}$$

由式(9.6)可得负载电阻上的电流平均值为

$$I_{o(AV)}\approx 0.9\frac{U_i}{R_L}=0.9\times\frac{22}{400}\ \text{A}=0.495\ \text{A}$$

(2) 由于每只二极管只在半个周期导通，则

$$I_{D1}=I_{D2}=I_{D3}=I_{D4}=\frac{I_{o(AV)}}{2}=0.245\ \text{A}$$

二极管承受的最高反向电压为

$$U_{RM}=\sqrt{2}U_i=22\times 1.414\ \text{V}\approx 31.1\ \text{V}$$

9.3　滤波电路

由前一节的分析可知，整流电路把交流电变成单向脉动的直流电，不论是半波整流还是桥式整流，输出电压都含有较大的脉动成分，这种电压只能用于对输出电压平滑程度要求不高的电子设备中，如电镀、蓄电池充电设备等。怎样得到真正的恒定电流呢？由半波整流和桥式整流输出电压的傅立叶级数可知，输出电压中既包括直流分量也包括交流分量，采用适当的电路将交流成分去掉，便可以得到大小和方向不随时间变化的直流电压。这里所用到

的电路就是滤波电路。

常用的滤波电路可以分为电容滤波电路、电感滤波电路和 π 型滤波电路等。

9.3.1 电容滤波电路

电容滤波电路是最常见也是最简单的滤波电路，它利用电容器在电路中的储能作用和电容对不同频率有不同容抗的特性组成低通滤波电路，从而减小输出电压中的脉动分量，利用电容的充、放电作用，使输出电压趋于平滑。在整流电路的输出端并联一个电容即构成电容滤波电路，如图 9-6 所示。

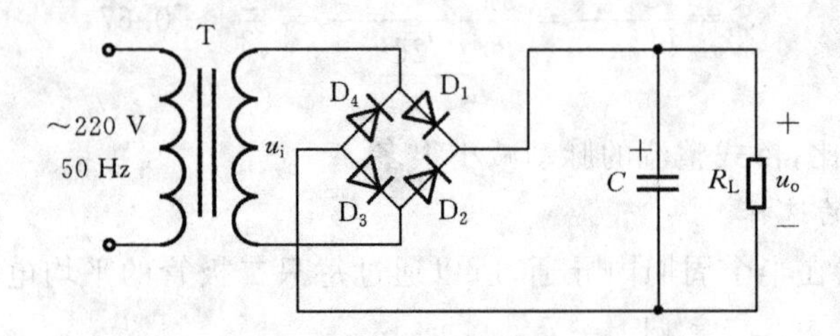

图 9-6　单相桥式整流电容滤波电路

1. 滤波工作原理

设电容器 C 上无初始储能，当变压器副边电压 u_i 处于正半周并且数值从零开始上升时，二极管 D_1、D_3 导通，其电流一路给负载电阻 R_L 提供电流，另一路对电容 C 充电。设在理想情况下，变压器副边无损耗，二极管导通电压为零，则电容两端电压 u_C 随 u_i 一起上升且趋势相同，这就是图 9-7(c)中曲线的 0-1 段。当 u_i 上升到峰值后开始下降，电容向负载电阻 R_L 放电，其电压 u_C 也开始下降，由于放电时间常数很大，u_C 的下降速度比 u_i 的下降速度

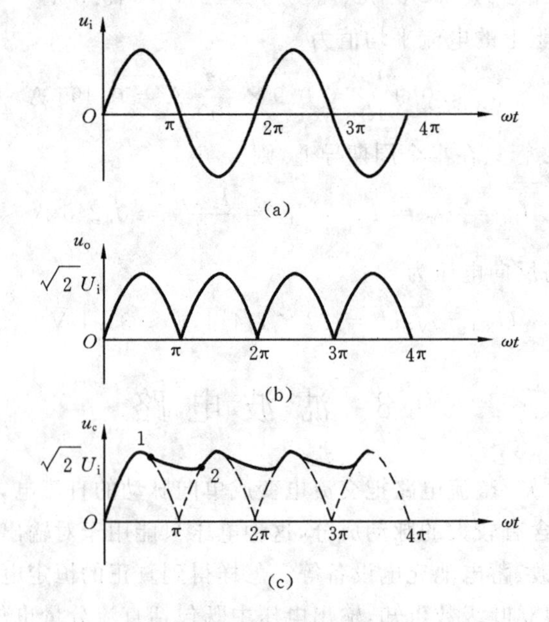

图 9-7　单相桥式整流电容滤波电路波形分析

慢很多，故使 u_C 大于 u_i，从而导致 D_1、D_3 反偏截止。此时负载中的电流依靠电容放电来维持，当电容 C 放电到使 u_C 达到图 9-7(c)中曲线的 2 点时，u_i 的负半周幅值变化到恰好大于 u_C，D_2、D_4 因加正向电压变为导通，u_i 再次对 C 充电，u_C 上升到 u_i 的峰值后又开始下降；下降到一定数值时 D_2、D_4 变为截止，C 对 R_L 放电，u_C 按指数规律下降；放电到一定数值时 D_1、D_3 导通。重复上述过程，就得到如图 9-7(c)所示的电容器电压波形。可见，整流电路加电容滤波后，输出电压的波形得到了改善，比无滤波时平滑了很多。

在电容滤波电路中，二极管的导通角小于 180°，而且电容的放电时间越长，导通角越小。二极管在短暂的导通时间内，有很大的浪涌电流，这对二极管的寿命有影响。在选择二极管时，应该考虑它能承受的最大冲击电流。

2. 输出电压平均值 $U_{o(AV)}$ 估算

滤波电路输出电压波形近似为锯齿波，由于很难用解析式来描述，工程上往往用近似估算的方法求得输出电压平均值。

电容滤波的输出电压取决于电容的放电时间常数。放电时间常数越大，输出电压脉动越小，输出电压平均值越高。按经验公式计算，放电时间常数为

$$\tau = R_L C \geqslant (3 \sim 5)\frac{T}{2} \tag{9.8}$$

式中，T 为电源交流电压周期，则输出电压平均值为

$$U_{o(AV)} = (1.1 \sim 1.4) U_i \tag{9.9}$$

估算输出电压平均值时，应根据放电时间来取值，τ 较小时取下限，τ 较大时取上限，一般情况下按下式估算

$$U_{o(AV)} = 1.2 U_i \tag{9.10}$$

3. 电容滤波电路的外特性

滤波电路的外特性是指输出电压 $U_{o(AV)}$ 随输出电流 $I_{o(AV)}$ 的变化规律，如图 9-8 所示。当负载电流为零时，输出电压 $U_{o(AV)}$ 等于电源电压 u_i 的峰值；当电容一定时，输出电压随电流增大而减小；当输出电流一定时，输出电压随电容 C 的减小而减小；当电容 C 为零时，输出电压等于 $0.9U_i$，它等于纯电阻负载时整流电路输出电压的平均值。这是因为负载电阻和电容量的变化都会改变放电时间常数 τ，当 τ 增大时，输出电压纹波分量减小、平均值增大；当 τ 减小时，输出电压纹波分量增大、平均值减小。所以，电容滤波电路的输出电压平均值受负载变化的影响比较大，因而外特性差，所以只适用于负载电流较小或负载电阻基本不变的场合。

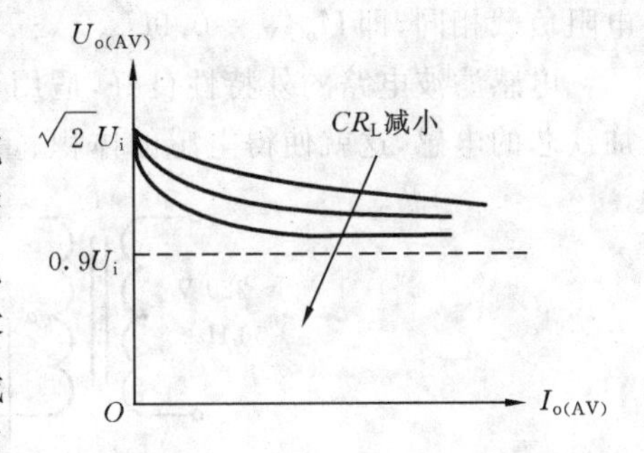

图 9-8 电容滤波电路的外特性

例 9.2 有一单相桥式整流电容滤波电路如图 9-6 所示，市电频率为 50 Hz，负载电阻为 100 Ω，要求直流输出电压为 30 V，选择整流二极管及滤波电容。

解 根据式(9.10)，$U_{o(AV)} = 1.2U_i$，则变压器二次电压有效值

$$U_i = \frac{U_{o(AV)}}{1.2} = \frac{30}{1.2}\ \text{V} = 25\ \text{V}$$

输出平均电流

$$I_{o(AV)} = \frac{U_{o(AV)}}{R_L} = \frac{30}{100} \text{ A} = 0.3 \text{ A}$$

流过二极管的平均电流

$$I_D = \frac{1}{2} I_{o(AV)} = \frac{1}{2} \times 0.3 \text{ A} = 0.15 \text{ A}$$

二极管能承受的最高反压

$$U_{RM} = \sqrt{2} U_i = \sqrt{2} \times 25 \text{ V} \approx 35 \text{ V}$$

根据以上计算的参数，应选择 $I_F \geqslant 300$ mA，$U_R \geqslant 35$ V 的二极管。又因为 $\tau = R_L C \geqslant (3\sim5)T/2$，$T=1/f=0.02$ s，取 $\tau = R_L C = 5 \times T/2 = 0.05$，则 $C = \tau / R_L = 500$ μF。于是选择耐压值为 50 V，容量为 500 μF 的电容器。

9.3.2 其他滤波电路

1. 电感滤波电路

利用储能元件电感器 L 的电流不能突变的性质，把电感 L 与整流电路的负载 R_L 相串联，也可以起到滤波的作用。图 9-9 所示为单相桥式整流电感滤波电路，其工作原理简单介绍如下。

经过整流后得到的脉动电压可用傅立叶级数分解成直流分量和各次谐波分量的叠加，对直流分量而言，电感的感抗 $X_L=0$，电感相当于短路，电压大部分降在负载电阻 R_L 上；而对于各次谐波分量，其频率越高，则电感的感抗 X_L 越大，电压大部分降在电感 L 上。因此在输出端得到比较平滑的直流电压。当忽略电感中的电阻时，负载上输出的平均电压和纯电阻负载相同，即 $U_{o(AV)} = 0.9U_i$。

电感滤波电路的外特性良好，适用于低电压、大电流场合，但为了增大电感量，往往需要加铁芯的电感，这就使得电感的体积、重量增大，而且容易产生电磁干扰，不便于使用。

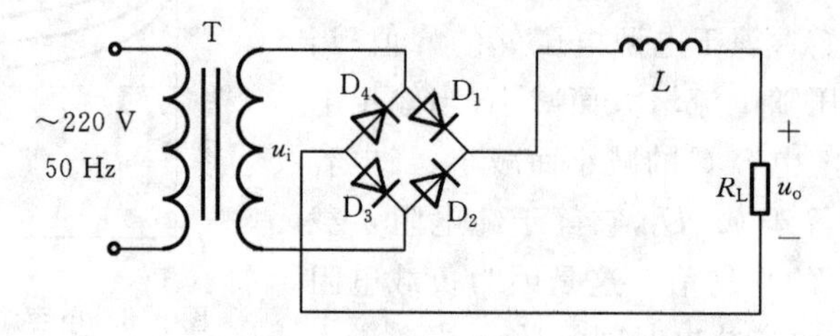

图 9-9 单相桥式整流电感滤波电路

2. LC 滤波电路

LC 滤波电路在电感滤波的基础上又增加了一级电容滤波，电路如图 9-10 所示。

LC 滤波电路比单个的电感或电容滤波效果更好，但在 LC 滤波电路中，如果电感滤波的电感量太小或负载电阻的阻值太大，都会呈现出电容滤波的特性；反之，就会呈现电感滤波特性。

LC 滤波电路能抑制整流管冲击电流，并且对负载的适应性比较强，但如果与电容滤波比较，其输出电压较低，而且使用的电感带有铁芯，在体积和重量上都有相应的增加。

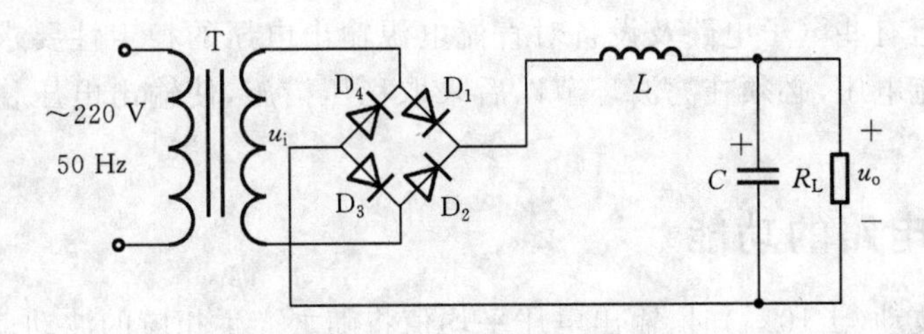

图 9-10 *LC* 滤波电路

3. π型滤波电路

如果要求输出电压的脉动更小,可采用 π 型滤波电路,它包括 RC-π 型滤波电路和LC-π 型滤波电路。

RC-π 型滤波电路是在电容滤波电路后面再加一级 RC 滤波,电路如图 9-11 所示。它是利用电阻和电容对整流后电压的交、直流分量的不同分压作用来实现滤波的。电阻对交、直流分量均有降压作用,因电容的交流阻抗很小,这样 R 与 C_2 及 R_L 配合以后,使交流分量大部分降在电阻 R 上,而降在负载 R_L 上的较少,从而起到滤波作用。R、C_2 越大,滤波效果越好。但 R 不能太大,否则会造成能量的浪费。这种滤波电路适用于负载电流较小而又要求输出电压脉动小的场合。

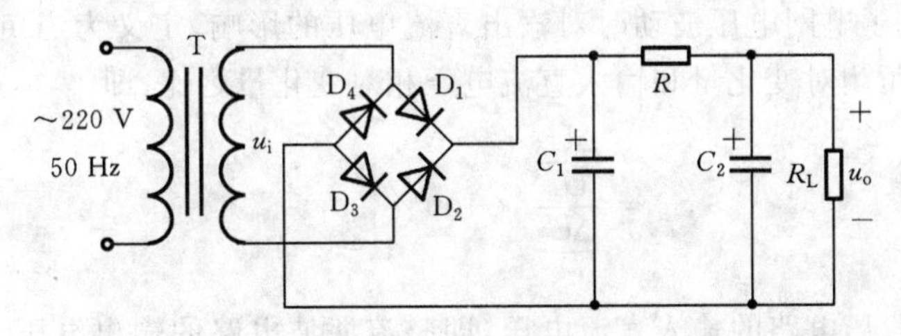

图 9-11 *RC*-π 型滤波电路

LC-π 型滤波电路相当于在 LC 滤波电路的前面并联一个小滤波电容,适用于小电流负载,其滤波效果更好,输出电压的脉动系数比只有 LC 滤波时更小,波形更加平滑。由于在输入端接入了电容,因而提高了输出电压。电路如图 9-12 所示。

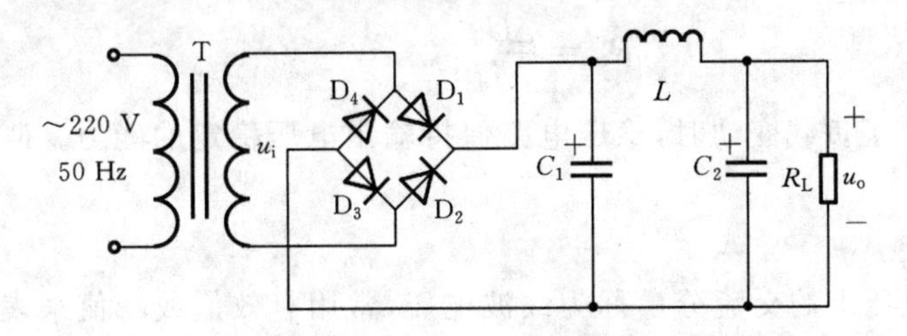

图 9-12 *LC*-π 型滤波电路

9.4 稳压电路

正弦交流电压经过整流滤波电路后能变换成较为平滑的直流电压,可对一般的电子电路及设备供电。但有些电子电路及设备对直流电源输出电压的稳定性要求很高，为了得到稳定性更好的直流电压，必须在滤波环节以后采取稳压措施，使输出电压稳定，从而满足应用要求。

9.4.1 稳压电路的功能

当电网电压波动(±10%)时，输出电压平均值将随之产生相应的波动。另一方面，由于整流滤波电路都有一定的内阻，负载的变化必然使内阻上的电压产生变化，也会导致输出电压平均值随之相应变化。电源电压的不稳定会导致测量和计算误差，引起电子电路及设备工作不稳定，甚至无法正常工作。为了保证输出的直流电压维持稳定，使其几乎不随电网电压和负载电阻的变化而变化，就要在整流滤波电路后增加稳压电路。

9.4.2 稳压电路主要性能指标

稳压电路的性能指标分成两大类：一类用来表示稳压电路规格，称为特性指标，包括输入电压、输出功率或输出直流电压和电流范围；另一类用来表示稳压性能，称为质量指标，通常用以下参数来表示。

1. 稳压系数

稳压系数反映了电网电压波动时对输出直流电压的影响，定义为当负载及环境温度不变时，输出直流电压相对变化量和输入直流电压相对变化量之比，即

$$S_r = \left.\frac{\dfrac{\Delta U_o}{U_o}}{\dfrac{\Delta U_i}{U_i}} \times 100\%\right|_{\Delta I_i=0,\Delta T=0} \tag{9.11}$$

式(9.11)中，U_i为稳压电路的输入直流电压，即整流滤波电路的输出电压，是不稳定的。显然，S_r越小，U_o稳定性越好。

2. 输出电阻

输出电阻定义为当输入电压和环境温度不变时，输出电压变化量和输出电流变化量之比，即

$$R_o = \left.\frac{\Delta U_o}{\Delta I_o}\right|_{\Delta U_i=0,\Delta T=0} \tag{9.12}$$

R_o的大小反映了负载变动时，稳压电路保持输出电压稳定的能力。R_o越小，表示它的稳定性能越好。

3. 纹波电压

叠加在输出电压上的交流分量称为纹波电压，常用有效值或峰值来表示，一般为毫伏级。

4. 输出电压的温度系数

输出电压的温度系数反映温度对输出电压稳定性的影响，定义为当输入电压和负载电流不变时，输出电压的相对变化量与温度变化量之比，即

$$S_T = \left.\frac{\Delta U_o/U_o}{\Delta T} \times 100\%\right|_{\Delta I_o=0,\Delta U_i=0} \tag{9.13}$$

9.4.3　并联型稳压电路

在第3章中介绍了稳压二极管，由稳压管的伏安特性可知，当反向电压大于击穿电压时，流过稳压管的电流可以有很大的变化，而两端的电压近似不变，所以稳压二极管是利用其反向击穿特性来稳压的。

图9-13所示电路是稳压管稳压电路，R为限流电阻，设流过稳压管D_Z的电流为I_Z，流过负载电阻R_L的电流为I_L，滤波输出电压为U_i。由于稳压管与负载并联，故称为并联型稳压电路。

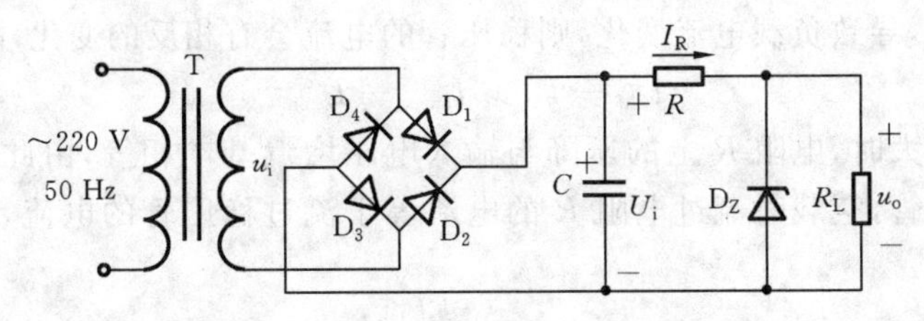

图9-13　并联型(稳压管)稳压电路

1. 电路稳压原理

下面仍从电网电压波动和负载变化两方面来分析并联型稳压电路的稳压原理。

(1) 假设负载电阻R_L恒定不变，由于电网电压升高使U_i升高时，故输出电压U_o也将随之上升，因为稳压管两端电压$U_Z=U_o$，所以此时稳压管电流I_Z随U_Z增大而急剧增大。因为$I_R=I_Z+I_L$，则通过限流电阻的电流I_R增大，电阻R两端电压增加，以此来抵消U_i的升高，从而使得输出电压U_o基本保持不变。稳压过程如下：

$$\text{电网电压}\uparrow \rightarrow U_i\uparrow \rightarrow U_o(U_Z)\uparrow \rightarrow I_Z\uparrow \rightarrow I_R\uparrow \rightarrow U_R\uparrow$$
$$U_o\downarrow$$

(2) 假设电网电压恒定不变，则U_i也恒定不变，当负载电阻R_L减小，而使负载电流I_L增大时，流过电阻R的电流I_R也增大，电阻R两端电压也升高，从而导致输出电压U_o下降；因为稳压管两端电压$U_Z=U_o$，此时稳压管电流I_Z随U_Z下降而急剧减小，则通过限流电阻的电流I_R减小，显然电阻R两端电压也减小。因为$U_i=U_R+U_o$，则输出电压U_o升高，由负载电阻减小导致的输出电压下降的趋势得到了抑制，从而使U_o稳定。稳压过程如下：

$$R_L\downarrow \rightarrow I_L\uparrow \rightarrow I_R\uparrow \rightarrow U_R\uparrow \rightarrow U_o(U_Z)\downarrow \rightarrow I_Z\downarrow \rightarrow I_R\downarrow \rightarrow U_R\downarrow$$
$$U_o\uparrow$$

总之，稳压管稳压电路利用稳压管所起的电流调节作用，通过限流电阻R上电压或电流的变化进行补偿，来达到稳压的目的。

2. 电路参数及元器件的选择

在设计一个稳压管稳压电路时，要合理地选择电路元件及有关参数，才能使设计出的电路满足使用要求。在选择时，应首先知道负载所要求的输出电压、负载电阻的取值范围以及输入电压的波动范围。

1) 输入电压U_i的确定

由电路可知，输入电压满足

$$U_i = U_o + I_R R \tag{9.14}$$

在选择输入电压 U_i 的数值时应使 $U_i > U_o$，还要保证限流电阻 R 上有一定的电压调节余量，以便有较好的稳压效果。根据经验，一般可取

$$U_i = (2 \sim 3)U_o \tag{9.15}$$

当输入电压确定以后，即可以此选择整流滤波电路的元器件参数。

2）稳压管的选择

由于输出电压 U_o 就是稳压管的稳定电压 U_Z，所以

$$U_o = U_Z \tag{9.16}$$

当负载变化时，导致负载电流变化，则稳压管的电流会有相反的变化，故应有

$$I_{ZM} - I_Z > I_{omax} - I_{omin} \tag{9.17}$$

当输入电压增大时，电阻 R 上的压降与输入电压增量基本相等，由此引起的电流增量基本全部流过稳压管，空载时流过电阻 R 的电流等于流过稳压管的电流，于是稳压管最大稳定电流

$$I_{ZM} \geqslant I_{omax} + I_Z \tag{9.18}$$

通常选择 $I_{ZM} \geqslant (2 \sim 3) I_{omax}$。

3）限流电阻 R 的选择

当输入直流电压最低而负载电流最大时，流过稳压管的电流最小，其值应大于稳压管最小稳定电流，否则稳压管不能可靠地稳压，于是有

$$\frac{U_{imin} - U_Z}{R} - I_{omax} \geqslant I_Z \tag{9.19}$$

则

$$R \leqslant \frac{U_{imin} - U_Z}{I_Z + I_{omax}} \tag{9.20}$$

当输入直流电压最高而负载电流最小时，流过稳压管的电流最大，其值应小于 I_{ZM}，否则，会使稳压管过热而损坏，即

$$\frac{U_{imax} - U_Z}{R} - I_{omin} \leqslant I_{ZM} \tag{9.21}$$

故

$$\frac{U_{imax} - U_Z}{I_{ZM} + I_{omin}} \leqslant R \tag{9.22}$$

故限流电阻 R 应满足

$$\frac{U_{imax} - U_Z}{I_{ZM} + I_{omin}} \leqslant R \leqslant \frac{U_{imin} - U_Z}{I_Z + I_{omax}} \tag{9.23}$$

例 9.3 并联稳压电路如图 9-13 所示。已知输入电压 $U_i = 15$ V。当 U_i 波动 $\pm 10\%$ 和负载电阻在 0.5～2 kΩ 变化时，稳压管稳定电压为 6 V，最小稳定电流为5 mA，最大稳定电流为 30 mA，试确定限流电阻的取值范围。

解 输入电压 $U_i = 15$ V，若电网电压波动 $\pm 10\%$，则 $U_{imax} = 15 \times 1.1\ \text{V} = 16.5\ \text{V}$，$U_{imin} = 15 \times 0.9\ \text{V} = 13.5\ \text{V}$。

$$I_{omax} = \frac{U_Z}{R_{Lmin}} = \frac{6}{0.5 \times 10^3}\text{mA} = 12\ \text{mA}$$

$$I_{omin} = \frac{U_Z}{R_{Lmax}} = \frac{6}{2 \times 10^3} \text{mA} = 3 \text{ mA}$$

所以
$$R_{max} = \frac{U_{imin} - U_Z}{I_Z + I_{omax}} = \frac{13.5 - 6}{5 + 12} \text{ k}\Omega = 0.44 \text{ k}\Omega$$

$$R_{min} = \frac{U_{imax} - U_Z}{I_{ZM} + I_{omin}} = \frac{16.5 - 6}{30 + 3} \text{ k}\Omega = 0.3 \text{ k}\Omega$$

所以限流电阻 R 取值范围为 $0.3 \text{ k}\Omega < R < 0.44 \text{ k}\Omega$。

并联稳压电源电路结构简单、使用元件少，但稳压值不能调节。因此，这种稳压电路适用于电压固定、负载电流小、负载变动不大的场合。

9.4.4 串联型稳压电路

在实际应用中，很多时候需要输出电流较大、输出电压可调的稳压电源。串联型稳压电路利用三极管的电流放大作用，增大了输出电流，并在电路中引入深度电压负反馈使输出电压稳定，通过改变反馈网络参数，从而使输出电压可调。

1. 基本串联稳压电路

在稳压管稳压电路中，负载电流的变化范围很小，为稳压管的最大稳定电流 I_{ZM} 和最小稳定电流 I_Z 之间，如何将其扩大呢？最简单的方法就是利用三极管的电流放大作用放大输出电流，并作为负载电流。电路如图 9-14 所示，三极管采用共集电极接法并引入电压负反馈，从而稳定了输出电压。

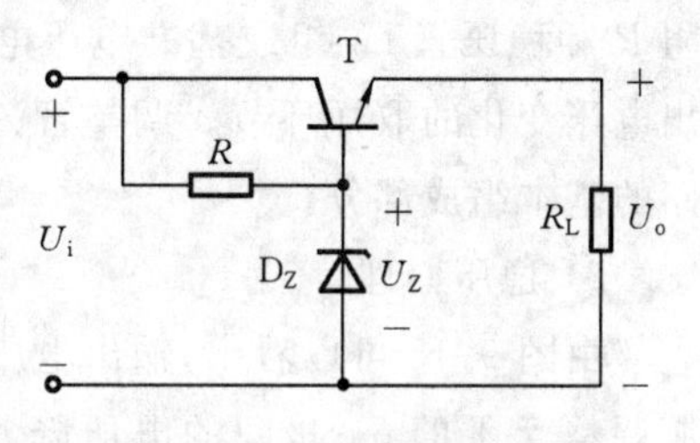

图 9-14 基本串联稳压电路

图中稳压管 D_Z 和限流电阻 R 组成稳压环节，用于提供基准电压。其稳压过程如下。

(1)当负载电阻不变，电网电压波动而使输入电压变化时：

$$\text{电网电压} \uparrow \rightarrow U_i \uparrow \rightarrow U_o \uparrow \rightarrow U_{BE} = (U_Z - U_o) \downarrow \rightarrow I_B \downarrow \rightarrow I_E \downarrow$$

$$U_o = (I_E R_L) \downarrow \leftarrow$$

(2)当电网电压不变，负载电阻变化时：

$$R_L \uparrow \rightarrow U_o \uparrow \rightarrow U_{BE} = (U_Z - U_o) \downarrow \rightarrow I_B \downarrow \rightarrow I_E \downarrow$$

$$U_o = (I_E R_L) \downarrow \leftarrow$$

由上述稳压过程的分析可知，三极管的调节作用使 U_o 稳定，所以又称三极管为调整管。因为调整管和负载是串联的，所以称这种电路为串联型稳压电路。

调整管起调整作用的前提是使之工作在放大状态。由于调整管工作在线性区，故称这类电路为线性稳压电源。该电路的特点是输出电流大，且电流的变化范围大。但由于调整管是依靠电压差 $\Delta U_{BE} = U_Z - \Delta U_o$ 来实现调整作用的，如果引入放大环节将电压差放大后去控制调整管，则调整作用会显著提高，输出电压也会更加稳定。

2. 具有放大环节的串联型稳压电路

1) 电路组成

图 9-15 所示是具有放大环节的串联型稳压电路，图中 U_i 是整流滤波电路的输出电压，

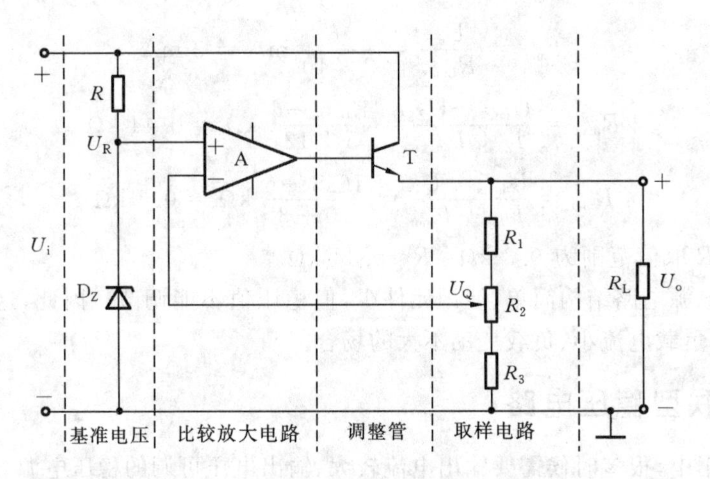

图 9-15　具有放大环节的串联型稳压电路

T 为调整管(可用功率管或复合管)，集成运放 A 为比较放大电路，也称误差放大器，限流电阻 R 和稳压管 D_Z 组成基准电压电路，R_1、R_2 和 R_3 组成输出电压采样电路，是用来反映输出电压变化的取样环节。调整管、基准电压电路、取样电路和比较放大电路是串联型稳压电路的基本组成部分。

2）稳压原理

由图 9-15 可以看出，输出电压的变化量由取样电路取出，经比较放大电路放大后去控制调整管 T 的 c-e 极间的电压降，从而达到稳定输出电压 U_o 的目的。稳压原理可简述如下：当输入电压 U_i 增加(或负载电阻增加)时，导致输出电压 U_o 增加，随之取样电压 U_Q 也增加。U_Q 与基准电压 U_R 相比较，其差值电压经比较放大电路放大后使 U_B 和 I_C 减小，调整管 T 的 c-e 极间电压 U_{CE} 增大，使 U_o 下降，从而维持 U_o 基本恒定。同理，当输入电压 U_i 减小(或负载电阻减小)时，亦将使输出电压基本保持不变。

值得注意的是，调整管 T 的调整作用是依靠 U_Q 和 U_R 之间的电压差来实现的，即必须有电压差才能调整。如果 U_o 绝对不变，调整管的 U_{CE} 也绝对不变，那么电路也就不能起调整作用了。所以 U_o 不可能达到绝对稳定，只能是基本稳定。其稳压过程可表示如下：

$$U_o\uparrow \rightarrow U_Q\uparrow (\text{因为 } U_R \text{ 不变}) \rightarrow U_B\downarrow \rightarrow U_o\downarrow$$

3）输出电压及其可调范围

理想运放条件下，比较放大器的同相输入端与反向输入端近似相等，即 $U_Q = U_R = U_Z$，假设电位器滑动端在中间位置，则

$$U_Q = U_R = \frac{R_3 + R_2/2}{R_1 + R_2 + R_3}U_o$$

$$U_o = \frac{R_1 + R_2 + R_3}{R_3 + R_2/2}U_Z \tag{9.24}$$

当电位器的滑动端在最上端时，输出电压最小，为

$$U_{omin} = \frac{R_1 + R_2 + R_3}{R_3 + R_2}U_Z \tag{9.25}$$

当电位器的滑动端在最下端时，输出电压最大，为

$$U_{omax} = \frac{R_1 + R_2 + R_3}{R_3} U_Z \tag{9.26}$$

4）调整管的选择

串联型稳压电路的核心元件是调整管，它的安全工作是电路正常工作的保证。调整管的选用原则与功率放大电路中的功放管相同，主要考虑其极限参数。

(1) 集电极最大允许功耗 P_{CM} 要大于调整管能承受的最大功耗。当三极管的集电极电流最大，且管压降最大时，调整管的功耗最大。

(2) 集电极最大允许电流 I_{CM} 要大于稳压电路的最大输出电流 I_{omax}。

(3) 集电极与发射极间的反向击穿电压 $U_{(BR)CEO}$ 要大于调整管实际能承受的管压降。当输入电压最高，输出电压最低时调整管承受的管压降最大。

串联型稳压电路具有输出电压可调、输出电流范围大、输出电阻小(驱动负载能力强)、稳压性能好、输出纹波小等优点。但由于调整管工作于放大区，有较大的管压降，所以其功率转换效率较低。

例 9.4 串联型稳压电路如图 9-15 所示，已知电网电压波动范围为 ±10%，三极管 T 的饱和压降 $U_{CES}=3$ V，电阻 $R_1=R_3=200\ \Omega$，$R_2=600\ \Omega$，稳压管稳定电压 $U_Z=4$ V。

(1) 输出电压 U_o 的调节范围是多少？

(2) 为使三极管 T 正常工作，U_i 至少应取多少？

解 (1) 输出电压的最小值为

$$U_{omin} = \frac{R_1 + R_2 + R_3}{R_2 + R_3} \cdot U_Z = \frac{200 + 200 + 600}{200 + 600} \times 4\ \text{V} = 5\ \text{V}$$

输出电压的最大值为

$$U_{omax} = \frac{R_1 + R_2 + R_3}{R_3} \cdot U_Z = \frac{200 + 200 + 600}{200} \times 4\ \text{V} = 20\ \text{V}$$

(2) 要使三极管 T 正常工作，就要使其工作在放大状态。当输入电压最低且输出电压最高时管压降最小，此时的管压降若大于饱和管压降，则能保证三极管始终工作在放大区，即

$$U_{CEmin} = U_{imin} - U_{omax} > U_{CES}$$

所以

$$U_{imin} > U_{CES} + U_{omax}$$

将 $U_{imin}=(1-10\%)U_i=0.9U_i$ 代入上式得

$$0.9U_i > (20 + 3)\text{V}$$

求得 $U_i > 25.6$ V，则 U_i 至少应取 26 V。

3. 集成三端稳压电路

目前，直流电源中越来越多地使用集成稳压电路，其中的集成三端稳压电路是以串联稳压电路为基础的一个电路组件，由于其体积小、重量轻、容易调整、性能稳定、可靠性高、成本低等特点，因此得到了广泛应用。

1）固定式集成三端稳压器

固定式集成三端稳压器有输出正电压的 7800 系列和输出负电压的 7900 系列，型号中“00”两位表示输出电压的稳定值，分别为 5 V、6 V、9 V、12 V、15 V、18 V、24 V等七种。

例如,CW7805 为国产固定式集成三端稳压器,输出电压为+5 V,最大输出电流为 1.5 A;LM79M9 为美国国家半导体公司的产品,输出电压为−9 V,最大输出电流为 0.5 A。固定式集成三端稳压器的封装及管脚排列如图 9-16 所示。

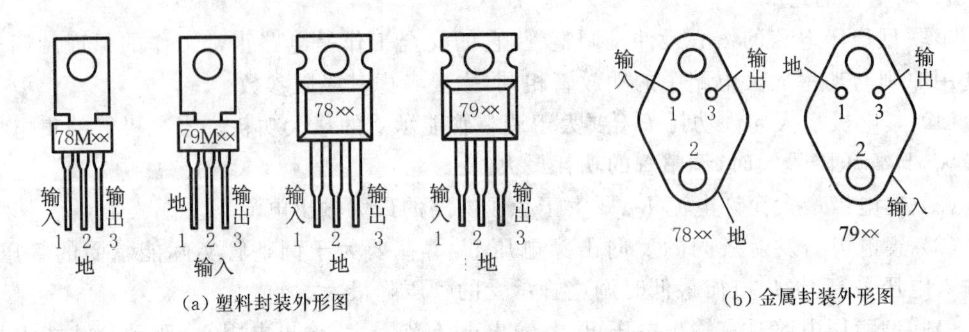

(a) 塑料封装外形图 (b) 金属封装外形图

图 9-16 固定式集成三端稳压器的封装及管脚排列图

固定式集成三端稳压器的方框图和典型应用电路如图 9-17 所示。图中电容 C_1 用于改善纹波和抑制输入过电压及高频干扰,防止产生自激振荡,一般容量为0.33 μF。电容 C_0 用于消除输出电压中的高频噪声,改善负载的瞬态响应。可取小于1 μF的电容,也可取几微法甚至几十微法的电容,以便输出较大的脉冲电流。但是若 C_0 容量较大,一旦输入端断开,C_0 将从稳压器输出端向稳压器放电而使其损坏,所以通常在输入和输出端之间加二极管保护,如图 9-17(b)中虚线部分所示。

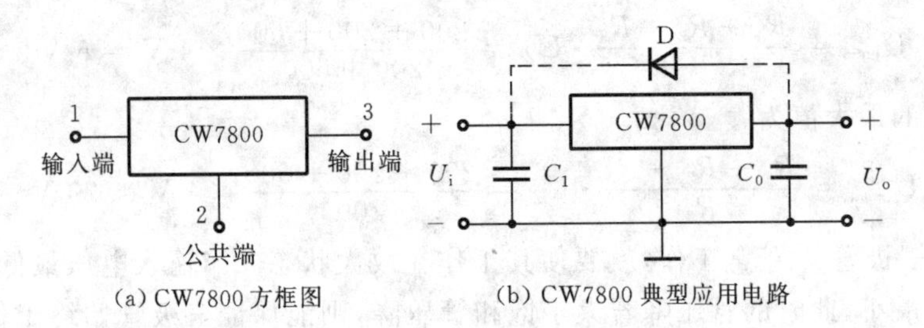

(a) CW7800 方框图 (b) CW7800 典型应用电路

图 9-17 固定式集成三端稳压器的方框图和典型应用电路

2) 可调式集成三端稳压器

可调式集成三端稳压器输出电压可调,稳压精度高,输出纹波小,只需外接两只不同的电阻,即可获得各种输出电压。它有三个引出端,分别为输入端、输出端和电压调整端(简称调整端),调整端是基准电压电路的公共端。可调式集成三端稳压器引脚排列图如图 9-18 所示。

下面以 LM117/LM317 为例介绍可调式集成三端稳压器的应用。LM117/LM317 内部置有过载保护、安全区保护等多种保护电路,输出电压范围是 1.2～37 V,负载电流最大为 1.5 A。它的使用非常简单,仅需两个外接电阻来设置输出电压。此外它的线性调整率和负载调整率也比标准的固定式三端稳压器好。通常 LM117/LM317 不需要外接电容,除非输入滤波电容到 LM117/LM317 输入端的连线超过 15 厘米。使用输出电容能改变瞬态响应,调整端使用滤波电容能得到比标准三端稳压器高得多的纹波抑制比,其方框图和外加保

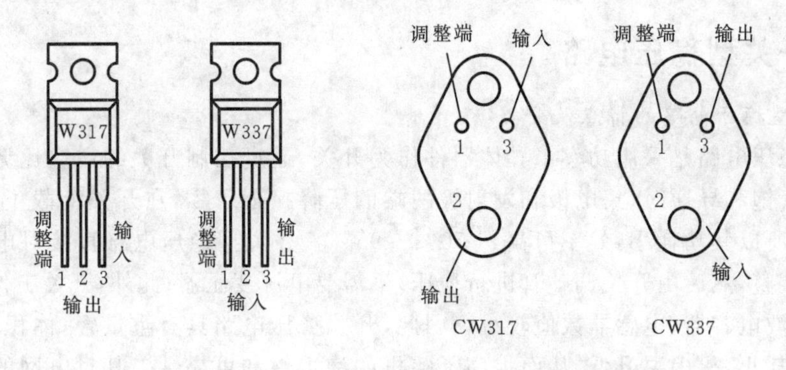

(a) 塑料封装外形图　　(b) 金属封装外形图

图 9-18　三端可调式集成稳压器引脚排列图

护电路的典型应用电路如图9-19所示。

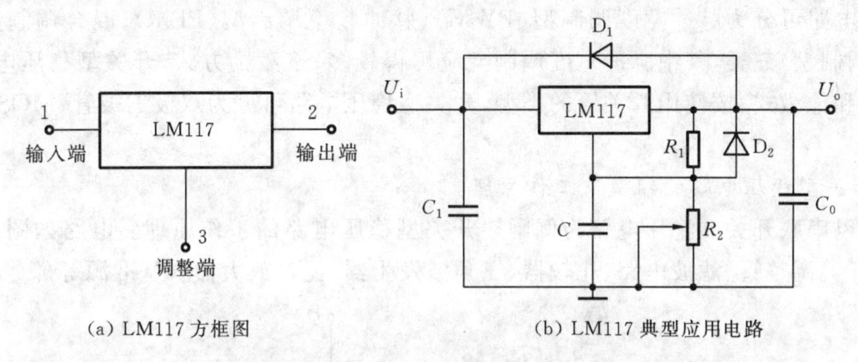

(a) LM117 方框图　　(b) LM117 典型应用电路

图 9-19　三端可调式集成稳压器的方框图和典型应用电路

LM117/LM317 有许多特殊的用法。比如把调整端悬浮到一个较高的电压上，可以用来调节高达数百伏的电压，只要输入输出电压差不超过 LM117/LM317 的极限参数就行。还可以把调整端接到一个可编程电压上，实现可编程的电源输出。

由可调集成稳压器构成的直流电源电路应用广泛，可以作为前置级音响电路、精密电路、电子制作等要求实现高精度供电的电路，由于其内阻小、电压稳定、噪音极低、输出纹波小，所以能有效地保证 NE5532、NE5535 等音响电路的高度稳定工作，提高电路的瞬态特性和高频特性。图 9-20 所示是由可调集成三端稳压器构成的直流电源电路实物图。

图 9-20　可调集成稳压器应用电路实物图

9.4.5 开关型稳压电路

1. 开关型稳压电路的特点及分类

开关型稳压电路是采用功率半导体器件作为开关，通过控制开关的占空比调整输出电压。当开关管饱和导通时，集电极和发射极两端的压降接近于零，在开关管截止时，其集电极电流为零，所以其功耗小，效率可高达70%～95%。开关型稳压电路直接对电网电压进行整流滤波调整，然后由开关调整管进行稳压，不需要电源变压器；此外，开关工作频率在几十千赫兹，滤波电容器、电感器数值较小。因此，开关稳压电路具有重量轻，体积小等特点。另外，由于功耗小，机内温升低，从而提高了整机的稳定性和可靠性。其对电网的适应能力也有较大的提高，一般串联稳压电路允许电网波动范围为220 V±10%，而开关型稳压电路在电网电压从110～260 V范围内变化时，都可获得稳定的输出电压。

按开关管与负载的连接方式，开关型稳压电路可分为串联型和并联型；按控制方式，开关型稳压电路可分为脉冲宽度调制型(PWM)、脉冲频率调制型(PFM)、混合调制型(即脉宽-频率调制型)三类，其中脉冲宽度调制型应用得较多；按激励方式，开关型稳压电路可分为自激式和他激式；按使用开关管的类型，开关型稳压电路可分为双极三极管、MOS管和可控硅型。

2. 开关型稳压电路的组成及工作原理

下面以串联开关型稳压电路为例阐述开关型稳压电路的工作原理。电路如图9-21所示，它由开关调整管、滤波电路、比较器、三角波发生器、比较放大器和基准源等部分构成。

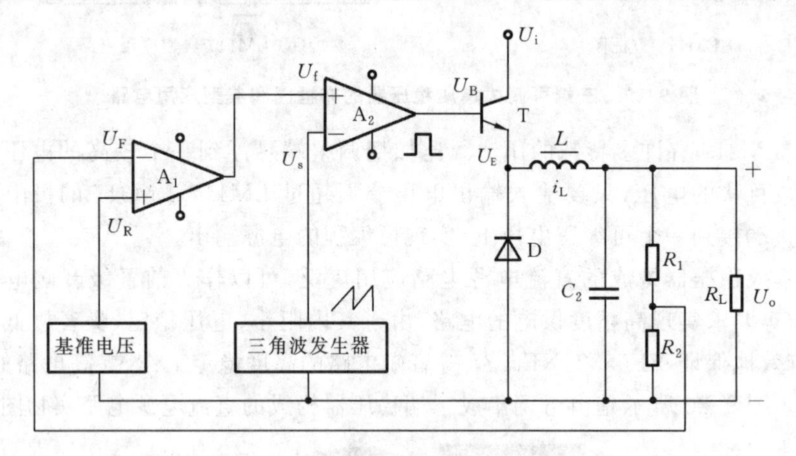

图9-21 串联开关型稳压电路

图9-21中U_i是经整流滤波后的输出电压，作为开关电路的输入。R_1、R_2为输出电压的取样电路，取样电压U_F与基准电压U_R进行比较后放大，产生误差电压U_f，然后与三角波发生器输出电压U_s比较后产生一个方波U_B，去控制开关管T的通断。开关管T导通时，向电感L充电；开关管截止时，必须给电感L中的电流提供一个泄放通路。续流二极管D即可起到这个作用，有利于保护调整管。

为了稳定输出电压，应按电压负反馈方式引入反馈，以确定基准源和比较放大器A_1的连线。假设输出电压U_o因某种原因增大，则取样后U_F也增大，作用于比较放大器A_1的反相输入端，与同相输入端的基准电压比较放大，使 A_1 的输出 U_f 减小，电压比较器输出的方波占空比减小，开关调整管导通时间减小，输出电压 U_o 下降，从而起到了稳压作用。

由电路图可知，当三角波的幅度小于比较放大器的输出时，比较器输出高电平，对应开关调整管的导通时间为 t_{on}；反之输出为低电平，对应开关调整管的截止时间 t_{off}。

串联开关型稳压电源波形如图 9-22 所示。由于开关管发射极输出的方波通过滤波电感 L 的滤波，使输出电流 i_L 变为锯齿波，趋于平滑，则输出为带纹波的直流电压。

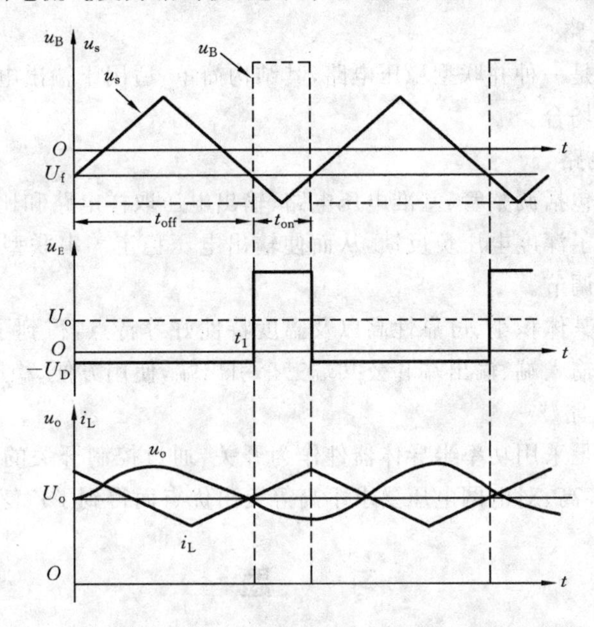

图 9-22　开关型稳压电源工作波形

若忽略电感的直流电阻，则输出电压为发射极电压的平均分量，于是有

$$U_o = \frac{1}{T}\int_0^{t_1} u_E \, dt + \frac{1}{T}\int_1^{T} u_E \, dt$$

$$= \frac{1}{T}(-U_D)t_{off} + \frac{1}{T}(U_i - U_{CES})t_{on}$$

$$\approx U_i \frac{t_{on}}{T} = U_i q \tag{9.27}$$

式(9.27)中，q 为占空比，T 为开关转换周期（$T = t_{on} + t_{off}$）。通过调节比较器输出方波的宽度（占空比）来控制输出电压值的方式称为脉冲宽度调制（PWM）。

本章小结

本章介绍了直流稳压电路的组成及各组成部分的工作原理，并对不同类型的电路结构及工作特点、性能指标等进行了分析。主要内容归纳如下。

(1) 直流稳压电源由变压器、整流电路、滤波电路和稳压电路组成。

(2) 整流电路介绍了半波和桥式整流两种电路，整流电路是利用二极管的单向导电性构成的。在分析整流电路时，应分别判断在变压器副边电压正、负半周两种情况下二极管的工作状态，从而得到负载两端电压、二极管两端电压及其电流波形，并由此得到输出电压和电流的平均值，以及二极管的最大整流平均电流和所能承受的最高反向电压。

(3) 滤波电路的主要功能是滤掉输出电压中的交流成分，通常有电容滤波电路、电感滤波电路和 π 型滤波电路等，本章对电容滤波电路作了较详细的分析。

(4) 稳压电路的功能是在电网电压波动和负载电流变化时使输出电压基本稳定。常见的稳压电路有以下几种。

a. 并联型稳压电路

稳压管稳压电路是一种并联型稳压电路，其结构简单，适用于输出电压固定且负载电流及其变化范围较小的场合。

b. 串联型稳压电路

串联型稳压电路包括调整管、基准电压电路、输出电压取样电路和比较放大电路四个组成部分。电路中引入了深度电压负反馈，从而使输出电压稳定。串联型稳压电路的输出电压可以在一定范围内调节。

集成稳压电路因其体积小、可靠性高以及温度特性好等特点，得到了广泛应用，特别是集成三端稳压器仅有输入端、输出端和公共端三个引出端，使用方便，稳压性较好。

c. 开关型稳压电路

开关型稳压电路是采用功率半导体器件作为开关，通过控制开关的占空比调整输出电压。因其功耗小、效率高、对电网电压要求不高等突出优点而得到了广泛应用。

习　题

9.1 直流电源通常由哪几部分组成？各部分的作用是什么？

9.2 图 9-3 所示电路中，已知变压器副边电压有效值为 30 V，负载电阻 $R_L=100\ \Omega$，求：

(1) 输出电压和输出电流平均值；

(2) 若电网电压波动为±10%，二极管承受的最大反向电压和流过的最大电流平均值。

9.3 单相桥式整流电路如图 9-4 所示，已知交流电频率 $f=50$ Hz，$U_i=25$ V，$R_L=50\ \Omega$。求输出电压平均值、流过二极管的平均电流及各二极管承受的最高反向电压。

9.4 电路如图题 9.4 所示。

(1) 分别标出 u_{o1} 和 u_{o2} 对地的极性；

(2) u_{o1}、u_{o2} 分别是半波整流还是全波整流？

(3) 当 $U_{21}=U_{22}=20$ V 时，$U_{o1(AV)}$ 和 $U_{o2(AV)}$ 各为多少？

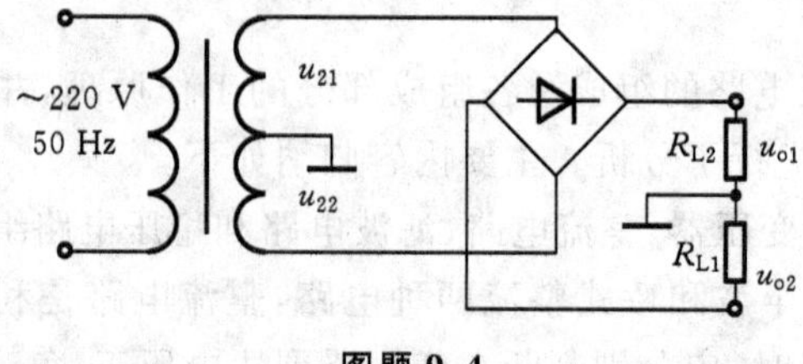

图题 9.4

(4) 当$U_{21}=18$ V,$U_{22}=22$ V时,画出u_{o1}、u_{o2}的波形,并求出$U_{o1(AV)}$和$U_{o2(AV)}$各为多少?

9.5 在图题9.5所示稳压电路中,已知稳压管的稳定电压为6 V,最小稳定电流为5 mA,最大稳定电流为240 mA;动态电阻小于15 Ω。

(1) 当输入电压为20～24 V、负载电阻为200～600 Ω时,限流电阻R的取值范围是多少?

(2) 若R为390 Ω,则电路的稳压系数为多少?

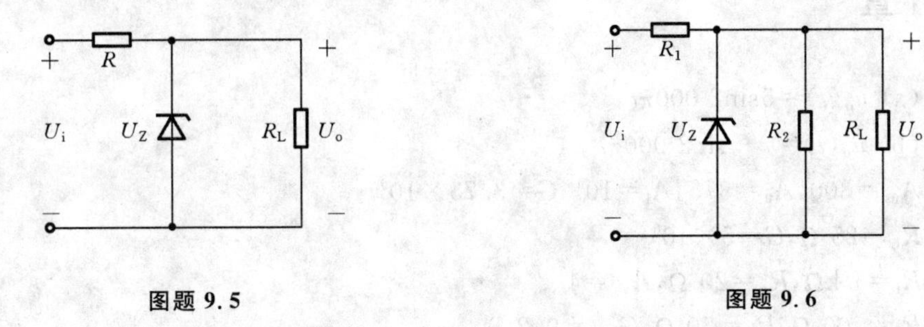

图题9.5　　图题9.6

9.6 电路如图题9.6所示,已知稳压管的稳定电压为6 V,最小稳定电流为5 mA,允许耗散功率为240 mW,输入电压为20～24 V,$R_1=360$ Ω。试问:

(1) 为保证空载时稳压管能够安全工作,R_2应选多大?

(2) 当R_2按上面原则选定后,负载电阻允许的变化范围是多少?

9.7 电路如图9-13所示,已知$R=1$ kΩ,负载电阻$R_L=100$ Ω,稳压管稳定电压$U_Z=10$ V,动态电阻$r_Z=20$ Ω,三极管的$\beta=49$,$r_{bb'}=100$ Ω,$U_{BE}=0.6$ V,$U_i=24$ V。当输出电流有±10%变化时,输出电压的变化有多大?

9.8 电路如图题9.8所示,已知$U_i=24$ V,$U_Z=5.3$ V,$U_{BE}=0.7$ V,$U_{CES}=2$ V,$R_3=R_4=R_P=300$ Ω。

(1) 计算输出电压的可调范围;

(2) 若$R_3=600$ Ω,调节R_P时,输出电压最高为多少?

9.9 电路如图题9.9所示,已知由固定输出三端集成稳压器W7815组成的稳压电路中,$R_1=1$ kΩ,$R_2=1.5$ kΩ,三端集成稳压器本身的工作电流$I_Q=2$ mA,U_i值足够大。试求输出电压的值。

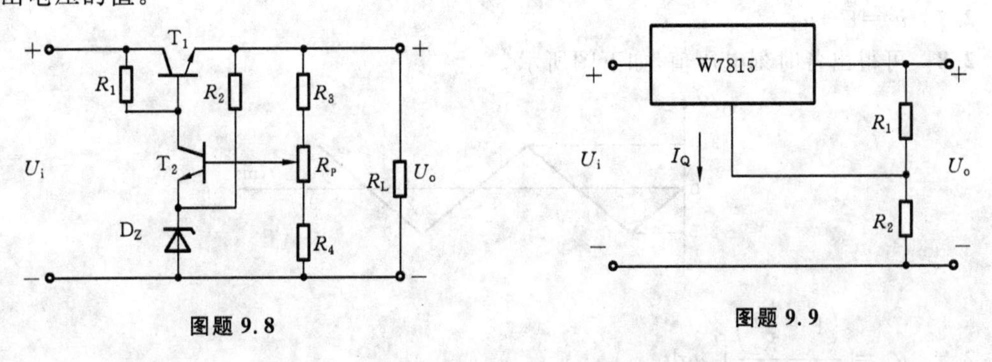

图题9.8　　图题9.9

习题答案

第1章

1.1 (a) $u_o(t)=5\sin 2\,000\pi t$

(b) $u_o(t)=-5\sin 2\,000\pi t$

1.2 $A_{us}=300, A_u=375, A_i=10^4, G=3.75\times10^6$

1.3 $R_L=25\ \Omega, G=5\times10^6$

1.4 $R_i=1\ \text{k}\Omega, R_o=20\ \Omega, A_{vo}=4$

1.5 $R_i=500\ \Omega, R_o=50\ \Omega, G_{msc}=0.2\ \text{S}$

1.6 $R_{moc}=500\ \text{k}\Omega$

1.7 (a) 近似理想电压放大器;(b) 近似理想电流放大器;(c) 近似理想互导放大器;(d) 近似理想互阻放大器;(e) 不属于任何一种近似理想放大器。

第2章

2.1 -60

2.2 $r_i=10\ \text{k}\Omega \quad k=-135$

2.3 $u_o=\left(1+\frac{R_4}{R_3}\right)\left(\frac{u_{i1}R_2+u_{i2}R_1}{R_1+R_2}\right)$

2.4 $u_o=\frac{1}{R_3}\left[\frac{R_2R_5}{R_1}u_{i1}+(R_3+R_5)u_{i2}\right]$

2.5 略

2.6 $u_o=2(u_1-u_3)=2u_i$

2.7 $u_o=8-u_{i1}$

2.8 可得出各时刻电压值,如下图所示。

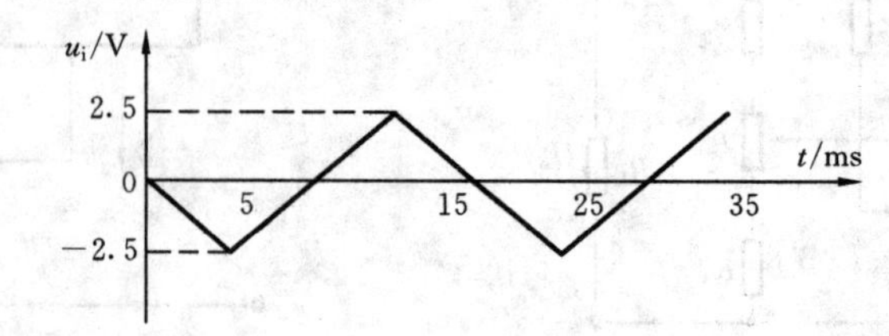

2.9 $u_o=\frac{\left(1+\frac{R_3}{R_2}\right)}{R_1C_1}\int_0^t u_i\,\mathrm{d}t$

2.10 输出电压波形图为

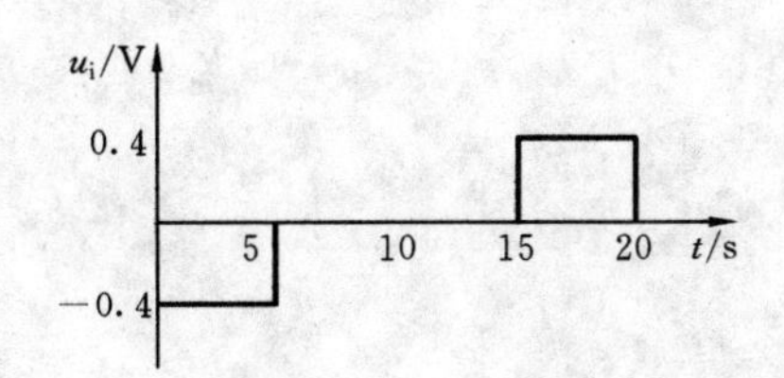

2.11 略

2.12 解：（a）

$$A_u(s)=\frac{U_o(s)}{U_i(s)}=-\frac{R_2}{R_1}\frac{1}{1+\frac{1}{sR_1C}}$$

$$A_u=-\frac{R_2}{R_1}\frac{1}{1+\frac{1}{j\omega R_1C}}=-\frac{R_2}{R_1}\frac{1}{1+\frac{f_p}{jf}}$$

这是一个高通滤波器。

（b）

$$A_u(s)=\frac{U_o(s)}{U_i(s)}=-\frac{R_2}{R_1}\frac{1}{1+sR_2C}$$

$$A_u=-\frac{R_2}{R_1}\frac{1}{1+j\omega R_2C}=-\frac{R_2}{R_1}\frac{1}{1+\frac{jf}{f_p}}$$

这是一个低通滤波器。

2.13 略

2.14 门限电压

$$U_T=-\frac{R_2}{R_1}U_{REF}=4\ \text{V}$$

传输曲线图为

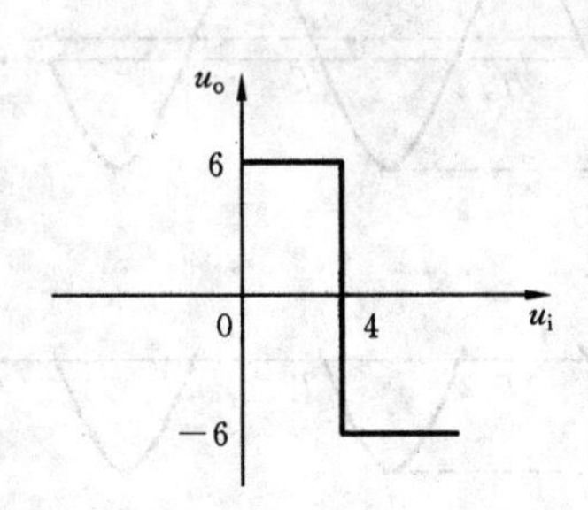

2.15 传输曲线图为

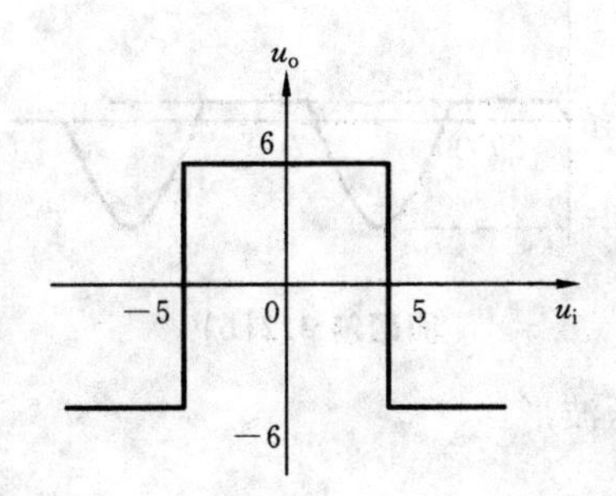

2.16 略

第3章

3.1 $u_D=0.34$ V。

3.2 (a) 输出端 u_o 的波形：

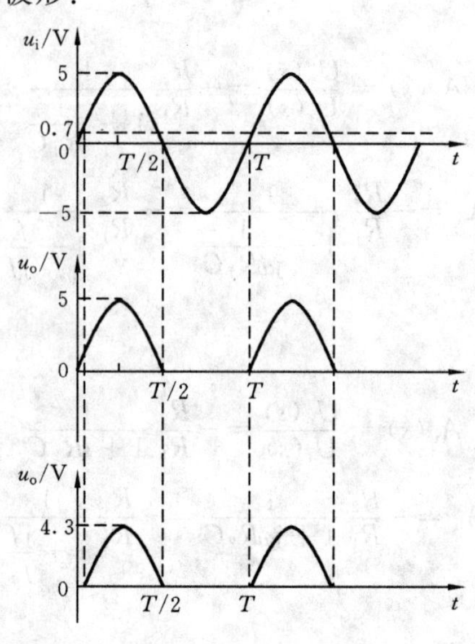

图题解 3.2(a)

(b) 输出端 u_o 的波形：

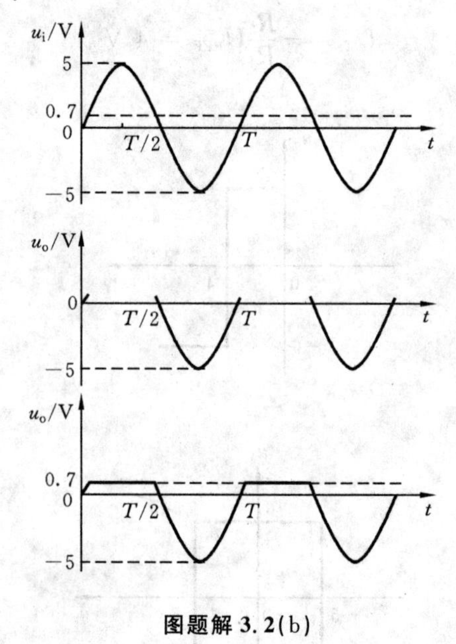

图题解 3.2(b)

3.3 负载 R_L 两端的电压波形：

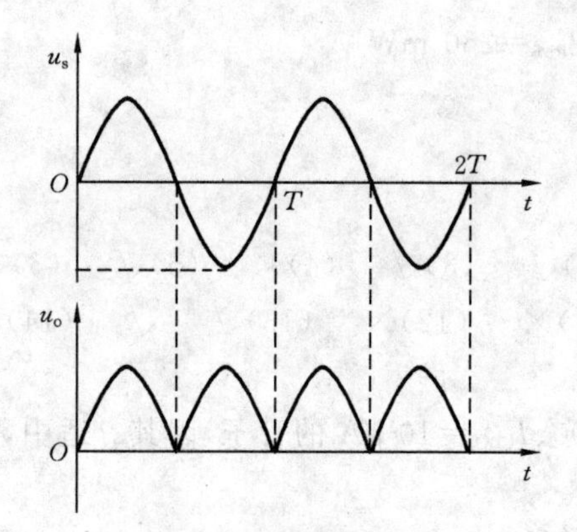

图题解3.3

3.4 $U_D = 1.4$ V

流过二极管的电流为

$$I_D = \frac{U_{DD} - 1.4}{R} = \frac{10 - 1.4}{R} = \frac{8.6}{R}$$

(2)u_o的变化范围是

$$\Delta u_o = \Delta u_{DD}\frac{2r_d}{R + 2r_d} = \pm 1 \times \frac{2r_d}{R + 2r_d} = \pm \frac{2r_d}{R + 2r_d}$$

(3)u_o的变化范围是

$$\Delta u_o = \Delta u_{DD}\frac{2r'_d /\!/ R_L}{R + 2r'_d /\!/ R_L} = \pm 1 \times \frac{2r'_d /\!/ R_L}{R + 2r'_d /\!/ R_L} = \pm \frac{2r'_d /\!/ R_L}{R + 2r'_d /\!/ R_L}$$

3.5 图(a):$U_{AO} = 6$ V。

图(b):$U_{AO} = -12$ V。

图(c):$U_{AO} = 0$ V。

图(d):$U_{AO} = -6$ V。

3.6 略

3.7 u_{o1}的波形如图题解 3.7(a)所示。

u_{o2}的波形如图题解 3.7(b)所示。

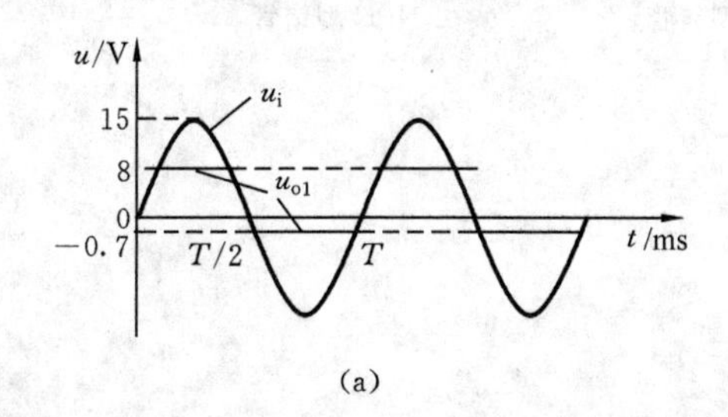

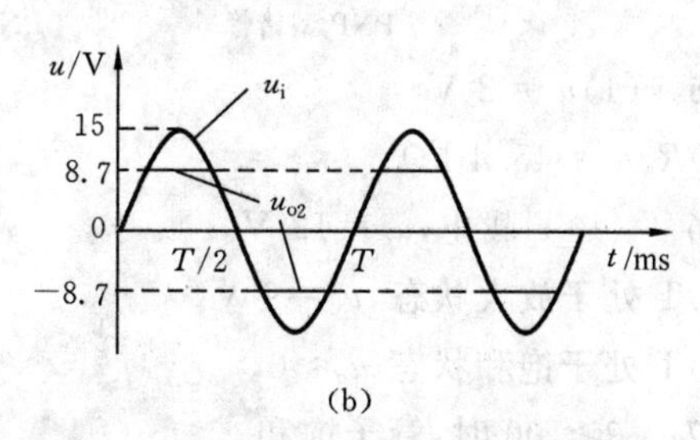

图题解 3.7

3.8 (1)负载 R_L 的变化范围:$R_{L(max)} > \frac{U_Z}{I_{o(max)}} = \frac{5}{45} \approx 111\ \Omega$

(2) $P_{OM} = 225$ mW

(3) $P_{ZM}=250\ \text{mW}$ $P_{RM}=250\ \text{mW}$

第4章

4.1 解： (1)× (2)√ (3)√ (4)× (5)√ (6)× (7)× (8)× (9)× (10)× (11)× (12)× (13)√ √ (14)√ × (15)× (16)× (17)√

4.2 解： 选用$\beta=100$、$I_{CBO}=10\ \mu A$的管子，因其β适中，I_{CEO}较小，因而温度稳定性较另一只管子好。

4.3 解： 答案如下图所示。

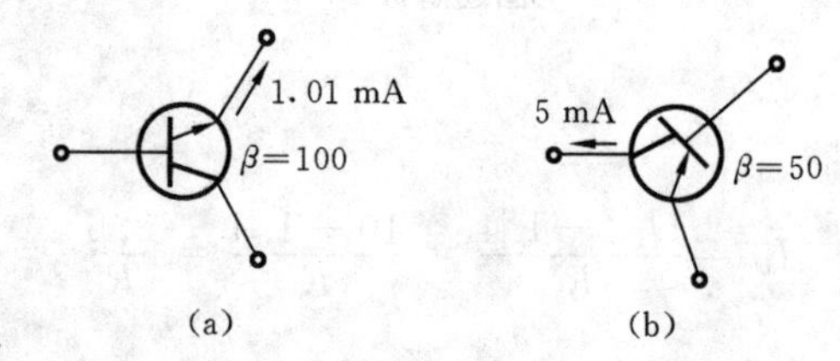

4.4 解： 答案如下图所示。

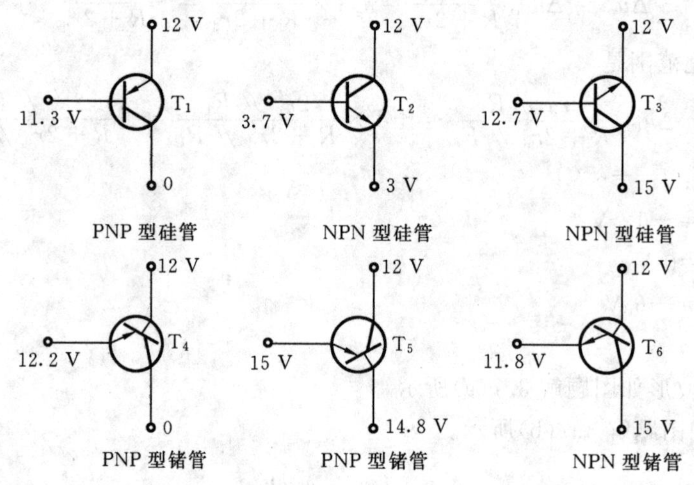

4.5 (1)$u_o=2\ \text{V}$

(2)$R_b=\approx45.4\ \text{k}\Omega$

4.6 (1)T截止，$u_o=12\ \text{V}$。

(2)T处于放大状态，$u_o=9\ \text{V}$。

(3)T处于饱和状态 $u_o\approx0$。

4.7 $\beta\geqslant100$时，管子饱和。

4.8 (1) 当$u_i=0$时，$u_o=-5\ \text{V}$。

(2) 当$u_i=-5\ \text{V}$时，$u_o=0.1\ \text{V}$。

4.9 解： (a)可能；(b)可能；(c)不能，因为集电结零偏；(d)可能；(e)可能。

4.10 (a)能，三极管T为硅管时可以。

(b)不能,因为输入信号被 C_2 短路。

(c)不能,因为输入信号被 V_{CC} 短路。

(d)不能,PNP 型三极管应为负电源($-V_{CC}$)。

(e)不能,因为输入信号被 C_2 短路。

(f)不能,PNP 型三极管 V_{BB} 应为负电源($-V_{BB}$)。

4.11 (1) $R_w=465\ \text{k}\Omega$;

(2) $R_c=3\ \text{k}\Omega$, $A_u=-120$, $u_o=0.3\ \text{V}$

4.12 $U_{om}=3\ \text{V}$

4.13 将电容开路即为直流通路,图略。

各电路的交流通路如下图所示。

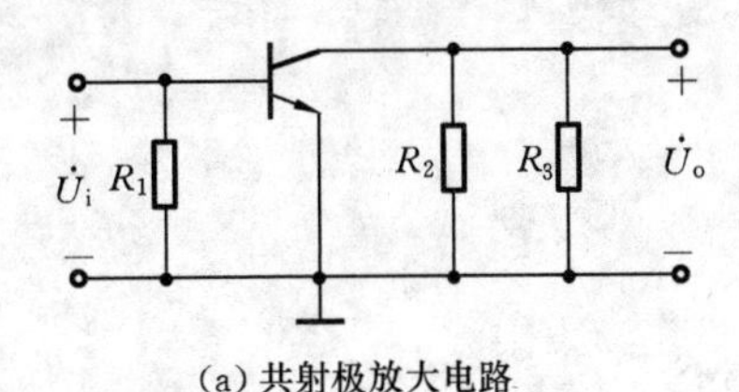

(a) 共射极放大电路

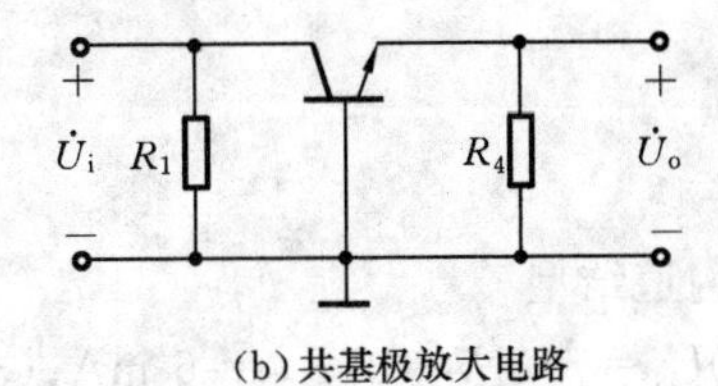

(b) 共基极放大电路

4.14 (1)$R_b\approx565\ \text{k}\Omega$

(2)$R_L=1.5\ \text{k}\Omega$

4.15 (1) $I_{BQ}=20\ \mu\text{A}$, $I_{CQ}=1.6\ \text{mA}$, $V_{CEQ}=4\ \text{V}$

(2)$\dot{A}_u=-200$, $R_i\approx1\ \text{k}\Omega$, $R_o=5\ \text{k}\Omega$, $\dot{U}_s=60\ \text{mV}$

4.16 (a)饱和失真,增大 R_b,减小 R_C。

(b)截止失真,减小 R_b。

(c)同时出现饱和失真和截止失真,应增大 V_{CC}。

4.17 (a)截止失真;(b)饱和失真;(c)同时出现饱和失真和截止失真。

4.18 空载时:

$$U_{om}=5.4\ \text{V}$$

$R_L=3\ \text{k}\Omega$ 时:

$$U_{om}=3\ \text{V}$$

4.19 (1) $I_{BQ}\approx31\ \mu\text{A}$, $I_{CQ}\approx1.86\ \text{mA}$, $U_{CEQ}\approx4.56\ \text{V}$

$\dot{A}_u\approx-95$, $R_i\approx952\ \Omega$, $R_o=3\ \text{k}\Omega$

(2) $U_i\approx3.2\ \text{mV}$, $U_o\approx304\ \text{mV}$

若 C_3 开路,则

$$U_i\approx9.6\ \text{mV},\quad U_o\approx14.4\ \text{mV}$$

4.20 (1) $U_{BQ}\approx2\ \text{V}$, $I_{EQ}\approx1\ \text{mA}$, $I_{BQ}\approx10\ \mu\text{A}$, $U_{CEQ}\approx5.7\ \text{V}$

(2) $\dot{A}_u\approx-7.7$, $R_i\approx3.7\ \text{k}\Omega$, $R_o=5\ \text{k}\Omega$

4.21 $I_{BQ}=20\ \mu\text{A}$, $I_{CQ}=2\ \text{mA}$, $U_{CEQ}\approx5.6\ \text{V}$, $\dot{A}_u=75$, $R_i\approx16\ \Omega$, $R_o=2\ \text{k}\Omega$

4.22 $I_{BQ}=20\ \mu\text{A}$, $I_{CQ}=2\ \text{mA}$, $U_{CEQ}=5\ \text{V}$, $\dot{A}_u\approx1$, $R_i\approx95\ \text{k}\Omega$, $R_o=16\ \Omega$

4.23 $I_{BQ1}\approx 40\ \mu A$，$I_{CQ1}=2\ mA$，$U_{CEQ1}\approx 3.8\ V$，$I_{CQ2}=4.3\ mA$，$U_{CEQ2}\approx 3.2\ V$，$\dot{A}_u\approx 593$，$R_i=0.95\ k\Omega$，$R_o\approx 2\ k\Omega$

4.24 （1）$R_i\approx 4.86\ k\Omega$，$R_o\approx 127\ \Omega$；（2）当 $R_L=\infty$ 时，$\dot{A}_u\approx -175$，当 $R_L=3.6\ k\Omega$ 时，$\dot{A}_u\approx -169$；（3）$\dot{A}_u\approx -45$

第 5 章

5.1 略

5.2 略

5.3 略

5.4 略

5.5 略

5.6 略

5.7 P 沟道结型

5.8 (1)$U_P=-3\ V$;(2)$I_{DSS}=6\ mA$;(3)2 mS

5.9 (1)$U_{GSQ}=-0.7\ V$， $I_{DQ}=0.425\ mA$， $U_{DQ}=V_{DD}-I_{DQ}R_d=10.75\ V$

(2) $\dot{A}_u=-2.17$　　$R_o=10\ k\Omega$　　$R_i=2.247\ M\Omega$

5.10 (1)$U_{GSQ}=-0.87\ V$， $I_{DQ}=0.32\ mA$， $U_{DSQ}=V_{DD}-I_{DQ}R_s=11.2\ V$

(2)$\dot{A}_u=0.77$　　$R_i=400\ k\Omega$　　$R_o=1.53\ k\Omega$

第 6 章

6.1 略

6.2 略

6.3 略

6.4 略

6.5 (a)正确,NPN;(b)错误;(c)正确,PNP;(d)错误;(e)错误;(f)错误;(g)正确,PNP;(h)正确,NPN

6.6 (1)乙类 OCL 功率放大电路

(2) $P_{omax}=4.5\ W$

(3) $P_{omax}=2\ W$

(4) $V_{CC}=V_{EE}=6\sqrt{2}\ V$

6.7 (1) 乙类 OTL 功率放大电路

(2) $P_{omax}=1.125\ W$

(3) $P_{omax}=0.125\ W$

6.8 (1) D_1、D_2 用来消除交越失真

(2) $P_{omax}=9\ W$

(3) $P_{omax}=6.25$ W，$\eta=65\%$

6.9 (1)单电源甲乙类互补对称功率放大电路，大电容用于在负半轴时向 T_2 提供电流。

(2)$u_i=0$ 时，u_E应调到$\frac{V_{CC}}{2}$

(3)理想情况下，$V_{CC}=22.6$ V

(4)$P_D=11.46$ W

(5)$\eta=69.8\%$，$P_C=1.73$ W

(6)$P_{omax}=6.25$ W

6.10 静态时三极管射极电压是 0，流过负载的电流也是 0；$P_{omax}=6.25$ W；$P_{Cmax}\approx 1.25$ W。

6.11 (1)输出功率 $P_o=12.5$ W，电源功耗 $P_D=22.5$ W，管功耗 $P_C=5$ W，效率 $\eta=55.6\%$。

(2)管耗最大时，输出功率 $P_o=9$ W，效率 $\eta=47.1\%$。

6.12 (1) $V_{CC}\geqslant 12.02$ V

(2) $U_i=8.5$ V，$P_R=0.5$ W

6.13 (1) $P_o=3.54$ W

(2) $P_D=5.01$ W

(3) $P_C=0.735$ W

(4) $\eta=71\%$

第 7 章

7.1 反馈信号只有直流成分；反馈信号只有交流成分。

7.2 电流负；电压负。

7.3 (b)；(d)；(a)(c)；(a)。

7.4 (a)电压串联直流负反馈；(b)R_4：电压并联交直流负反馈；R_2：电压串联交直流正反馈；(c)电压并联直流负反馈；(d)电流并联交直流负反馈；(e)电压串联交流负反馈；(f)电压串联交直流负反馈；(g)电压串联交直流正反馈。

7.5 (a)电压并联交流负反馈；(b)R_3，R_5：电流串联交直流负反馈；R_4：电压并联交直流负反馈；(c)电流串联交流正反馈；(d)R_4，R_6：电流串联交直流负反馈；R_7：电压串联交直流负反馈；(e)R_1：电流并联交流负反馈；(f)R_4：电流串联交直流负反馈；R_3，R_7，C_2：电压并联直流负反馈。

7.6 (1)电压串联；(2)电流并联；(3)电压并联；(4)电流串联。

7.7 $A_f\approx 50$

7.8 $A_u=100$

7.9 10

7.10 电压串联；电压并联；电流串联；电流并联

7.11 (a)$A_{ufs}=-\frac{R_f}{R_s}$;(b)$A_{uf}=-\frac{R_4}{R_1}$;(d)$A_{uf}=1+\frac{R_7}{R_4}$;

(e)$A_{ufs}=(R_4 /\!/ R_L)\frac{R_1+R_2}{R_2R_s}$;(f)$A_{uf}=-\frac{R_2+R_4+R_9}{R_2 \cdot R_9}(R_L /\!/ R_8)$, $F_{ui}=\frac{R_2R_9}{R_2+R_4+R_9}$

7.12 $A_{uf}=1+\frac{R_6}{R_2}$, $F=\frac{R_2}{R_2+R_6}$

第8章

8.1 略

8.2 (1) −1 380 mV

(2) 1 373.3 mV

(3) −691.7 mV

8.3 (1) $I_{BQ}=8.3\ \mu A$， $I_{CQ}=0.5\ mA$, $U_{CEQ}=6.7\ V$

(2) $A_d=-40.8$

(3) $R_i=21.2\ k\Omega$, $R_o=24\ k\Omega$

8.4 (1)$A_d=-197.37$

(2)$R_i=7.6\ k\Omega$, $R_o=30\ k\Omega$

(3) $A_d=-98.7$, $A_c=-0.51$, $K_{CMR}=193.5$

8.5 (1)略 (2)514 kΩ

8.6 1.27 V 0.64 V

8.7 (1)111.1 (2)55.6 (3)1616.3

8.8 (1)$I_{CQ1}=0.25\ mA$ $U_{CEQ1}=5.7\ V$

(2) $R_i=25.6\ k\Omega$ $R_o=24\ k\Omega$

(3) $A_d=-104$

8.9 0.1 mA

8.10 略

第9章

9.1 略

9.2 (1)$U_{o(AV)}=13.5\ V$, $I_{o(AV)}=0.135\ A$;(2) $U_{RM}=46.7\ V$, $I_{D(AV)}=0.15\ A$

9.3 $U_{o(AV)}=22.5\ V$, $I_{D(AV)}=0.225\ A$;$U_{RM}=35.35\ V$

9.4 (1) 均为上“+”、下“−”;

(2) 全波整流;

(3) $U_{o1(AV)}=-U_{o2(AV)}\approx 0.9U_{21}=0.9U_{22}=18\ V$;

(4) $U_{o1(AV)}=-U_{o2(AV)}\approx 0.45U_{21}+0.45U_{22}=18\ V$

9.5 (1)$R=360\sim400\ \Omega$;

(2) $S_r\approx 0.136$

9.6 (1) $R_2=600\ \Omega$;

(2) 负载电阻的变化范围为 207 Ω 到∞

9.7 $\Delta U_o=\pm 3.76\ mV$

9.8 (1)9～18 V;

(2) $U_o\approx 22\ V$

9.9 $U_o=40.5\ V$

参考文献

[1] （美）Allan R. Hambley 著. Electronics[M]. 2nd edition. 李春茂改编. 北京：电子工业出版社，2005.

[2] Donald A. Neamen. Electronic Circuit Analysis and Design[M]. 2nd Edition. 北京：清华大学出版社，2007.

[3] 江晓安，董秀峰. 模拟电子技术[M]. 2 版. 西安：西安电子科技大学出版社，2006.

[4] 傅丰林. 模拟电子线路基础[M]. 西安：西安电子科技大学出版社，2001.

[5] 康华光. 电子技术基础[M]. 5 版. 北京：高等教育出版社，2006.

[6] 陈新龙，胡国庆，张玲. 电工电子技术（上）[M]. 北京：电子工业出版社，2004.

[7] 童诗白，华成英. 模拟电子技术基础[M]. 3 版. 北京：高等教育出版社，2001.

[8] 赵世平. 模拟电子技术基础[M]. 北京：中国电力出版社，2004.

[9] 余辉晴. 模拟电子技术教程[M]. 北京：电子工业出版社，2006.

[10] 杨拴科. 模拟电子技术基础[M]. 北京：高等教育出版社，2003.

[11] 沈尚贤. 模拟电子学[M]. 北京：人民邮电出版社，1986.

[12] 高吉祥. 模拟电子技术[M]. 北京：电子工业出版社，2007.

[13] 杨碧石. 电子技术实训教程[M]. 北京：电子工业出版社，2007.

[14] 李祥臣，卢留生. 模拟电子技术基础[M]. 北京：清华大学出版社，2005.

[15] 应巧琴. 模拟电子技术基础[M]. 北京：高等教育出版社，1985.

[16] 沈海娟. 电子线路[M]. 北京：电子工业出版社，2004.

[17] 周雪. 电子技术基础[M]. 北京：电子工业出版社，2003.

[18] 王远. 模拟电子技术[M]. 北京：机械工业出版社，2007.

[19] http://blog.educhina.com/echo2006/95644/message/aspx

[20] http://phys.lytu.edu.cn/templates/templates/jpkc/uploadfile/2006522114836102.doc